低压电源系统电涌保护器测试技术

柴　健　孙　涌　史雅静
邳　莹　黄克俭　李　鑫　编著
张春龙　朱传林

气象出版社
China Meteorological Press

内 容 简 介

本书介绍了当前电涌保护器产品技术发展、低压电源系统电涌保护器的主要测试仪器设备、型式试验测试方法等内容。根据国家现行技术标准《低压电涌保护器(SPD) 第 11 部分:低压电源系统的电涌保护器 性能要求和试验方法》(GB/T 18802.11—2020),结合作者十余年的测试经验,重点阐述了低压电源系统电涌保护器的测试设备参数选择、测试方法、测试要点及安全注意事项。

本书作为技术标准的补充,旨在进一步提高测试人员的测试能力,规范测试中心测试流程,保证测试数据真实准确有效。对于电涌保护器产品测试中心测试人员严格执行相关标准、规范仪器操作、提高专业技能具有实际指导意义。本书可作为从事电涌保护器测试技术人员的培训教材,也可用作技术人员常备的参考工具书。

图书在版编目(CIP)数据

低压电源系统电涌保护器测试技术 / 柴健等编著
. -- 北京 : 气象出版社, 2023.10
ISBN 978-7-5029-8079-5

Ⅰ. ①低… Ⅱ. ①柴… Ⅲ. ①防雷—过电压保护装置
Ⅳ. ①TM862

中国国家版本馆CIP数据核字(2023)第202064号

Diya Dianyuan Xitong Dianyong Baohuqi Ceshi Jishu
低压电源系统电涌保护器测试技术

出版发行:气象出版社
地　　址:北京市海淀区中关村南大街 46 号　　邮政编码:100081
电　　话:010-68407112(总编室)　010-68408042(发行部)
网　　址:http://www.qxcbs.com　　E-mail:qxcbs@cma.gov.cn
责任编辑:张锐锐　郝　汉　　终　　审:张　斌
责任校对:张硕杰　　责任技编:赵相宁
封面设计:艺点设计
印　　刷:北京建宏印刷有限公司
开　　本:787 mm×1092 mm　1/16　　印　　张:11
字　　数:300 千字　　彩　　插:6
版　　次:2023 年 10 月第 1 版　　印　　次:2023 年 10 月第 1 次印刷
定　　价:98.00 元

前言

电涌保护器(SPD)作为现代雷电防护中的重要手段之一,它在生产和生活中的重要性不言而喻。目前,国内市面上的电涌保护器质量参差不齐,一些劣质的产品流入市场应用后,埋下了众多安全隐患。由于用户很难从外观直接判断产品性能的优劣程度,因此测试中心对电涌保护器产品的质量检验成为了用户筛查不合格产品的一道重要关卡。

目前,有关低压电源系统电涌保护器的测试方法教材较少,国内测试中心主要依据技术标准 GB/T 18802.11—2020 对低压电源系统电涌保护器进行测试,但由于标准中未详尽给出所有测试设备的标准技术参数,且部分项目测试方法描述不够明确,导致各家测试中心对标准的理解各不相同,所使用的测试方法也不尽相同,最终出具的测试结果存在较大差异。

本书依据国内主流测试中心提供的测试案例,结合不同电涌保护器产品的参数特点,总结归纳出一套详尽的低压电源系统电涌保护器测试方法。通过描述具体的操作步骤及分析测试过程中的相关波形、数据,有助于进一步指导测试人员规范操作并给出正确的测试结论。本书的出版发行对国内电涌保护器测试技术的创新和发展具有一定的现实意义。

本书由湖北省防雷中心组织编写,柴健、孙涌、史雅静、邳莹、黄克俭、李鑫、张春龙、朱传林编著。

本书共分为 5 章,第 1 章为绪论,第 2 章为电涌保护器产品技术发展,第 3 章为试验仪器设备,第 4 章为电涌保护器型式试验,第 5 章为型式试验测试方法,附录为电源原始记录总表。

本书在编写过程中得到了上海冠图电气科技有限公司、上海徕宁电气科技有限公司、北京高泰斯电气科技有限公司、广东雷宁普电气检测技术有限公司、深圳市欧拓自动化科技有限公司、浙江泰科天唯电气有限公司、北京市雷闪防雷设施检测服务中心等单位的技术支持。江德意、张峻等对本书提出了宝贵意见，在此一并表示诚挚的感谢。

由于SPD测试的国家标准在不断修订中，且限于编者水平，书中难免存在不足之处，恳请读者批评指正。

柴健

2023年5月

目　录

第1章　绪　　论

随着智能信息化迅速发展普及，大规模集成电路的使用也愈来愈广泛。大规模集成电路的优点是集成度高、功能全，但缺点是耐冲击电流能力差。因此，雷击电磁脉冲的干扰和破坏成了电子时代的一大公害，引起各界高度重视[1]。随着人们防范雷电意识的加强和防雷技术的发展，尤其是外部防雷装置的广泛使用，使直击雷造成的危害正在逐步减少，而伴随直击雷产生的电磁脉冲(LEMP)及雷电感应的破坏作用就凸显出来了。因此，电涌保护器(SPD)也就应运而生。电涌保护器是一种以非线性元件为主，用来抑制瞬时过电压，泄放电涌电流，从而保护电器和电子设备的低压保护电器，它的英文名称为"Surge Protective Device"，简称SPD。其中，接入供配电及电源系统保护用电设备的电涌保护器统称为低压电源系统电涌保护器。

1.1　电涌保护器安装及测试的必要性

据统计，地球上平均每秒发生100次左右的雷击放电。这种放电将在以雷击点为中心大约2 km范围内的电力线和通信信号线上产生足够高的浪涌电压。另外，电网系统故障或电网波动也会造成危险的暂时过电压，过电压通过线路造成计算机等信息技术设备和各种电气电子设备损坏。其主要有三种破坏形式：第一，干扰设备的正常工作，造成数据丢失或发生工作差错，或使设备暂时丧失正常功能；第二，使某些元器件性能劣化，寿命降低；第三，造成某些元器件永久性破坏。严重时，这类干扰和损坏可能导致整个系统工作瘫痪，由此带来的损失常常是十分巨大的。1998—2020年，气象部门收集的浙江省雷灾资料统计结果显示，雷灾的主要损害类别为公用电力电子设备受损(48.33%)和家用电器受损(43.25%)[2]。为了防范这类浪涌过电压的侵入，现代防雷技术通常使用屏蔽、等电位联结、合理布线、安装电涌保护器等措施解决。其中，对于电源线路中产生的浪涌过电压，安装SPD是一种最为经济合理的解决方案，能够最大程度降低浪涌电压对电子信息设备造成的危害。当前，各类电源SPD、信号SPD在电子信息系统中的使用十分广泛，而且还会越来越多。然而，SPD在使用多年或遭受多次浪涌冲击后，会不可避免地出现性能劣化，甚至丧失防雷性能。目前，在我国使用的SPD产品品牌多达上百种，产品更是多达数千种。许多小型企业没有必需的生产和测试设备，而是通过向防雷器件厂家购买压敏电阻阀片、放电管等元器件，再通过组装、贴牌成为自己的SPD产品，因此，流入市场的产品质量良莠不齐，迫切需要专业的检测机构对SPD关键参数指标及自身安全性能进行检测，筛选出劣质的产品，防止其流入市场，消除埋下严重的安全隐患。

1.2 电涌保护器测试标准发展

1.2.1 国际测试标准

国际电工委员会(IEC)于 1998 年发布了第一版 IEC 61643 电涌保护器系列标准，其中 IEC 61643-1:1998 为低压配电系统的电涌保护器主要测试标准。此后，分别于 2005 年和 2011 年依次颁布了该标准的修订版。

IEC 成立于 1906 年，是世界上成立最早的非政府性国际电工标准化机构，是联合国经设理事会(ECOSOC)的甲级咨询组织。IEC 的工作领域包括电力、电子、电信和原子能方面的电工技术。20 世纪 80 年代，国际电工委员会避雷器技术委员会(IEC/TC 37)分别成立了低压电涌保护器分技术委员会(IEC/SC 37A)、电涌保护器的特殊元器件分技术委员会(IEC/SC 37B)[3]。IEC/SC 37A 是负责起草和规定电涌保护器相关技术要求和试验方法的机构，包括 WG3、WG4 和 WG5 三个标准工作组，以及 AH6、AH7 和 AH9 三个专项工作组，分别是负责起草和规定用于低压电力系统、光伏直流系统、通信和信号系统 SPD 的性能要求、试验方法、选择和应用等方面标准的工作小组，对应的标准是 IEC 61643-11、IEC 61643-12、IEC 61643-21、IEC 61643-22、IEC 61643-31、IEC 61643-32[4]。

1.2.2 国内测试标准

我国电涌保护器测试标准依据国际 IEC 标准等同翻译采用，分别为《低压配电系统的电涌保护器(SPD) 第 1 部分：性能要求和试验方法》(GB 18802.1—2002)、《低压电涌保护器(SPD) 第 1 部分：低压配电系统的电涌保护器 性能要求和试验方法》(GB 18802.1—2011)和《低压电涌保护器(SPD) 第 11 部分：低压电源系统的电涌保护器 性能要求和试验方法》(GB/T 18802.11—2020)[5]。除了国家标准外，气象、工信、铁道等行业也相应颁布了关于电涌保护器性能要求和试验方法的行业标准，主要有《电涌保护器 第 1 部分：性能要求和试验方法》(QX 10.1—2018)、《通信局(站)低压配电系统用电涌保护器技术要求》(YD/T 1235.1—2002)、《通信局(站)低压配电系统用电涌保护器测试方法》(YD/T 1235.2—2002)、《铁路通信、信号、电力电子系统防雷设备》(TB/T 2311—2017)等[6]。

目前 SPD 国家标准、行业标准中规定的仍是单脉冲电涌波形，然而自然界的雷电流是以多脉冲形式存在的，IEC 62305-1 中有所提及，如图 1.1 和 1.2 所示。多脉冲相较单脉冲而言，能量更大，SPD 的热量累积更快，从而导致 SPD 更易受损。我国于 2012 年由上海冠图防雷科技有限公司创造性地研制出国内第 1 台十脉冲 SPD 测试设备，其十脉冲波形、间隔时间、冲击次数均来自国际大电网会议(CIGRE)发布的长达十几年的对于自然界雷电的测量统计结果，其 8/20 μs 冲击电流同时序可调间隔，最小时间间隔可达 1 μs，1 次输出 10 次 8/20 μs 脉冲，填补了国内空白。2017 年，由北京市雷闪防雷设施检测服务中心联合莱茵 TüV 完成了团体标准《低压配电系统的多脉冲电涌保护器性能要求和试验方法》(T/ASC 6001—2022/T/CMSA 0032—2022)的起草和发布工作。未来可根据 SPD 的具体使用安装环境、被保护设备的重要性等进行多种选择。目前，已有学者对多脉冲下电涌保护器元件的特性进行相关研究，提出雷电防护性能提升的改进方法[7]。

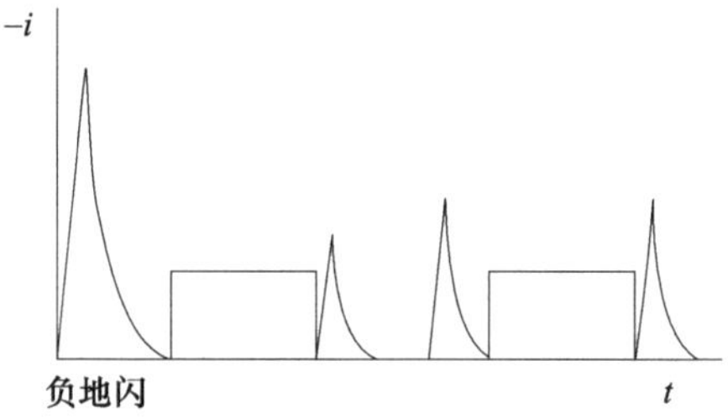

图 1.1　下行负地闪电流的可能包含分量

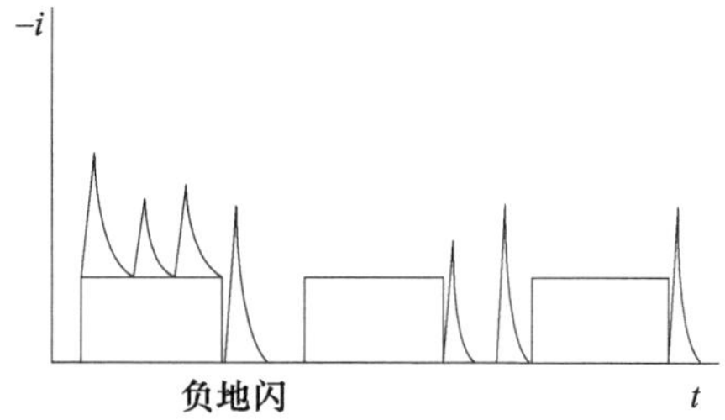

图 1.2　上行负地闪电流的可能包含分量

1.3　国内测试中心概况

20 世纪 90 年代末，随着防雷技术的日益进步，我国的防雷器产业逐渐进入了一个高速发展的阶段，国际知名的几个品牌和国内几家品牌的防雷企业成为其中的代表。2002 年国家标准的出台，将防雷器技术要求和测试方法的国际标准引入国内，使得国内销售的电涌保护器也有了自己的生产和检测标准。

虽然 20 世纪 90 年代电力和电气行业实验室也可以进行部分雷电实验，但其均是基于高压避雷器的部分标准。对于低压配电系统的电涌保护器，则是由北京雷电防护装置测试中心率先建立了符合标准的专业测试实验室，在国内引领了电涌保护器的质量检测潮流。测试以《低压配电系统的电涌保护器(SPD) 第 1 部分：性能要求和试验方法》(GB 18802.1—2002)和《低压电涌保护器 第 21 部分：电信和信号网络的电涌保护器(SPD)——性能要求和试验方法》(GB/T 18802.21—2004)为主要的测试标准，开展检测项目。

21 世纪初，上海市防雷中心产品测试中心，工信部泰尔实验室以及青岛安全工程研究院雷电实验室陆续成立，进一步壮大国内电涌保护器测试实验室规模。

此后，各省级气象局出资投建的实验室便纷纷涌现，最为典型的代表是湖北省防雷中心雷电防护产品检测实验室、深圳市国家气候观象台雷电防护技术实验室等。其中，湖北省防雷中心雷电防护产品检测实验室成立于 2015 年，主要是从事防雷产品检测的科学技术检测机构，隶属于湖北省防雷中心(图 1.3，书后彩图 1.3)。实验室主要承担电涌保护器等防雷产品的检测。实验室面积为 200 m^2，配备了冲击电流发生器、TOV(暂态过电压)试验设备等先进的检测分析仪器和设备，共计 70 余台。实验室拥有完善的质量管理体系，分别于 2015 年和 2019 年获得计量认证(CMA)及中国合格评定国家认可委员会(CNAS)认证，测试项目涵盖新版《低压电涌保护器(SPD)第 11 部分：低压电源系统的电涌保护器　性能要求和试验方法》(GB/T 18802.11—2020)及《低压电涌保护器 第 21 部分：电信和信号网络的电涌保护器(SPD)性能要求和试验方法》(GB/T 18802.21—2016)标准中型式试验全项。实验室现有职工 7 人，其中硕士 2 名、本科生 4 名；高级工程师 5 人，工程师 2 人。近 2 a 依托实验室科研平台，成果显著，发表核心期刊论文 9 篇，获国家实用新型专利 6 项，参与标准起草 6 项，为全面掌握全国的防雷产品现状及产品研发趋势分析积累了大量的基础资料，为湖北省气象局防雷管理部门顺利开展防雷监督管理、防雷综合整治提供了技术依据。

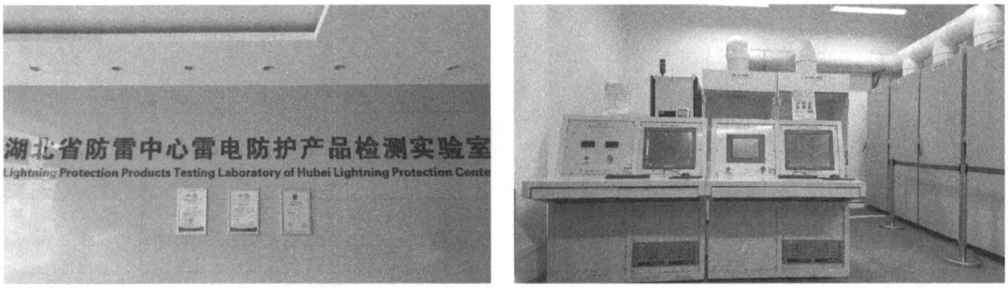

图 1.3　湖北省防雷中心雷电防护产品检测实验室

以其他行业为主要机构筹建的实验室主要有：以工信部为主体的泰尔实验室以及信息产业通信产品防雷性能质量监督检验中心，以铁道部为建设主体的中铁铁路产品认证中心（CRCC）雷电防护实验室，以石化为建设机构的青岛安全工程研究院雷电实验室等，以航空风电为代表的合肥航太、中国商飞、爱邦电磁雷电与电磁环境实验室等。此外，企业出资投建的实验室近几年也在不断涌现，例如广东雷宁普电气检测技术有限公司（以下简称雷宁普）、北京市雷闪防雷设施检测服务中心（以下简称雷闪）等。

雷宁普公司成立于 2018 年，主要提供电涌保护器、后备保护器（SCB）、雷电防护系统部件（LPSC）等产品的检测和认证服务（图 1.4，书后彩图 1.4）。实验室拥有 CNAS 认证、CMA 资质认定、CQC（中国质量认证中心）委托检测实验室资质认可等。

北京市雷闪防雷设施检测服务中心成立于 2008 年，实验室坐落于中国气象科技园区，实验室面积 2500 m^2，测试设备近 190 套，校准核查标准器近 150 套（图 1.5，书后彩图 1.5）。其可提供国内外各类产品检测认证服务，包括电涌保护器、接地材料、接闪器、防静电类等产品。中心拥有 CMA 资质认定、CNAS 认证、CQC 认证、CGC 鉴衡认证、TüV Rheinland 国际认证等。

图 1.4　雷宁普实验室

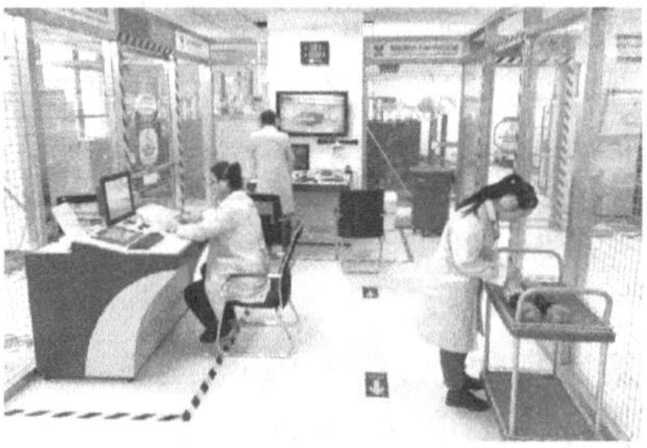

图 1.5　雷闪实验室

目前，国内具备综合检测能力的专业实验室，主要开展的检测内容有低压配电系统电涌保护器、电信和信号网络系统电涌保护器、光伏系统的电涌保护器、雷电防护装置等型式试验项目。首先，获得国家或当地市场监督管理局颁发的计量认证证书和中国合格评定国家认可委员会颁发的实验室认可证书是向社会出具检测报告的必要条件。其次，获得 CQC 委托实验室认可证书是对实验室实验能力的进一步认可。国际相关电气领域的认可还包含莱茵 TüV 认证、美国 UL 认证、国际 CB 认证等。随着检测市场的逐步放开，未来还会有更多的测试中心涌入市场。

1.4　设备生产企业简介

21 世纪初，实验室采购测试设备的唯一途径是引进国外的成套设备，例如瑞士哈弗莱等。随着防雷产品性能的逐步提升及测试标准的不断完善，对于实验室设备的能力要求也不断提高。国外测试设备生产企业因制造、运输及售后服务成本过高，以及贸易战、技术壁垒、重点项目国内化等问题而渐渐退出了国内市场，被第三方设备生产企业逐渐替代。国内主流的检测设备生产企业包括：上海冠图电气科技有限公司（以下简称上海冠图）、上海徕宁电气科技有限公司（以下简称上海徕宁）、深圳市欧拓自动化科技有限公司（以下简称深圳欧拓）等。其主要生产用于高电压试验的电气设备，设备自动化程度较高，可依据不同的高压实验室需求定制相关的检测设备。由于国内还未形成一套标准化的生产流程，各大企业生产设备的稳定性还有较大的提升空间。上海冠图电气（原上海冠图防雷）科技有限公司于 2004 年成立，2005 年通过了 ISO9001 质量体系认证，为上海市高新技术企业，主要从事以强电流和高电压为主的脉冲功率技术和产品的研发、生产和销售（图 1.6，书后彩图 1.6）。其目标是成为世界专业的高电压/强电流设备和方案供应商。近五年相继为国内外防雷检测中心、元器件厂商和研究机构等提供了 200 多台套各类型号的测试设备。例如，EPCOS、Lagrand、NHV、Litelfuse、施耐德、上海防雷中心、铁路科学研究院、上海电器科学研究所、菲尼克斯、中达电通和华为等。

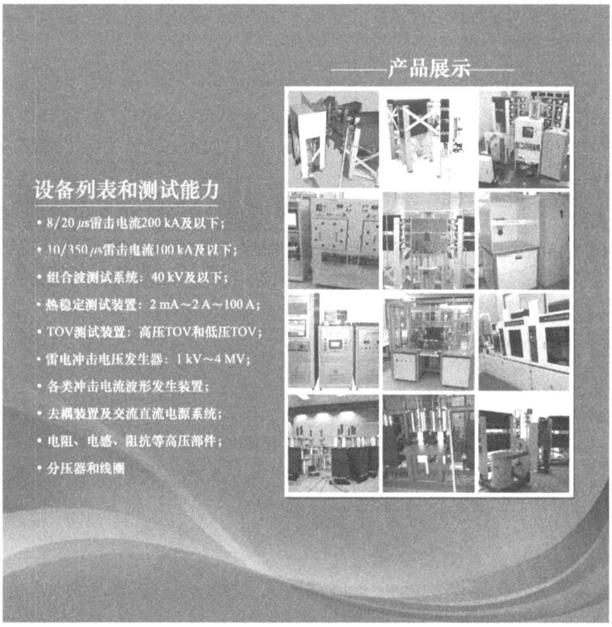

图 1.6　上海冠图

上海徕宁电气科技有限公司成立于 2019 年，是一家专注于提供高低压防雷器件和产品的测试方案和设备的公司，主要面向电力避雷器、低压浪涌保护器、氧化锌阀片、防雷器件等研究机构、生产厂家和检测机构，提供雷电大电流设备（ 8/20 μs、30/80 μs、10/350 μs、10/250 μs、10/1000 μs 和 2 ms 等）、SPD 检测装置（TOV、组合波、热稳定等）和特殊高压电源等（图 1.7，书后彩图 1.7）。

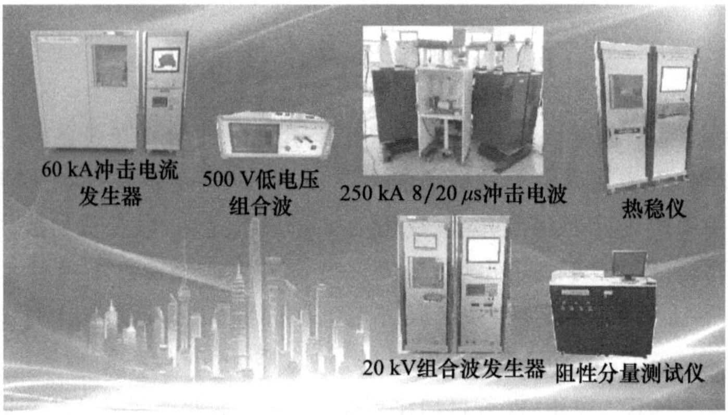

图 1.7　上海徕宁

深圳市欧拓自动化科技有限公司是一家专业从事模拟雷电试验冲击平台、1.2/50 μs 雷击浪涌发生器、SPD 热稳定测试仪、TOV 高(中)低压、动作负载试验、防雷元件测试仪器仪表、SPD 自动化测试设备的国家高新技术企业(图 1.8,书后彩图 1.8)。10/350 μs 模拟雷电试验冲击平台采用自主专利技术“多路电流波叠加技术”,该专利技术可以单独调整波头波尾时间,为波形的准确性提供保障。

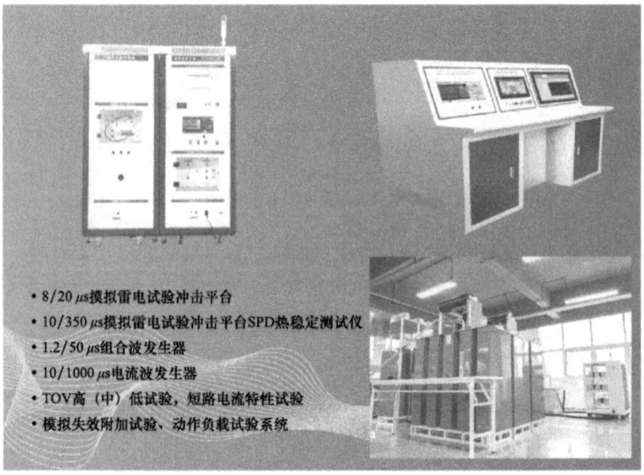

图 1.8　深圳欧拓

参考文献

[1] 张伟强,杨小平,李建英,等．浪涌保护器的发展动向[J]. 电瓷避雷器,2001(4):27-33.

[2] 庞驰,叶萃,费自豪,等．浅析限压型 SPD 起火与 MOV 工频击穿点的关系[J]. 电瓷避雷器,2013(6):87.

[3] 季慧玉,刘金琰,蒋容兴．低压电涌保护器及其元器件国际标准化研究[J]. 低压电器,2015(8):59-61.

[4] 周歧斌．国际电工委员会 IEC SC37A 布拉格年会及工作组会议解读[J]. 现代建筑电气,2008(18):57-61.

[5] 黄晓虹,周歧斌,王碧云,等．低压电涌保护器新版 IEC 标准条款内容的重要变化[J]. 低压电器,2011(20):53-57.

[6] 吴福杰,李志江,尚杰,等．电涌保护器标准分析[J]. 气象科技,2013,41(6):1017-1020.

[7] 张春龙,吕东波,李春影,等．多脉冲雷击下 ZnO 压敏电阻的电流热效应研究[M]. 北京:气象出版社,2021.

第2章　电涌保护器产品技术发展

2.1　电涌保护器产品发展历史

最原始的电涌保护器羊角形间隙,出现于19世纪末期,用于架空输电线路,防止雷击损坏设备绝缘而造成停电。20世纪30年代出现了管式浪涌保护器。20世纪50年代出现了碳化硅防雷器。随着技术手段的不断变革,电涌保护器也在进行着更新换代,由20世纪70年代的棒形放电间隙发展到如今的氧化锌压敏电阻器(MOV)。MOV作为现今电涌保护器的核心部件,因其源自内部晶界结构优良的$U-I$非线性特性和较好的大电流吸收能力,被广泛应用于大型电力电气设备、低压配电系统和信息系统的过电压保护中,其相关特性直接关系到设备运作的正常与否。其不仅用于限制电力系统中因雷电引起的过电压,也用于限制因系统操作产生的过电压。

未来,电涌保护器产品技术发展主要有以下方向[1]。

(1)SPD智能监控:能对工作环境进行监控并具备通信功能(本地或遥信),以提供工作状态、预期寿命及其他可能的功能(如计数、电能质量等)的SPD,称为智能SPD。这也是未来SPD产品发展的趋势,因此,制定相关产品的技术标准也是未来技术标准发展的趋势之一。

(2)智能外部脱离器:SPD的失效分为开路模式和短路模式,在开路模式下,SPD将从电源系统中断开,属于安全模式。而在短路模式下,失效的SPD严重影响系统,系统中短路电流通过失效的SPD,短路电流导通时使能量过度释放可能引起火灾,因此需要在具有短路模式的SPD前配备一个合适的后备保护装置(脱离器),将短路失效的SPD从系统中脱离,保证SPD失效的安全性。传统断路器在发生电涌或者短路时,电流均通过电磁铁,由于结构和电流路径的问题,断路器容易在电涌下误动作、在低短路时不动作、在通过电涌电流时残压很高。对智能外部脱离器的性能要求为:应能耐受足够的电涌,且不会误动作造成设备失去SPD保护;应具有足够的分断能力,以便分断SPD安装电路处的最大预期短路电流;应能够分断例如电源出现暂态过电压或SPD出现大于5 A时的危险漏电流。

(3)防爆型SPD:即可以应用在爆炸环境中(例如产生爆炸性气体的环境)的SPD。这就要求SPD在正常工作及雷电波侵入时,不能产生电弧或任何电火花现象。例如,通过间隙放电的原理达到泄放雷电流的间隙类产品,应当严禁在易燃易爆场所使用。另外,对于压敏电阻芯片在短路或开路失效模式下所产生的火花,也应通过设计产品内部结构或芯片烧结工艺等方式加以避免。此外,脱扣弹片焊锡工艺如果不加以改进,也会在MOV脱扣时产生拉弧现象。

(4)风电系统SPD:风力发电系统中,由于其双馈风机内的变流器开关频率通常为数千赫兹,转子侧的直流电压高达上千伏,会频繁地产生尖峰脉冲电压,因此在风力发电系统中应用的SPD,其最大持续工作电压U_c通常为直流 750 V 以上，同时 SPD 还需要应对频繁的尖峰脉冲电压。

2.2 国内外电涌保护器厂商技术发展动向

(1)菲尼克斯公司于 2002 年采用主动能量控制技术(AEC)，解决了电涌保护器 B+C 模块中两级器件的能量控制和分配问题[2]；2015 年采用安全能量控制技术(SEC)，解决了金属间隙常见的续流问题，同时可实现热插拔、遥信等功能；2017 年在德国汉诺威工业博览会上，向全球发布了 TTC 系列测控信号电涌保护器，可同时满足所有常规测控信号保护，且具有安全脱扣、状态指示和遥信报警等功能；2019 年推出 ImpulseCheck 智能防雷监测系统(图 2.1)，该系统可持续监测系统的电磁兼容性和系统中的电涌保护器的工作状态与剩余使用寿命，可靠检测高能电涌电流和瞬态过电压，并识别可导致电涌保护器或电气装置损坏的高能高频事件，从而清晰了解电气装置和电涌保护器的状态，并在系统故障发生前采取必要措施。

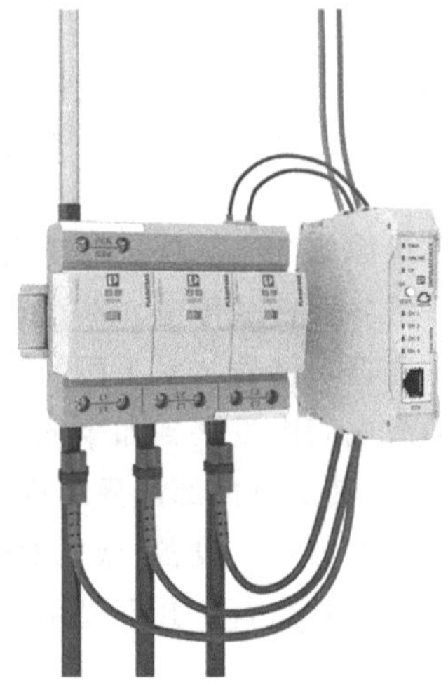

图 2.1 ImpulseCheck 智能防雷监测系统

(2)施耐德电气(中国)有限公司于 2015 年推出了创新的 iSCB 新型 SPD 专用后备保护装置(图 2.2a)。iSCB 新型 SPD 专用后备保护装置相比传统的过电流保护装置 Fuse、断路器等，具有更高的电涌耐受能力、更宽广的工频过电流保护范围(能够分断 3 A 以上短路电流)、更低的残压，有效避免了因 SPD 短路故障引起的起火风险。

传统的 SPD 在实际运维过程中存在效率低、风险大、成本高等问题。2019 年施耐德研发出了具有寿命预判功能的 Smart SPD(图 2.2b)，并配合相应的监测系统，从而达到了在运维上远程集中监控、故障实时告警，实现了经济、安全、高效运维。

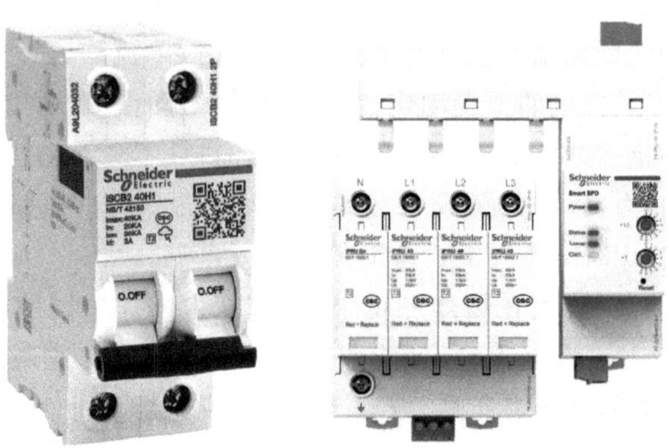

(a) (b)

图 2.2 iSCB(a)和 Smart SPD(b)

(3)浙江泰科天唯电气有限公司创立于 2003 年，一直致力于电涌保护器的研发和生产。其在 2022 年推出了新一代 TY 系列产品，该系列产品基于泰科天唯创新性的大电流热保护技术(HCTP)以及其他众多结构上的创新设计,HCTP 技术使产品的脱扣低温焊锡点既能保证承受雷击时超大电流的通过,又能在出现故障电流时快速安全脱扣,呈现出大通流、小体积、全系可插拔、热保护及机械状态指示等特点(图 2.3,书后彩图 2.3)。

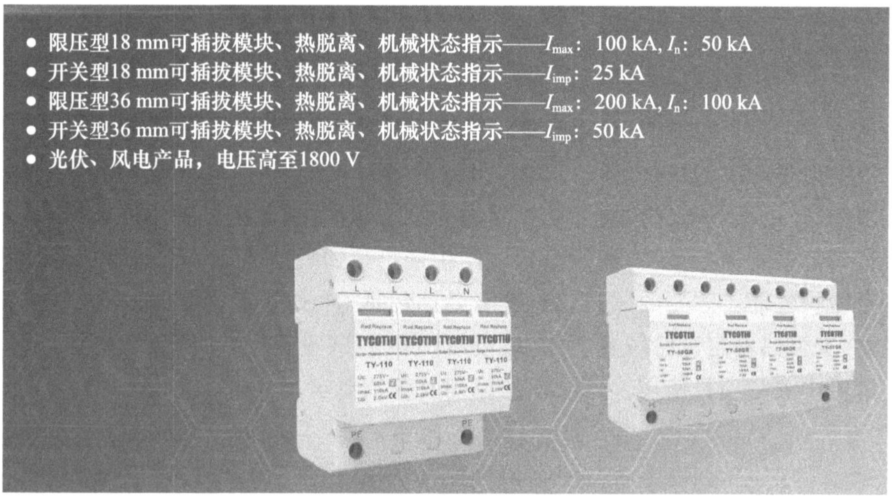

图 2.3　TY 系列产品

参考文献

[1]周岐斌．电涌保护器 IEC 国际标准和国家标准的发展方向[C]. SPD 标准及应用研讨会,2016:35-46.
[2]孟宪忠．新一代的能量配合技术——AEC 主动能量控制[J]. 今日电子,2002(8):7-9.

第 3 章　试验仪器设备

国家标准 GB/T 18802.11—2020 规定低压电源系统的电涌保护器使用范围为连接到交流额定电压不超过 1000 V(有效值)、50/60 Hz 的电路和设备(直流系统的电涌保护器不在标准规定范围内)。由于电涌保护器的防护对象为瞬态浪涌,因此主要利用能够产生瞬态浪涌的发生器考核其性能指标。其次,利用模拟电网中产生诸如短路故障、暂态过电压故障装置等来考核其安全防护性能。主要的试验仪器设备名称包括:冲击电流发生器、冲击电压发生器、复合波发生器、交流热稳定试验装置、暂态过电压(TOV)试验装置、动作负载电源等。本章重点介绍型式试验中关键项目使用仪器设备的原理及参数要求。

3.1　冲击电流发生器(8/20 μs &10/350 μs)

3.1.1　原理结构

冲击电流发生器的基本原理是:数台或数组大容量的电容器经由高压直流装置,以整流电压或恒流方式进行并联充电,然后通过间隙放电,使试品上流过冲击大电流[1]。图 3.1 为以高压整流电压作为充电电源的冲击电流发生器的基本回路。

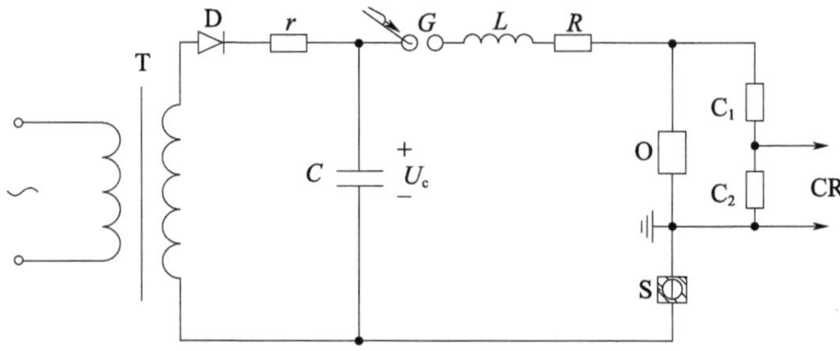

图 3.1　冲击电流发生器回路

图 3.1 中,C 为许多并联电容器的电容总值。L 和 R 为包括电容器、回路连线、分流器、整流器、球隙以及试品上火花在内的电感及电阻值,有时也包括为了调波而外加的电感和电阻值。G 为点火球间隙,D 为硅堆,r 为保护电阻,T 为充电变压器,O 为试品,S 为罗氏线圈,C_1,C_2 为分压器,CRO 为示波器。分压器是用来测量试品上电压的,罗氏线圈用来测量流经试品的电流。工作时,先由整流装置向电容器组充电到所需电压,送一触发脉冲到三球间隙 G,使 G 击穿,于是电容器组 C 经 L,R 及试品放电。根据充电电压的高低和回路参数的大小,可产生不同大小的脉冲电流。

由图 3.1 可以看出,冲击电流发生器实际上是个 R-L-C 放电回路。从电路理论可知,在这种回路中，当 $R<2L/C$ 时，产生的电流是振荡波；当 $R=2L/C$ 时，则产生非振荡波的临界值；当 $R>2L/C$ 时，产生的是非振荡波。如令 $\alpha=(R/2)(C/L)$，则可按下面 3 种情况分别列出电流、电流到达幅值的时间以及电流幅值的表示式。

(1)$\alpha<1$ 时，为电流呈振荡波的情况

电流：

$$i(t)=\frac{U}{1-\alpha^2}\frac{C}{L}\exp[-\alpha(t/LC)]\sin\left[(1-\alpha^2)\frac{t}{LC}\right] \tag{3-1}$$

电流到达第一个幅值的时刻：

$$t_m=\frac{LC}{1-\alpha^2}\arctan\frac{1-\alpha^2}{\alpha} \tag{3-2}$$

电流第一个幅值：

$$I_m=\frac{UC}{L}\exp\left[-\frac{\alpha}{1-\alpha^2}\arctan\frac{1-\alpha^2}{\alpha}\right] \tag{3-3}$$

(2)$\alpha=1$ 时，为电流非振荡波临界值的情况

电流：

$$i(t)=(Ut/L)\exp(-t/LC) \tag{3-4}$$

电流到达幅值的时刻：

$$t_m=LC \tag{3-5}$$

电流幅值：

$$I_m=UC/L\exp(-1)\approx 0.736U/R \tag{3-6}$$

(3)$\alpha>1$ 时，为电流呈非振荡波的情况

电流：

$$i(t)=\frac{U}{\alpha^2-1}\frac{C}{L}\exp[-\alpha(t/LC)]\sin[(\alpha^2-1)(t/LC)] \tag{3-7}$$

电流到达幅值的时刻：

$$t_m=\frac{LC}{\alpha^2-1}\arctan\frac{\alpha^2-1}{\alpha} \tag{3-8}$$

电流幅值：

$$I_m=\frac{UC}{L}\exp\left(-\frac{\alpha}{\alpha^2-1}\arctan\frac{\alpha^2-1}{\alpha}\right) \tag{3-9}$$

上面 3 种情况中，无论是哪一种，电流幅值都可表示为：

$$I_m=UC/Lf(\alpha)=(U/R)2\alpha f(\alpha) \tag{3-10}$$

当 $R=0$ 时，$\alpha=0$，$f(\alpha)=1$，$I_m=UC/L$。当 $\alpha=1$ 时，$f(\alpha)=0.368$，即当 $\alpha=1\rightarrow 0$ 时，$f(\alpha)=0.368\rightarrow 1$ 。当正常回路结构不专门外加阻尼电阻时，R 稍大于 0，α 值也不大，$f(\alpha)$ 可达到 0.85～0.95。如 $\alpha>1$，则 $f(\alpha)$ 将更小。可见，在一定的 U，L，C 下，当 $R=0$ 时，可获得最大的冲击电流幅值。在实际回路中，R 不能为 0，但在振荡情况下电流可有较大幅值，非振荡波的最大幅值产生在临界条件，但其幅值仅为纯 L-C 回路内振荡电流最大值的 36%。在上式中还可以看出，U，C，L 决定电流的最大幅值，当 U 和 C 一定时，L 越小，电流幅值越大。冲击电流发生器为了获得最大电流，必须尽可能减小回路电感。

冲击电流发生器是靠许多电容器并联放电来产生大电流的。为了在一定的电压和电容下

获得尽可能大的电流，应选用电感小的脉冲电容器来组成。所产生的冲击电流应从地上回路流归电容器，如有部分电流经接地系统流归电容器，将使地电位升高，引起安全事故或测量上的困难。为此，要求放电回路仅一点接地。通常，为了测量和试验的方便，要求试品一端接地，所以电容器组应该是对地绝缘的。此外，如试验中要求有较高的电压，而单台电容器的额定电压不能满足要求时，可考虑把电容器分成几个组，每组由多台电容器并联组成，但可根据试验要求，使几个组串联放电，如图 3.2a 所示，三组电容器是并联放电的，但在图 3.2b 中，三组电容器是串联放电的，输出电压提高了 3 倍。这时各组电容器的电位不同，必须使电容器对地绝缘和组间绝缘。所以在设计冲击电流发生器时，把电容器分组，并使组间对地绝缘，这种做法可增加设备的灵活性。不过，这样做难免会增大回路电感，从而限制了电流幅值的增长，这是个缺点。

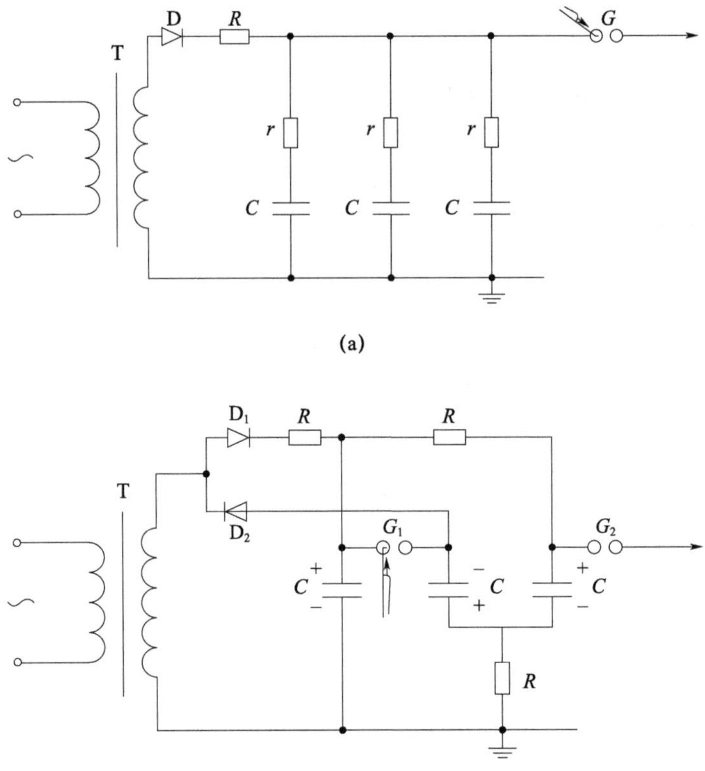

图 3.2　并联放电(a)和串联放电(b)

为了使产生的冲击电流有尽可能大的幅值和陡度，在设计冲击电流发生器时，中心任务是减小回路电感。回路总电感是由几部分电感所组成的，其中包括电容器中的残余电感、连线电感、球隙电感和试品中的电感。减小电容器的电感，除选用电感较小的脉冲电容器外，还可以通过增加电容器的并联台数来实现，除和电容器一起采取多路并联外，还应使连线尽可能短，电流同向的连线应尽可能远离，使互感尽可能小，电流异向的连线应尽可能靠近，使互感尽可能大。为此，常用同轴电缆来做连线，电容器电流从电缆芯流出，从电缆外皮流归。也有用大的铝板来做连线的情况，许多并联电容器的其中一极接到一块铝板，另一极接到另一块铝板，两块铝板几乎是紧贴着的，中间用固体介质绝缘开。如果想要减小球隙的电感，就应该缩小球隙的尺寸和火花的长度，则必须提高火花隙中介质的耐电强度，例如把球隙放在压缩空气中。为了极大地减小火花隙的电感，可把火花隙做成相距很近的两块极板，中间用一层固体介质隔开，做成薄膜间隙，这层介质应足以耐受冲击电流发生器的电压，当需要放电时，可利用机械的或电的方法，使这层介质穿破，这种做法可使火花隙电感达到很小。假如用激光引燃，也就相当于用激光把这层薄膜烧穿。薄膜间隙的最大缺点是，每放一次电，必须换一次介质，这在试验时很繁琐。必要时，可以采用一种场畸变型间隙来控制主电容的放电，这种间隙可以不调节间隙距离，其工作在 20～110 kA 范围内，导通时间为几十纳秒，放电稳定、噪声较小。

冲击电流发生器在布置电容器时，大致可分为环形排列(图 3.3a 和图 3.3b)与母线式排列(图 3.3c)两种形式。环形排列是把许多电容器均匀地排列成一个不闭口的圆环或方框。这种排列使从电容器出线至设备中心的距离都相等或接近相等，试品放在中心位置，连线呈放射状。这样做可使从电容器组送到中央试品区的电流能在同一瞬间到达，即许多并联回路电流在试品处同时到达最大值，叠加起来可产生最大的电流幅值。但这种布置中央面积有限，在试验大设备时很不方便。母线式排列是把电容器按组作行列排列，这种排列的连线长度差别很大，电流不可能同时到达，但试区面积不受限制。

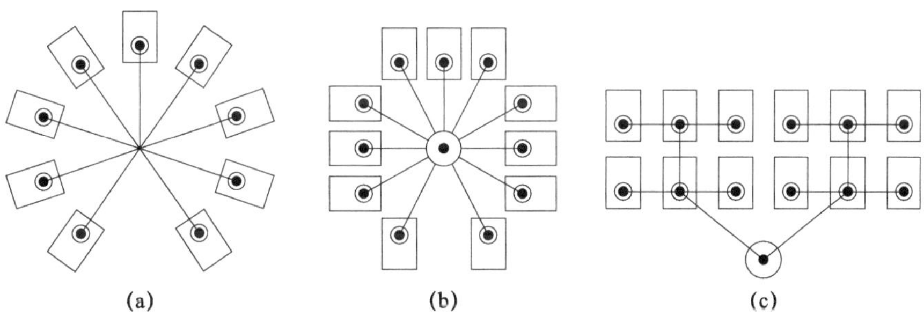

图 3.3　冲击电流发生器的电容器排列方式

(a)圆环式；(b)方框式；(c)母线式

许多电容器并联时，一旦其中一台被击穿，其余的并联电容器都将向这台击穿电容器放电。在损坏电容器中瞬时集中大量能量(图 3.4a)，可能导致损坏电容器爆炸。为避免爆炸，在并联电容器的出线端应串接一限流器(图 3.4b)，它可以是速断熔丝或电阻。熔丝在正常情况下不影响电流，但在故障电容器前，由于电流增大，可以迅速切断电路。串接电阻的作用是限制故障电流，消耗能量。但电阻的接入显然也将减小正常电流的输出，因此其取值要小，一般仅 1～2 Ω。当冲击电流发生器放电时，大部分能量都向负荷流去，若此时有一台电容器被击穿，流向损坏电容器的能量也不会太大。但当冲击电流发生器在充电时，恰有一台电容器被击穿，则全部能量都将集中到损坏电容器上。这种情况可利用充电电阻兼作消能电阻，来防止电容器爆炸。如图 3.4 所示，把全部电容器分成许多组，每组电容器有自己的隔离球隙 G_1，G_2，…，G_n 和充电电阻 R_1，R_2，…，R_n。在充电过程中，隔离球隙不导通，如有一台电容器被击穿，其他组电容器要经过两个充电电阻才能把能量送到损坏电容器。充电电阻值一般比损坏电容器内电弧通道电阻大许多，因此大部分能量将被充电电阻或消能电阻所吸收。但这

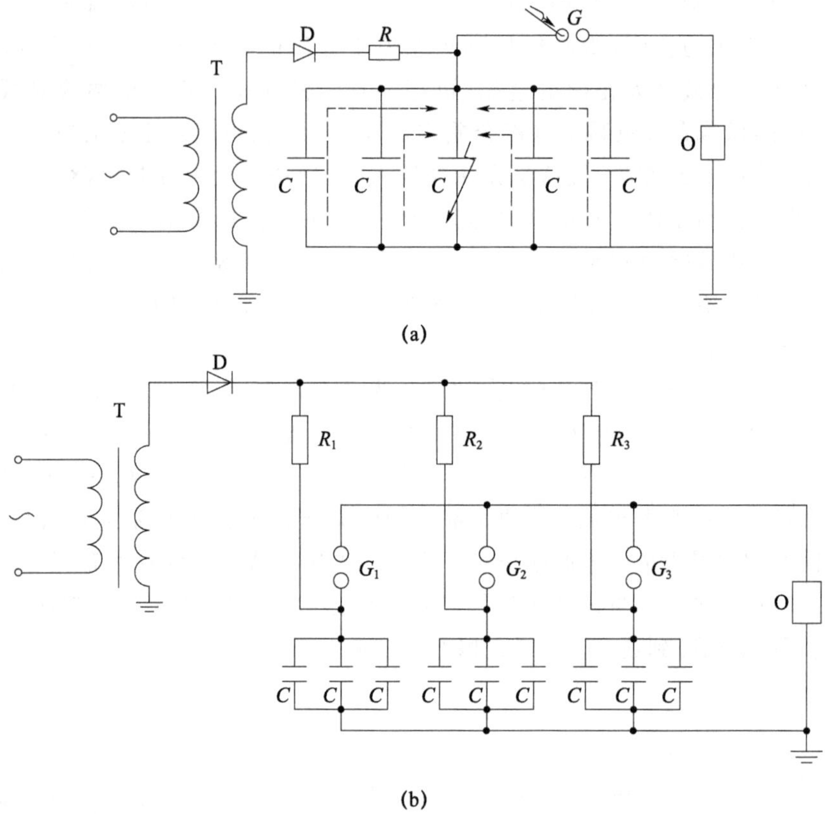

图 3.4 并联电容器的保护

(R_1,R_2,R_3—充电电阻兼消能电阻;O—试品)

种回路的隔离球隙太多,容易造成引燃和同步的困难。为了减少隔离球隙,故应把电容器分组。但这种方法不能防止组内电容器能量向损坏电容器集中,所以一组内的电容器台数不能过多,一般认为每台电容器可承受 20 kJ 的故障能量,因此一组内电容器的总储存能量应小于此值。

3.1.2 参数要求

3.1.2.1 标准要求

Ⅰ类试验的冲击放电电流和Ⅱ类试验的标称放电电流均利用冲击电流发生器输出。其中,Ⅰ类试验的冲击放电电流 I_{imp}为流过 SPD 具有指定转移电荷量 Q 和在指定时间内具有指定比能量 W/R 的放电电流峰值。通常,实验室选用 10/350 μs 的冲击电流波形输出 I_{imp}。流过被试装置(SPD)的冲击放电电流通过其峰值 I_{imp}、电荷量 Q 和比能量 W/R 参数来确定。冲击电流不应表现出极性反向,峰值 I_{imp}应在 50 μs 内达到,电荷量 Q 转移应在 5 ms 内发生,比能量 W/R 应在 5 ms 内释放,冲击持续时间不应超过 5 ms。表 3.1 给出了一定的 I_{imp}值相对应的 Q 值和 W/R 值。I_{imp}、Q 和 W/R 的关系:$Q=I_{imp}\times a$,其中 $a=5\times10^{-4}s$;$W/R=I_{imp}{}^2\times b$,其中 $b=2.5\times10^{-4}$s。

表 3.1　Ⅰ类试验参数

I_{imp}(在 50 μs 内)/kA	Q(在 5 ms 内)/(A·s)	W/R(在 5 ms 内)/(kJ/Ω)
25	12.5	156
20	10	100
12.5	6.25	39
10	5	25
5	2.5	6.25
2	1	1
1	0.5	0.25

注:冲击试验符合上述参数的可能情况之一是《雷电防护 第 1 部分:总则》(GB/T 21714.1—2015)中规定的 10/350 μs 波形。

电流峰值 I_{imp}、电荷量 Q 和比能量 W/R 的允差应是:

——I_{imp}　　$-10\%/+10\%$,

——Q　　$-10\%/+20\%$,

——W/R　　$-10\%/+45\%$。

Ⅱ类试验的标称放电电流为流过 SPD 具有 8/20 μs 波形电流的峰值。标准电流波形是 8/20 μs。流过被试装置电流波形的允许误差如下:

——峰值　　±10%,

——波前时间　　±10%,

——半峰值时间　　±10%。

允许冲击波上有小过冲或振荡,但其幅值应不大于峰值的 5%。在电流下降到 0 后的任何极性反向的电流值不应大于峰值的 30%。

对于二端口电器,反向电流的幅值应小于 5%,使它不至于影响限制电压。

3.1.2.2　产品测试需求

随着电涌保护器制造工艺水平的发展,其承受大电流的能力在不断提高。目前,国外Ⅰ类试验的电涌保护器 I_{imp} 为 125 kA 左右,Ⅱ类试验的电涌保护器 I_{max} 为 230 kA 左右。用于试验的冲击电流发生器输出电流等级应满足产品的最大通流能力要求。

3.1.3　设备差异性

3.1.3.1　结构原理不同

传统的冲击电流发生器利用的是 *R-L-C* 回路放电原理,当模拟首次雷击 10/350 μs 时,由于需要的储能电容能量很大,需要多组电容器串、并联使用。现今,模拟 10/350 μs 冲击电流发生器采用 Crowbar 开关触发,通过电感的储能和二次释放能量,减小了回路电阻的损耗,大幅度提高了电容器的利用率[2]。如图 3.5 所示为传统的冲击电流发生器,具体触发原理在第 3.1.1 节中已进行了阐述。图 3.6 为带 Crowbar 开关的冲击电流发生器。

图 3.5　传统冲击电流发生器

图 3.6　带 Crowbar 开关的冲击电流发生器

图 3.7 为带 Crowbar 开关的冲击电流发生器原理图。其具体触发原理为：电容 C_{ch} 的充电电压 U_0 充到一定值时，先使主球隙放电导通，由电容 C_{ch}—主球隙—电感 L_{ext}—试品，构成弱阻尼放电回路，振荡电流的最大值 I_{max} 取决于回路的参数和电容的充电电压，达到振荡电流最大值的时间 t_{max} 取决于回路的阻尼系数及电容和电感的比值。图 3.7 中，R_{ch}、L_{ch} 和 C_{ch} 分别为充电回路电阻、电感和电容，L_{lead1} 和 L_{lead2} 分别是充电回路和放电回路的引线电感，L_{ext} 和 R_{ext} 分别为放电回路的电感和电阻，$R=R_{ch}+R_{ext}$。通过增加或减小 U_0 和调整回路的参数，就可以得到满足标准要求的电流幅值和波前时间 t_f。当回路电流达到最大值时，若通过外部冲击电压发生器触发峰值电路球隙 d_4 导通，从而控制 Crowbar 触发电路，使它导通，构成 L_{ext}—Crowbar 球隙—R_{ext}—试品的 L-R 放电回路，其时间常数 $\tau=L/R$，则 τ 的大小决定了半峰值时间 t_d 的大小[3]。

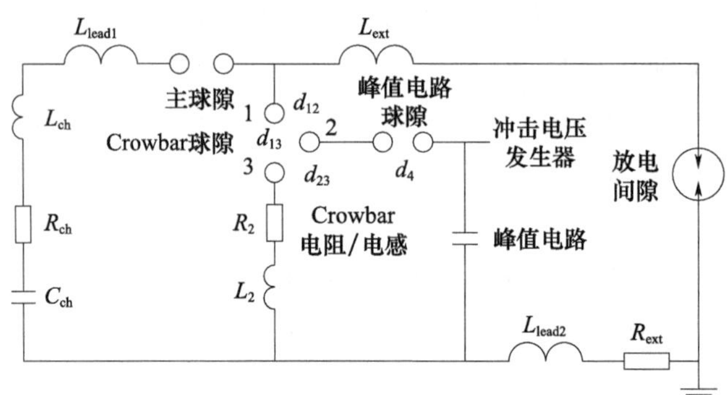

图 3.7　带 Crowbar 开关的冲击电流发生器原理图

3.1.3.2　回路源阻抗不同

标准中只规定了波形峰值及时间的误差范围，并未给出发生器 R-L-C 回路参数的参考值，因此不同的回路参数将产生不同源阻抗，即相同冲击电流幅值下，充电电压的大小不一致，但均满足标准要求。通常源阻抗值在 0.5 Ω 左右。研究 8/20 μs 冲击电流发生器不同源阻抗对压敏电阻器性能表征的影响，得出结论：回路源阻抗会影响压敏电阻承受的冲击能量、冲击电流波形和限制电压波形。冲击电流幅值增加到一定值，或是小直流参考电压的压敏电阻器，其回路源阻抗的影响较小[4]。研究不同源阻抗对压敏电阻残压大小的影响，得出结论：源阻抗越大，冲击残压越大。针对大通流容量的压敏电阻，在大冲击电流作用下，其回路源阻抗的影响较小[5]。研究 8/20 μs 冲击电流发生器不同源阻抗下 MOV 老化特性的影响，得出结论：源阻抗越高的设备对 MOV 的老化考验更严酷[6]。

3.1.3.3　触发方式不同

(1)放电球隙

放电球隙是一对直径相同的半球型电极。当两端电压达到间隙击穿强度后，通过空气击穿放电。放电球隙在高压脉冲设备中应用最为广泛，其优点包含通流量大、使用寿命长等。但由于其低电压时不易触发的缺点，在小电流冲击设备中应用较少。电极材料通常选用钨铜，其因优良的导电性和机械强度而被广泛使用。随着石墨材料制作工艺的提高和性能的不断改进，石墨电极的应用率在不断提高。石墨是唯一像金属材料那样具有导电性能的非金属材料，这个特性是其他非金属材料所没有的，因此也被认为是类金属材料，其导电性能大致和金属铁相似。除了导电性外，石墨材料的其他特性则更多地体现在它的非金属性上，其中一项重要的特性就是其耐热性非常优异。石墨材料不像金属材料那样有熔点，它的升华温度超过(3850±50)℃，远高于普通金属。石墨电极的主要优点为能够承受大电流和高能量，耐热性能好，损耗速度缓慢，不会因为长期放电出现表面氧化变形等现象；缺点在于机械强度不高，需采用特殊固定方式，以便使其与固定件保持良好接触。

(2)控制开关

控制开关常用的有水银继电器、交流接触器和可控硅。前两者的脉冲通流量较小，低电压下触发稳定可靠，通常被用在小电流冲击设备中。可控硅是一种大功率电器元件，也称晶闸管，可作为大功率驱动器件，实现用小功率控件控制大功率设备。其优点为体积小、效率高、寿命长、控制便捷，缺点是耐压较低、通流量小，且可控硅的内阻与电压成反比关系，对输出波形有一定影响，必须使用特殊控制电路才能使用，加上其成本过高，在大电流冲击设备上使用率不高。

(3)引燃管

引燃管是根据汞弧光放电(一种低气压气体放电现象，放电电流密度大)原理制成的一种真空电子器件，具有耐压高、功率大、电流上升速度快等特点。它综合了闸流管与高压触发管的优点，并同时改善了二者相互矛盾的参数，性能优越，在高电压大功率脉冲装置中起放电开关(类似于撬棒)的作用。引燃管最大的优点是峰值电流大(可达 1000 kA)，电荷转移量大，比电火花开关、类火花开关和真空开关的峰值电流都大。但其寿命有限，造价过高，在雷电冲击设备中应用较少。

3.2　冲击电压发生器(1.2/50 μs)

3.2.1　原理结构

冲击电压发生器的基本回路如图 3.8 所示。其发生原理为试验变压器 T 和高压硅堆 D 构成整流电源，经过保护电阻 r 及充电电阻 R，向主电容器 $C_1 \sim C_4$ 充电，充电到 U，出现在球隙 $g_1 \sim g_4$ 上的电位差也为 U。若事先把球间隙距离调到稍大于 U，则球间隙不会放电。当需要使冲击发生器动作时，可向点火球隙的针极送去一脉冲电压，针极和球皮之间产生一小火花，引起点火球隙放电，于是电容器 C_1 的上极板经 g_1 接地，点 1 电位由地电位变为 $+U$。电容器 C_1 与 C_2 间有充电电阻 R 隔开，R 比较大，在 g_1 放电瞬间，由于 C' 的存在，点 2 和点 3 电位不可能突然改变，点 3 电位仍为 $-U$，中间球隙 g_2 上的电位差突然上升到 $2U$，g_2 瞬间放电，于是点 2 电位变为 $+2U$。同理，g_3 和 g_4 也跟着放电，电容器 $C_1\sim C_4$ 串联起来。最后，隔离球隙 g_0 也放电，此时输出电压为 $C_1\sim C_4$ 上电压的总和，即 $+4U$[7]。

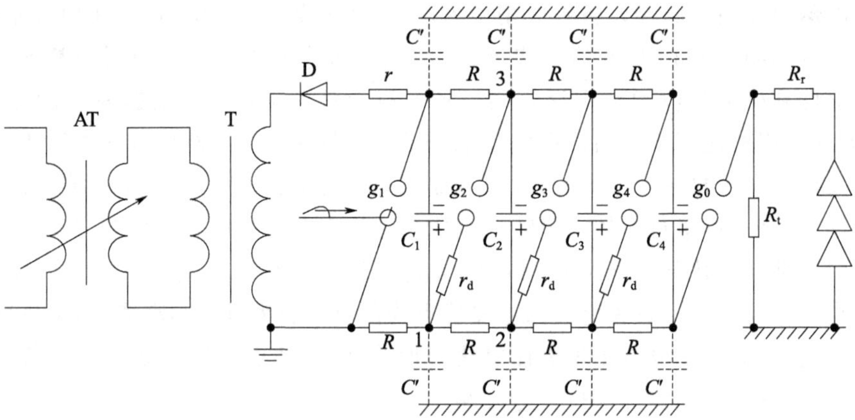

图 3.8　冲击电压发生器基本回路

（T—试验变压器；D—高压硅堆；r—保护电阻；R—充电电阻；$C_1\sim C_4$—主电容器；r_d—阻尼电阻；

C'—对地杂散电容；g_1—点火球隙；$g_2\sim g_4$—中间球隙；g_0—隔离球隙；

R_t—放电电阻；R_f—波前电阻；C_0—试品及测量设备等电容）

上述一系列过程可被概括为电容器并联充电，而后串联放电。由并联变成串联是靠一组球隙来实现的，要求这组球隙在 g_1 不放电时都不放电，一旦 g_1 放电，则顺序逐个放电。满足这个条件的，称为球隙同步好，否则称为同步不好。R 在充电时起电路的连接作用，在放电时又起隔离作用。在球隙同步动作时，放电回路改变成如图 3.9 所示的形式。

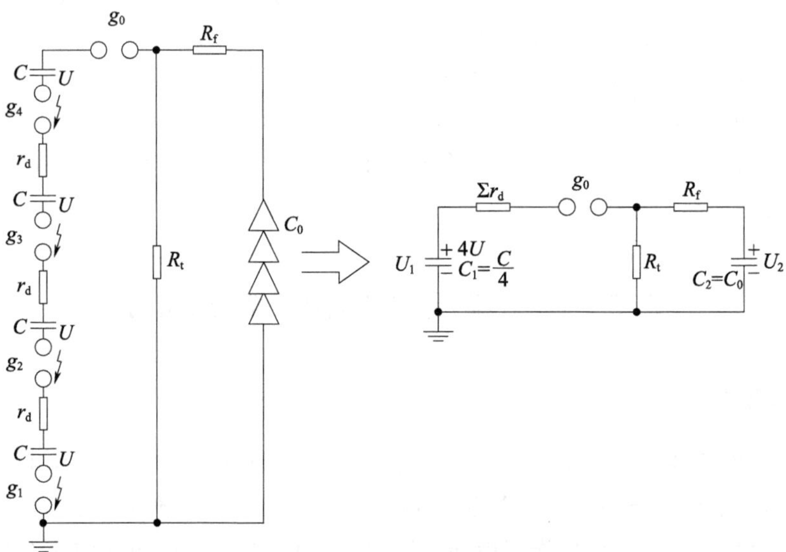

图 3.9　冲击电压发生器串联放电时的等效回路

C_1原有电压$+4U$，C_2原来无电压。当 g_0放电时，C_1向 C_2充电，C_2将产生电压，同时 C_1电压将下降。当 C_2的电压 u_2从 0 上升到 U_{2max}时，它与此时 C_1的电压 U_1相等，不可能再上升。由于二者都将经 R_t放电，因此最后电压都将降到 0。u_2的变化如图 3.10 所示，上升部分的快慢与 R_f有关，下降部分的快慢与 R_t有关。R_f小，上升快；R_t大，下降慢。

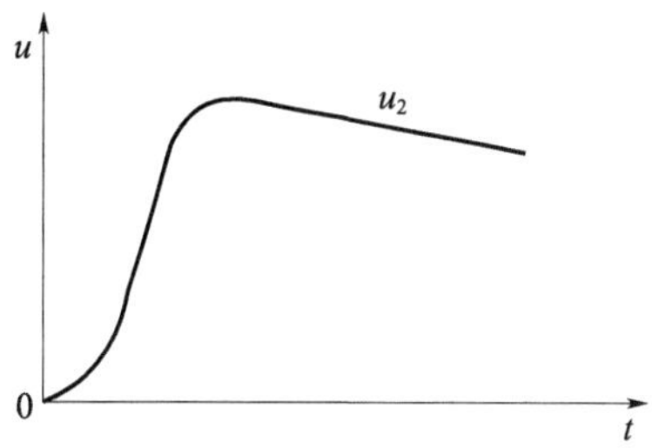

图 3.10　u_2的变化曲线

图 3.9 中 r_d的作用是防止回路内部发生振荡。r_d一般比 R 大一个数量级，不仅能够保护硅堆，还可使各级电容器的充电电压比较均匀。

3.2.2　参数标准要求

标准电压波形是 1.2/50 μs。在被试装置(DUT)连接处的开路电压波形的允许误差如下：

——峰值　　　　±5%，

——波前时间　　±30%，

——半峰值时间　±20%。

在冲击电压的峰值处可发生振荡或过冲。如果振荡的频率大于 500 kHz 或过冲的持续时间小于 1 μs，应画出平均曲线，从测量的要求来讲，平均曲线的最大幅值决定了试验电压的峰值。冲击电压峰值 0～80%的上升部分的振幅不允许超过峰值的 3%。测量设备整个带宽至少应为 25 MHz，并且过冲应小于 3%。试验发生器的短路电流应小于 20%的标称放电电流 I_n。

测量波前放电电压的试验程序中规定，冲击电压发生器的开路输出电压设定为 6 kV。如果 10 次冲击中的任意一次没有观察到在波前放电，应把发生器的开路输出电压设定为 10 kV。因此，冲击电压发生器的最大开路输出电压应不低于 10 kV。图 3.11 为 1.2/50 μs 冲击电压发生器。

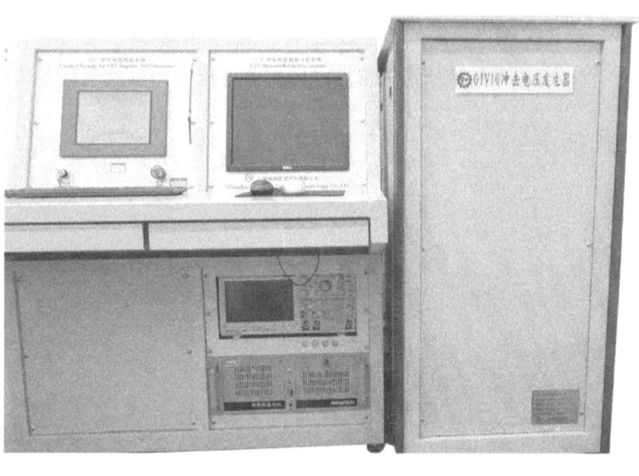
图 3.11　1.2/50 μs 冲击电压发生器

3.3 复合波发生器(1.2/50 μs&8/20 μs)

3.3.1 原理结构

复合波(CW)以其在开路条件下的输出电压 U_{oc} 和短路条件下的输出电流 I_{sc} 来表征。CWG 复合波发生器由冲击发生器产生，负载开路时输出 1.2/50 μs 冲击电压波，负载短路时输出 8/20 μs 冲击电流波。提供给 SPD 的电压、电流幅值及其波形由冲击发生器和受冲击作用的 SPD 的阻抗而定。在相同试验条件下，CWG 输出的开路电压峰值和短路电流峰值之比定义为虚拟阻抗 Z_f。

CWG 的原理如图 3.12 所示。输出端开路时产生 1.2/50 μs 的开路电压波，如图 3.12a 所示；输出端短路时产生 8/20 μs 的短路电流波，如图 3.12b 所示。图 3.12a 是标准的冲击电压发生回路，当开关 S 合上的最初时间内，电容 C 经电阻 R_2 和 R_3 向电感 L 充电，形成冲击电压波的波前时间 T_{1u}；而当开关合上较长时间后，电容 C 及电感 L 经电阻 R_1，R_2，R_3 放电起作用，形成冲击电压波的半峰值时间 T_{2u}，与其中和电容放电相比，电感放电对冲击电压波 T_{2u} 的作用可略去不计。

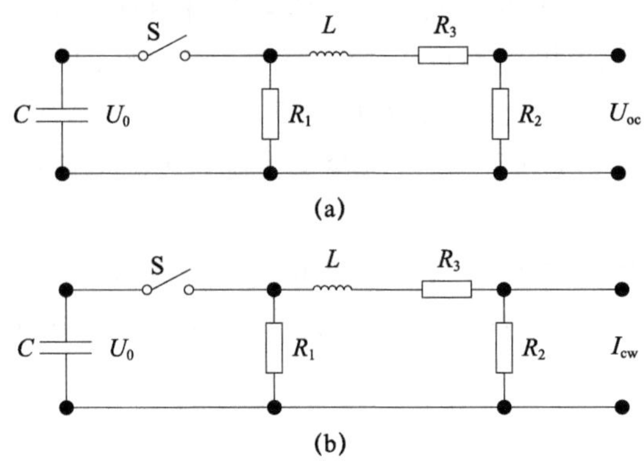

图 3.12 复合波发生回路的原理图

(a)开路电压波的形成电路；(b)短路电流波的形成电路

T_{1u} 和 T_{2u} 的计算公式如下：

$$T_{1u} \approx 3 \times \frac{L}{R_2 + R_3} \tag{3-11}$$

$$T_{2u} = 0.7 \times \frac{R_1(R_2 + R_3)}{R_1 + R_2 + R_3} \times C \tag{3-12}$$

图 3.12a 输出的电压为：

$$U_{oc} = U_0 \times \frac{R_2}{R_2 + R_3} \tag{3-13}$$

图 3.12b 是标准的冲击电流发生回路，其设计原理与冲击电流发生器相类似。冲击电流波的波前时间 T_{1i} 和其他参数的计算公式如下：

$$\xi=\frac{R_3}{2\sqrt{L/C}} \tag{3-14}$$

$$i_m=i_m^*\times\frac{U_0}{\sqrt{L/C}} \tag{3-15}$$

$$T_{1i}=T_{1i}^*\sqrt{L/C} \tag{3-16}$$

式中：ξ 为图 3.12b 冲击电流发生回路的阻尼系数，i_m 为电流的峰值，i_m^* 为归一化的电流峰值，T_{1i}^* 为归一化电流的波前时间。

图 3.13 为 1.2/50 μs &8/20 μs 复合波发生器。

图 3.13　1.2/50 μs &8/20 μs 复合波发生器

3.3.2　参数要求

3.3.2.1　标准要求

复合波发生器的标准冲击波的特征用开路条件下的输出电压和短路条件下的输出电流来表示。开路电压的波前时间应为 1.2 μs，半峰值时间应为 50 μs。短路电流的波前时间应为 8 μs，半峰值时间应为 20 μs。

(1)在被试装置连接处的开路电压 U_{oc} 的允许误差

——峰值　　　　±5%，

——波前时间　　±30%，

——半峰值时间　±20%。

这些允差只针对发生器本身，不连接任何 SPD 或者电源线路。在冲击电压的峰值处可发生振荡或过冲。如果振荡的频率大于 500 kHz 或过冲的持续时间小于 1 μs，应画出平均曲线，从测量的要求来讲，平均曲线的最大幅值决定了试验电压的峰值。在冲击电压峰值 0～80% 的上升部分的振幅不允许超过峰值的 3%。测量设备整个带宽至少应为 25 MHz，并且过冲应小于 3%。

(2)在被试装置连接处的短路电流 I_{sc} 的允许误差

——峰值　　　　±10%，

——波前时间　　　±10%，

——半峰值时间　　±10%。

无论是否连接电源线路，发生器的这些允差都应满足。是否连接电源线路取决于试验是否需要加电。允许冲击波上有小过冲或振荡，但其幅值应不大于峰值的 5%。在电流下降到 0 后的任何极性反向的电流值不应大于峰值的 30%。

(3)试验装置

发生器的虚拟阻抗 Z_f 的标称值应为 2 Ω，虚拟阻抗定义为开路电压 U_{oc} 的峰值和短路电流 I_{sc} 的峰值之比。

以上波形和允差只可用于在制造商声明的 U_{oc} 上进行的试验，这可能要求对发生器进行一些调整。对于复合波测量限制电压步骤中小于 U_{oc} 的试验，应使用相同的设置，而无须对发生器进行调整。发生器的耦合元件应优先选用额定值尽可能接近被试装置最大持续工作电压 U_c 的压敏电阻元件，从而确保不同测试实验室间结果的可比性。由于发生器耦合元件的非线性会影响不同 U_{oc} 的设置下的发生器阻抗，因此上述要求可避免过多的试验设置工作。开路电压 U_{oc} 的峰值和短路电流 I_{sc} 的峰值的最大值分别为 20 kV 和 10 kA，如大于这些值，应进行Ⅱ类试验。

3.3.2.2　产品测试需求

(1)加电试验中是否使用去耦网络取决于 SPD 的内部设计

如果 SPD 不包含电抗元件，不需要使用去耦网络。

如果 SPD 包括电抗元件，但不包含任何电压开关元件，应优先不使用去耦网络，或使用替代试验来进行限制电压试验。

如果 SPD 包括电抗元件和电压开关元件，应不使用去耦网络。

耦合元件和去耦网络只在加电试验中需要用到。去耦网络的示例见图 3.14 和图 3.15。

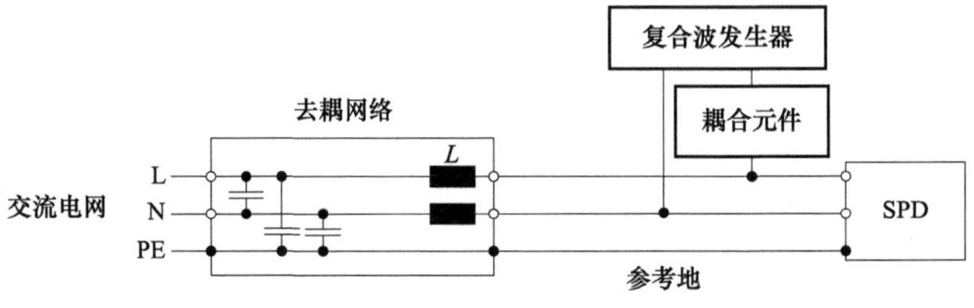

图 3.14　用于单相电源去耦网络的示例

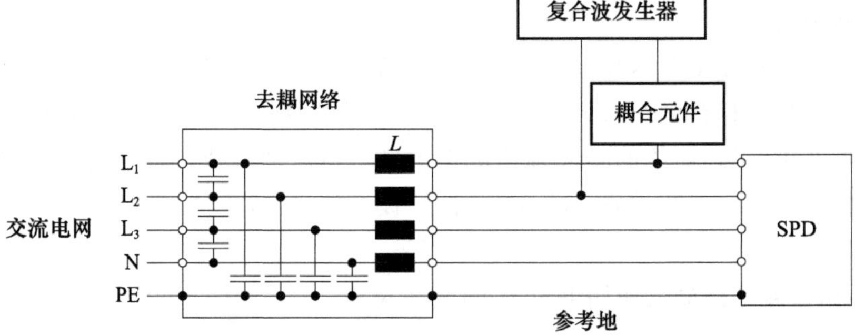

图 3.15　用于三相电源去耦网络的示例

带有电抗元件的二端口 SPD 会与反向滤波器的电抗元件产生相互作用，这可能产生限制电压偏低的假象。在这种情况下的试验应采用图 3.16 所示的替代试验方法。

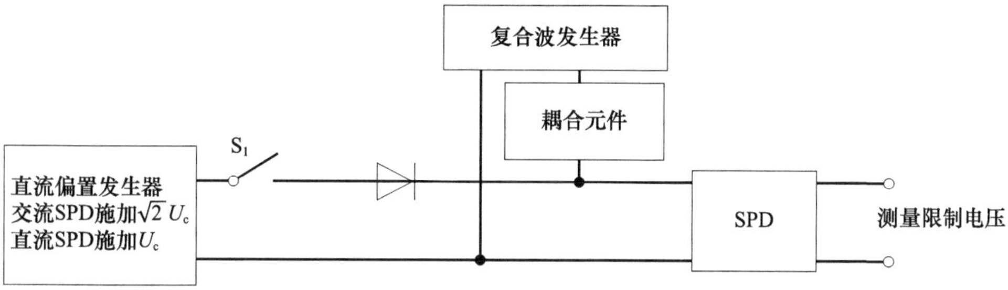

图 3.16　测量限制电压的替代试验

① 对于交流 SPD，应通过一个二极管对其施加 $\sqrt{2}U_c$ 的直流电压。如图 3.16 所示，应通过一个压敏电阻施加冲击。

② 应在 S_1 闭合至少 100 ms（允差为 0～10%）后，再施加冲击。施加冲击后，应在 10 ms 内切断直流电压。

③ 把 SPD 与发生器反向连接，进行相反极性的试验。

以上要求决定了复合波发生器的输出等级至少为 20 kV/10 kA，能自由切断去耦网络装置、切换耦合元件，并且能够具备替代试验电路装置。

（2）耦合元件的选择

选用不同的耦合元件会对复合波发生器的输出波形产生一定的影响。常用的耦合元件包含电容耦合、阻容耦合、压敏电阻耦合和放电间隙/放电管耦合。原则上，这些元件能将浪涌信号传输到被试试品上，不会大幅影响输出波形参数，同时确保在施加 U_c 时自身不会发生击穿。

研究复合波发生器中的耦合元件对输出波形的影响，得出结论：电容耦合适用于在工频电源电压不是太高以及组合波试验等级不太高的情况（比如 6 kV/3 kA 组合波），但在工频电源较高（如 AC 600V）或组合波试验等级较高（30 kV/15 kA 或 20 kV/10 kA）时，电容耦合并不是最好的耦合方式。而压敏电阻耦合方式比较适用于组合波试验等级较高、工频电压不太大以及对组合波波形参数要求比较宽松的场合。采用放电间隙/放电管耦合，其流过浪涌电流时的动态电阻较小，对组合波短路电流波形不会产生影响，且电压保护水平范围较广，是一个不错的选择[8]。

根据设备制造商和客户使用的经验表明，采用电容耦合方式输出波形较易满足标准要求，且操作简便、不易损坏，适合长期大批量测试产品的实验室使用。

3.4　交流热稳定试验装置

3.4.1　设备简介及用途

热稳定性试验是对限压型 SPD 运行可靠性及安全性检测的重要试验项目，而交流热稳定试验装置（以下简称热稳仪）是该项试验的主要检测设备，它能够输出恒定电流并根据 SPD 产品两端温度的变化，通过 PLC(可编程逻辑控制器)指令实时调整电压。

利用热稳仪能够模拟 SPD 在老化裂化状态下，通过非正常的电流，检测产品能否与外界的热交换达到平衡，用于判定产品的脱离器是否具有热脱离的功能，避免引起火灾等事故。

3.4.2 原理结构

热稳仪成套设备的主要功能单元分为 AC/DC 高压电源、电压电流检测单元、自动测控单元、SPD 试品测试区、测温单元及交直流大电流设备。各功能单元的作用如下。

(1)通常使用恒压源高压数字电源(未采用恒流源的主要原因是：试验开始时测试电流小，电压高，电流范围宽，增加了开发难度，制造成本过高，缺乏市场竞争优势)，也会使用调压器和高压变压器组合成的高压电源。压敏电阻在施加高压时，电流变化速度快，而调压器调整电压速度慢，达不到快速恒流测试的目的，故目前多采用高压数字电源。通过 modbus 通信协议与上位机通信，可快速对电源电压进行精准调整。

(2) 电压电流检测单元主要采用真有效值电压电流仪表或信号隔离传感器，进行实时监测，采集 SPD 两端的电压及流过的电流。

(3)自动测控单元通过 PLC 控制单元，实现电源合分闸、档位切换、信号采集等功能。另外，与高压电源实时通信，根据采集电压电流信号调节电源的电压输出，实现恒流测试的功能，并绘制电流、电压的试验数据曲线。此外，与测温模块通信，采集 SPD 表面温度变化，绘制温度曲线。根据不同的试验标准，自动运行测试流程，试验完成后，可导出试验数据及测试报告。

(4)测温模块采用 K 系列热电偶，实时监测 SPD 表面温度，测温范围 0～200 ℃，控制软件可校正温度偏差，使其测量温度误差在±1 ℃内。

(5)SPD 试品测试区主要用于测试限压型 SPD，包含用于安装 SPD 的支架及导轨、高低压接线柱及 K 系列热电偶。

(6)当 SPD 测试过程中试品两端电压低于 U_{REF}(0.9U_{CPV})时，在 100 ms 时间内切换到大电流设备回路。交流大电流设备提供试品的 U_{REF} 电压，电流则不超过厂家声称的额定短路电流。直流大电流设备提供试品的 U_{CPV} 电压，电流则是高达 5 kA 的额定短路电流。

热稳仪设备的电气原理如图 3.17 所示。

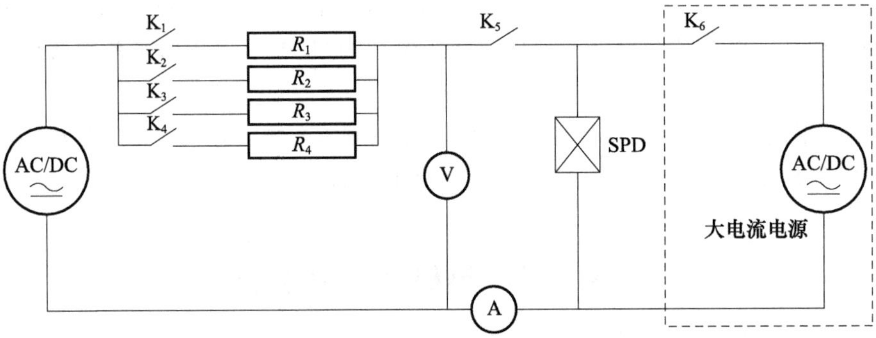

图 3.17 热稳仪电气原理图

热稳仪设备主要通过可调电阻 R 以及调节高压电源输出电压，从而达到对 SPD 恒流测试的目的。SPD 测试通常以 2 mA 起测，开始升压后，不断监测通过试品的电流变化，从而调整电源输出电压大小，以达到稳定2 mA电流。当测试电流超过测试电流档的5%时，系统会自动调整电压输出，从而调整试验电流在5%范围以内。当测试电流不断增加，电压已升压到电源输出上限时，系统自动切换阻抗，以减小限流电阻值，提高输出电流能力，同时调整电源输出电压，使其快速达到测试电流值。

电流电压测量可采用测量仪表与上位机通信实时监测，也可通过真有效值传感器进行测量。测量回路在设计时应避免电源高频影响以及变压器对地漏流的影响，以确保测量的准确性。

3.4.3 参数要求

(1)电压测量

需真有效值传感器或测量仪表，测量电压范围必须与电源电压等级匹配，电压测量偏差小于5%。

(2)电流测量

需真有效值传感器或测量仪表，测量电流范围0.1 mA～1 A;电流测量偏差小于3%(标准要求±10%)。

(3)测温模块

测温范围0～200 ℃，采用多通道多点采样，尽可能测量到SPD表面最高温度。

3.5 高(中)压TOV设备

3.5.1 装置基本原理框图

高(中)压TOV设备，用于电涌保护器等进行高(中)压系统故障引起的暂态过电压试验，也可兼用于模拟电涌保护器失效模式的附加试验，其基本原理如图3.18所示。

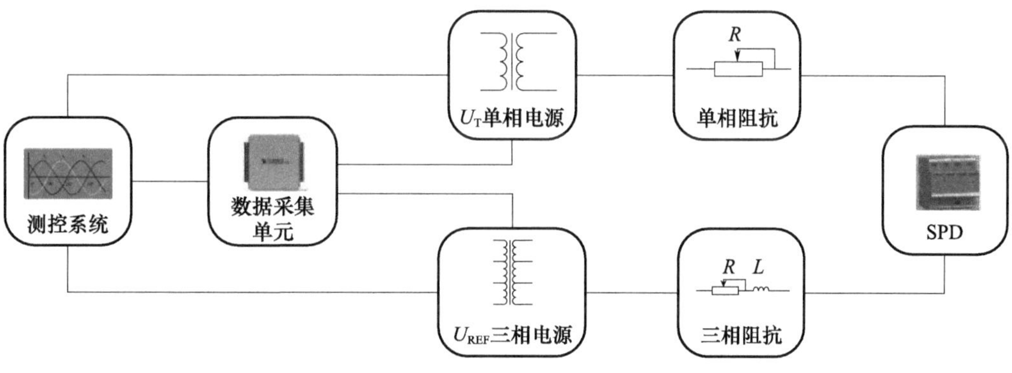

图3.18 装置基本原理框图

测控系统：采用触摸屏(或PC)+PLC，实现试验流程自动控制，测量分析软件则通过采集数据，实时显示试验过程的电压及电流波形，并实时显示试验电压、电流最大值和有效值，自动保存试验波形及数据。

数据采集单元：由电压互感器、电流传感器、信号隔离器及数据采集卡组成，实时采集试验数据上传给工控机，并通过分析软件显示测试信息。

U_T单相电源：试验中提供U_T电压，单相 220 V/1200 V（多电压抽头），预期短路电流 300 A+10%。

U_{REF}三相电源：试验中提供U_{REF}电压，容量不低于 600 kVA，预期短路电流最大 1500 A。

单相阻抗：分为高压 TOV 模式阻抗和失效模式阻抗两组，用于预期短路电流大小的调整。

三相阻抗：由阻抗及感抗组成，可调整电流 300～1500 A，通过阻抗及感抗的调整，可满足不同电流时功率因素的要求。

SPD：低压电涌保护器。

3.5.2 电气原理图

高（中）压 TOV 设备的电气原理如图 3.19 所示。

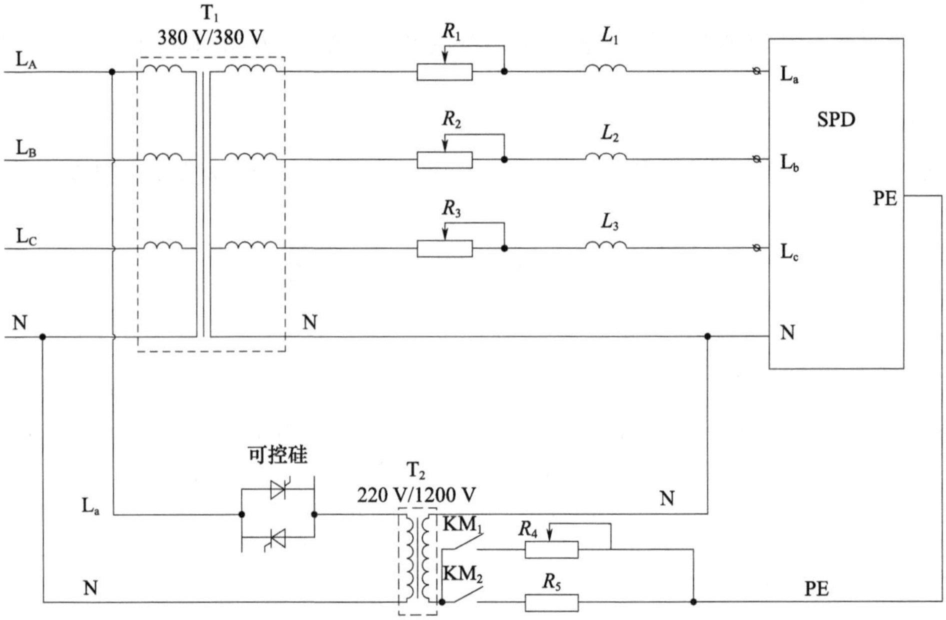

图 3.19　电气原理图

T_1：三相隔离变压器，输入及输出三相四线制。可输出多电压抽头，用于提供U_T及U_{REF}电压，用于高压 TOV 及低压 TOV，失效模式下使用。输出预期短路电流 300～1500 A。

T_2：单相隔离变压器，输出 1200 V/300 A，可输出多电压抽头，用于失效模式的U_T电压。

R_1～R_3：可调电阻，用于调整三相U_{REF}电压的预期电流大小。

L_1～L_3：可调电感，用于调整三相U_{REF}电压的预期电流大小及功率因素。

R_4：失效模式的可调电阻，调整输出电流 1～20 A。

R_5：高压 TOV 模式的U_T电压下的限流电阻，调整输出电流到 300 A+10%。

单相电源供电取三相隔离变压器原边，可降低三相变压器L_1相的电源容量要求，避免单相变压器在输出 300 A 电流时，引起供电电压降过大，从而影响试验结果。

3.6 动作负载电源

3.6.1 原理结构

动作负载电源是为 SPD 提供工频交直流电压，并具备一定短路电流能力，且同时对浪涌信号进行滤波，保护电源侧不受浪涌信号干扰的装置。主要用于 SPD 的动作负载试验。

本节主要介绍单相动作负载电源的原理结构，其电气原理如图 3.20 所示。

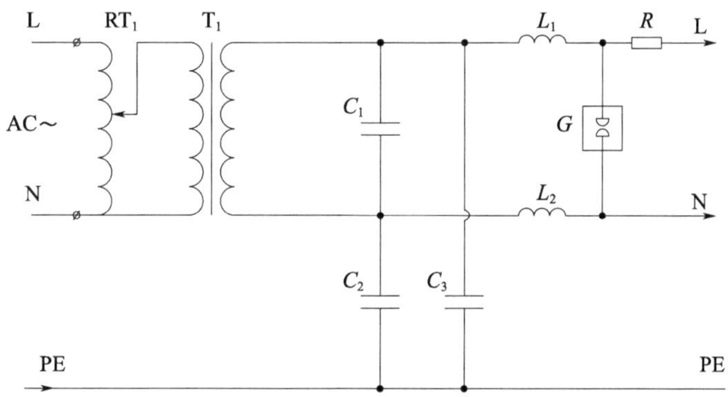

图 3.20 单相动作负载电源的电气原理图

RT_1：单相调压器，用于调整输出电压大小。

T_1：隔离试验变压器，用于提高或降低输出电压，使电源端与输出端的电气完全绝缘隔离，能抑制高频杂波传入电源端，起到隔离滤波的作用。

$C_1 \sim C_3$：去耦电容器，与去耦电感一同组成了低通滤波网络，为浪涌波提供足够的去耦阻抗，避免浪涌窜入电网对电源造成不利影响。

L_1，L_2：去耦电感，与去耦电容一同组成了低通滤波网络。

R：阻流电阻，用来限制预期短路电流，可根据测试需求调整限流电阻大小。

G：保护间隙，保护间隙击穿电压要求高于被试品残压，正常测试时不动作。当试品开路时，保护间隙动作，防止浪涌直接冲击电源，避免造成高压绝缘击穿事故。

3.6.2 动作负载电源特性要求

(1)续流小于或等于 500 A 的电源特性要求

去耦电感的电感量大小由制造商选择，使去耦电源在额定电流情况下，被试品两端的电压降应低于额定值的 10%，但去耦电感不应超过 1.5 mH。去耦电源的电流不小于 5 A 或由 SPD 厂家指定。

(2)续流大于 500 A 的电源特性要求

动作负载电源预期短路电流应满足 100 A、500 A 或 1500 A 等不同电流等级。动作负载电源的功率因数满足表 3.2 的要求。

表 3.2 预期短路电流和功率因数

I_p/kA	cosφ
$I_p \leqslant 1.5$	0.95
$1.5 < I_p \leqslant 3.0$	0.9
$3.0 < I_p \leqslant 4.5$	0.8
$4.5 < I_p \leqslant 6.0$	0.7
$6.0 < I_p \leqslant 10.0$	0.5
$10.0 < I_p \leqslant 20.0$	0.3
$20.0 < I_p \leqslant 50.0$	0.25
$50.0 < I_p$	0.2

注：恢复电压见 IEC 60947-1；I_p 允差为 0～5%，cosφ 允差为 −0.05～0。

参考文献

[1] 李祥超，赵学余，姜长稷，等．电涌保护器(SPD)原理与应用[M]．北京：气象出版社，2011：322-411.

[2] 姚航，任晓明，孙伟．基于 Crowbar 开关的 10/350 μs 冲击电流发生器的研究与设计[J]．电磁避雷器，2017(4)：115-119.

[3] 陈景亮，姚学玲，孙伟．脉冲电流技术[M]．西安：西安交通大学出版社，2008：1-237.

[4] 孙伟，李元晶，孙晋茹．8/20 μs 冲击电流发生器源阻抗对压敏电阻器性能表征的影响研究[J]．高压电器，2017(11)：85-91.

[5] 姚学玲，杜志航，陈景亮，等．不同源阻抗 8/20 μs 冲击电流下的 MOV 动态性能仿真[J]．高电压技术，2010，36(9)：2120-2125.

[6] 杜志航，鲁斌．不同源阻抗 8/20 μs 脉冲电流下 MOV 老化特性的实验研究[J]．华东电力，2014，42(6)：1202-1208.

[7] 朱夏敏，张阳建．1.2/50 μs 开路电压波发生器的研制[J]．科技创新导报，2017(1)：72-74.

[8] 姚学玲，陈景亮，孙伟．耦合方式对浪涌保护器组合波输出波形特性影响的研究[J]．高压电器，2009，45(2)：36-39.

第 4 章　电涌保护器型式试验

型式试验即是为了验证产品能否满足技术规范的全部要求所进行的试验，它是新产品鉴定中必不可少的一个环节。只有通过型式试验，该产品才能正式投入生产。对于通用产品来说，型式试验的依据是产品标准。对于特种设备来说，型式试验是取得制造许可的前提，其试验依据是型式试验规程或型式试验细则。

型式试验的适用范围：

新产品或老产品转厂生产的试制定型检验；

正式生产后，如结构、材料、工艺有较大的改变，可能影响产品质量及性能时；

正式生产时，定期或积累一定产量后，应周期性进行一次检验；

产品长期停产后，恢复生产时；

本次出厂检验结果与上一次型式检验有较大差异时；

国家质量监督机构提出进行型式检验要求时。

大多数检测机构为了保证所签发的型式试验报告有效性，同时基于 24 个月的产品产量和模具损耗等因素考虑，会在报告书中提出 24 个月后进行监督复查或复检的建议，同时要求制造商在产品设计、材料、工艺等出现重大改动时，应及时申请监督复测或重新检测，检测机构应及时更新试验结果或作废原报告。

4.1　型式试验发展历史

型式试验是生产企业在新型号产品投产之前必须进行的质量控制和工艺投产的程序。

2011 年 7 月，中国气象局令第 20 号《防雷减灾管理办法》规定，防雷产品应当由国务院气象主管机构授权的检测机构测试，测试合格并符合相关要求后方可投入使用。防雷产品的使用，应当到气象主管机构备案，并接受监督检查。我国也正是从这个时候开始开展电涌保护器型式试验的。

2014 年 10 月，《国务院关于取消和调整一批行政审批项目等事项的决定》(国发〔2014〕50 号)下发后，取消了防雷产品使用备案核准。

2015 年 10 月，《国务院关于第一批清理规范 89 项国务院部门行政审批中介服务的决定》(国发〔2015〕58 号)规定，不再要求申请人提供防雷产品测试报告。至此，一些中小企业产品退出了型式试验检验的行列。而中外合资企业及国内的知名大型生产企业本着对产品质量严格把关及对客户负责的原则，依然按时将需要检验的产品送往检测机构进行型式试验检验。气象部门的监督备案只是电涌保护器执行型式试验的行政保障手段，并非制造业领域内的必要条件。

4.2 试品要求

每个试验系列用三个试品。对于每种结构/端子类型，应在三个端子试品上进行端子的试验（一只具有至少三个相同端子的 SPD 可满足对端子样品的要求）。对多模式电器（如三相 SPD）内部保护元件电路也相同，在每个模式（如三相）上进行试验可满足三个试品的要求。例如，某一 3P＋N 产品，若 L-PE 端子的三片模块完全相同，则对于 L-PE 端子可满足三个试品的要求。如果制造商同意，三个一组试品可用于多于一个试验系列。

4.3 试验要求

（1）如果没有其他规定，高电压试验程序按照《低压电气设备的高电压试验技术 定义、试验和程序要求、试验设备》（GB/T 17627—2019）标准执行[1]；

（2）除非另有规定，本部分给出的交流值是有效值（RMS）；

（3）SPD 应按照制造商的安装程序安装和进行电气连接，不应采用外部冷却或加热；

（4）当没有其他规定时，试验应在大气中进行，环境温度应是（20±15）℃；

（5）如果没有其他规定时，对所有试验中要求的电源电压 U_{REF} 或 U_c，其试验电压允差应为 －5％～0；

（6）当试验制造商把电缆作为整体供货的 SPD 时，完整长度的电缆应作为被试 SPD 的一部分；

（7）如果没有其他规定，试验期间不允许对 SPD 进行维护或拆卸（电气间隙和爬电距离试验时允许对 SPD 进行拆卸）；应按照制造商的说明书选择外部脱离器并按照表 4.1 连接至有要求的试验；

（8）应在制造商声明的每一个保护模式上进行所有的试验，但是如果有一些保护模式具有相同的电路，可在最严苛不利的保护模式上进行具体试验，每次试验使用新的试品；

（9）对于设计有 N 端子的 SPD，根据制造商的说明书可在失零系统中应用的，要求另外在不连接 N 端子下进行针对 L-PE 保护模式的试验，例如 3P＋N 产品；

（10）如果制造商对 SPD 的外部脱离器按供电电源的预期短路电流规定了不同的要求，则应对每个要求的 SPD 脱离器和相应预期短路电流的组合进行所有相关的试验程序；

（11）在型式试验的整个过程中，指示器显示的状态应清晰地给出它所连接部件状态的信号；如果有多于一种的状态指示方法，例如本地的和遥信的指示，每一种指示都应检测；

（12）在根据本部分内试验条件进行测试时，SPD 不应产生任何危害。

4.4 试验系列

型式试验按表 4.1[2]进行，在任何试验系列中，试验应按表 4.1 规定的次序进行，试验系列的次序可改变。

表 4.1 中的电压降、负载侧电涌耐受、多极 SPD 的总放电电流试验项目为制造商声明的附加试验。额定负载电流、过载特性试验为二端口和输入/输出端子分开的一端口 SPD 的附加试验。

表4.1 适用于SPD的型式试验要求

试验系列	试验项目	连接外部脱离器[a]	使用薄纸	使用金属屏栅	试验类别Ⅰ	试验类别Ⅱ	试验类别Ⅲ
1	标识和标志	—	—	—	A	A	A
	安装	—	—	—	A	A	A
	接线端子和连接	—	—	—	A	A	A
	防直接接触试验	—	—	—	A	A	A
	环境,IP代码	—	—	—	A	A	A
	剩余电流(残流)	—	—	—	A	A	A
	动作负载试验[b]	—	—	—	A	A	A
	Ⅰ类、Ⅱ类或Ⅲ类动作负载试验	A	—	—	A	—	—
	Ⅰ类试验的附加动作负载试验	A	—	—	A	A	A
	热稳定性试验[c]	A	—	—	A	A	A
	电气间隙和爬电距离	—	—	—	A	A	A
	球压试验	—	—	—	A	A	A
	耐非正常热和火	—	—	—	A	A	A
	耐电痕化	—	—	—	A	A	A
2	电压保护水平	—	—	—	A	A	A
	残压	—	—	—	A	A	—
	波前放电电压	—	—	—	A	A	—
	用复合波测限制电压	—	—	—	—	—	A
	负载侧电涌耐受(适用)[b,c]	A	—	—	A	A	A
	负载侧短路电流特性(适用)[b]	A	—	A	A	A	A
3	绝缘电阻	—	—	—	A	A	A
	介电强度	—	—	—	A	A	A
	分开电路的隔离性(分开独立电路SPD,适用)	—	—	—	A	A	A
	机械强度	—	—	—	A	A	A
	耐温试验[b]	—	—	—	A	A	A
	电压降(适用)	—	—	—	A	A	A
	额定负载电流(适用)[c]	A	—	—	A	A	A
	过载特性(适用)[b,c]	—	—	—	A	A	A
4[c]	耐热试验	—	—	—	A	A	A
	TOV试验						
	低压系统故障或干扰引起的TOV	A	A	—	A	A	A
	高(中)压故障引起的TOV[b]	A	A	—	A	A	A
5[c]	短路电流特性	A	—	A	A	A	A

续表

试验系列	试验项目	连接外部脱离器[a]	使用薄纸	使用金属屏栅	试验类别Ⅰ	试验类别Ⅱ	试验类别Ⅲ
6	多极 SPD 的总放电电流试验(适用)[b]	—	—	—	A	A	—
7	定义成“户外型”的 SPD 环境试验(适用)	—	O	—	A	A	—
短路型 SPD 的附加试验							
8	特性转换过程(短路状态下的预处理试验)	—	—	—	—	A	—
	电涌耐受试验(在短路状态下)	—	—	—	—	A	—
	短路电流特性试验(在短路状态下)	A	—	A	—	A	—

注:① A 为适用,—为不适用,O 为可选的;

② a 表示连接外部脱离器是指在型式试验过程中,制造商声明的所有特定的脱离器应和 SPD 仪器测试,除了 RCD(剩余电流动作保护器)在动作负载试验中不进行测试;b 表示对于这些试验,可能用到合格判据 E 进行初始泄漏电流测量;c 表示对于本试验系列,可能会用到多于一组的试品;

③《低压电涌保护器(SPD) 第 11 部分:低压电源系统的电涌保护器 性能要求和试验方法》(GB/T 18802.11—2020)标准中对试验系列 1 中的动作负载试验明确规定,可用到一组独立的试品(包括附加负载试验,如果适用时);而 IEC 61643-11:2011 中没有此规定。

如果产品已经根据《低压电涌保护器(SPD) 第 1 部分:低压配电系统的电涌保护器 性能要求和试验方法》GB 18802.1—2011 测试合格,可采用表 4.2 的简化试验程序。

表 4.2 简化试验程序

试验系列	试验项目	是否要求试验
1	标识和标志	是
	安装	否
	接线端子和连接	否
	防直接接触试验	否
	环境,IP 代码	否
	剩余电流(残流)	是
	动作负载试验 Ⅰ类、Ⅱ类、Ⅲ类动作负载试验 Ⅰ类试验的附加动作负载试验	否 否 否
	热稳定性试验	是
	电气间隙和爬电距离	是
	球压试验	否
	耐非正常热和火	否
	耐电痕化	否

续表

试验系列	试验项目	是否要求试验
2	电压保护水平	否
	残压	否
	波前放电电压	否
	用复合波测限制电压	否
2a	负载侧电涌耐受	是
2b	负载侧短路电流特性	是
3	绝缘电阻	否
	介电强度	否
3a	分开电路的隔离性	否
	机械强度	否
	耐温试验	否
3b	电压降	否
3c	额定负载电流	是
	过载特性	是
4	耐热试验	否
	TOV 试验 低压系统故障引起的 TOV 高(中)压系统故障引起的 TOV	是 是 是
5	短路电流特性试验	是
6	多极 SPD 的总放电电流试验	是
7	户外型 SPD 的环境试验	是
8	特性转换过程(预处理试验)	是
	电涌耐受试验(在短路状态下)	是
	短路电流特性试验(在短路状态下)	是

4.5 试验判定

如果对于某试验系列中所有相关试验条款和合格判据的要求都是满足的,则这个试品通过表 4.1 中的该试验系列。如果所有的试品通过试验系列,那么 SPD 的设计对于这个试验系列是合格的。在试验系列中有两个或多个试品没有通过试验,则 SPD 不符合该系列要求。如果有一个试品没有通过一项试验,应用三个新试品重新进行该试验项目及同一试验系列中前面几项可能影响该试验结果的试验项目,但是这一次不允许有任何试品试验失败。例如,试验系列 1 中球压试验会影响该系列中后面的耐非正常热和火及耐电痕化试验(外壳经高温处理后绝缘性能可能会有所变化),试验系列 4 中耐热试验会影响该系列中后面的 TOV 试验(试品经高温处理后可能对内部非线性元件特性产生影响)。

4.6 测试流程要点

(1)当进行试验系列中某项试验时,造成产品内部脱扣或严重损坏(若已判定为该项不通过),影响到后续试验项目的正常进行时,应终止该系列的后续试验,直接判定产品该系列不通过。

(2)如果 SPD 是某一产品中的一个独立部分,而该产品符合其他的标准,则该标准的要求应适用于产品中不属于 SPD 的那些部分。该 SPD 应符合除机械性能外的所有一般要求,其他标准的机械方面的要求也应适用于该 SPD。

参考文献

[1] 中国电器工业协会,全国高电压试验技术和绝缘配合标准化技术委员会. 低压电气设备的高电压试验技术 定义、试验和程序要求、试验设备:GB/T 17627—2019[S]. 北京:中国标准出版社,2019.

[2] 中国电器工业协会,全国避雷器标准化技术委员会. 低压电涌保护器(SPD) 第 11 部分:低压电源系统的电涌保护器 性能要求和试验方法:GB/T 18802.11—2020[S]. 北京:中国标准出版社,2020.

第 5 章　型式试验测试方法

5.1　标识和标志

5.1.1　试验目的

低压电源系统的电涌保护器产品的标志参数较多，如果缺少关键参数，客户将无法选择合适的产品进行安装使用。另外，实验室在对产品进行符合性测试时，也需要厂家提供这些关键参数。而在产品正常使用的过程中，也应杜绝产品标签出现因污染而导致的非人为的磨损现象。因此，该项试验的目的为考量检验产品标识标志符合安装要求的必要技术指标，以及检验在安装使用环境下标识的持久性。

5.1.2　试验溶剂及参数要求

表 5.1 为标识和标志试验溶剂及相关标准/规范的参数要求。辅助试验工具包含：广口量杯、玻璃引流棒、镊子、医用脱脂棉、密封敞口瓶、清水。安全防护用具包含：医用塑胶手套、口罩及护目镜等。

表 5.1　标识和标志试验溶剂及相关标准规范的参数要求

序号	试验溶剂名称	适用的标准/规范	参数要求
1	脂肪族己烷溶剂	《低压电涌保护器(SPD) 第 11 部分：低压电源系统的电涌保护器 性能要求和试验方法》(GB/T 18802.11—2020)，《家用和类似用途电器的安全 第 1 部分：通用要求》(GB 4706.1—2005)，《电气附件 家用及类似场所用过电流保护断路器 第 1 部分：用于交流的断路器》(GB/T 10963.1—2020)	脂肪族己烷溶剂（芳香剂的容积含量最多为 0.1%，贝壳松脂丁醇值为 29，初沸点近似为 65 ℃，密度为 0.68 g/cm³）； 正己烷（85%正己烷的试剂级己烷）

5.1.3　试验方法和判定标准

5.1.3.1　试验方法

(1)通过直观检查校核试品外观及说明书上的标识和标志。

(2)将试品平放在桌面上，标志面朝上。

(3)在量杯中盛适量清水，用镊子夹医用脱脂棉蘸清水后在标志上来回擦 15 s(不少于 30 次)，应保持一定的压力。

(4)将满足试验要求的溶剂从容器中倒出适量至可密封敞口瓶中，在倒取过程中应使用玻璃棒引流，溶剂容器的标签应面向试验人员手心，防止污秽标签。用镊子夹医用脱脂棉在可密封敞口瓶中蘸取溶剂后，在标签上来回擦 15 s(不少于 30 次)，擦拭过程中应保持一定压力。

(5)试验结束后将医用脱脂棉、口罩、手套等丢弃至指定的垃圾桶内，严格按照废品处理程序执行。

(6)将量杯、玻璃引流棒、镊子等用清水洗净，擦拭干净后放回指定位置。

5.1.3.2 判定标准

(1)强制要求位于 SPD 的本体上，或持久地标贴在 SPD 本体上的标识[1]

① 制造商名或商标和型号；

② 最大持续工作电压 U_c(每种保护模式有一个电压值)；

③ 电流类型，AC 或"～"和/或频率；

④ 制造商声明的每种保护模式的试验类别和放电参数，并应相互靠近打印这些参数，"Ⅰ类试验"和"I_{imp}"及以 kA 为单位的数值，和/或"T1"(T1 在方框内)和"I_{imp}"及以 kA 为单位的数值；"Ⅱ类试验"和"I_n"及以 kA 为单位的数值，和/或"T2"(T2 在方框内)和"I_n"及以 kA 为单位的数值；"Ⅲ类试验"和"U_{oc}"及以 kV 为单位的数值，和/或"T3"(T3 在方框内)和"U_{oc}"及以 kV 为单位的数值；

⑤ 电压保护水平 U_p(每种保护模式有一个电压值)；

⑥ 外壳防护等级(当 IP＞20 时)；

⑦ 接线端的标志(如果需要)；

⑧ 二端口和输入输出分开的一端口 SPD 的额定负载电流 I_L。

如果受空间限制不能标注以上所有标志，制造商名称或商标和型号应标在 SPD 上，剩余其他上述的标志应在安装说明书中给出。

(2)供货时应提供的信息

① 使用地点；

② 端口数量；

③ 安装方法；

④ 额定短路电流 I_{SCCR}；

⑤ 外部脱离器的额定值和特性(如果有要求时)；

⑥ 脱离器动作指示(如果有)；

⑦ 正常使用的位置(如果重要时)；

⑧ 安装说明书，低压系统的类型(TN 系统、TT 系统和 IT 系统)，预期的连接方式(L-N，L-PE，N-PE，L-L)，SPD 设计用于标称交流系统电压和最大允许的电压波动，机械尺寸和导线长度等；

⑨ 温度和湿度范围；

⑩ 额定断开续流值 I_{fi}(除电压限制型 SPD 外)；

⑪ 剩余电流(残流)I_{PE}；

⑫ 短路型 SPD 的额定转换电涌电流 I_{trans}；

⑬ SPD 安装后对于任意一接地导体表面的最小距离；

⑭ I_{max}(可选)。

(3)在产品参数表上应出现的信息

① 额定暂时过电压 U_T；

② 多极 SPD 的总放电电流 I_{total}(如果制造商声明)和相应的试验类别；

③ 二端口 SPD 的电压降；

④ 二端口 SPD 的负载侧电涌耐受能力(如果制造商声明)；

⑤ 可更换部件的信息(指示器、熔断器等，如果适用)；

⑥ 电压上升率 du/dt(如制造商声明)；

⑦ 过载特性的触发电流系数 k；

⑧ 保护模式(对于多于一个保护模式的 SPD)。

(4)型式试验时制造商应提供的信息

① 是否有开关元器件；

② 预处理试验中预期的续流(≤500 A 或>500 A)；

③ 如果状态指示器未使用认证过的在额定水平内工作的元器件，制造商应给该类元器件提供合适的试验标准进行试验；

④ 分开隔离电路的隔离性和介电强度；

⑤ 根据模拟 SPD 失效模式的附加试验时进行预处理试验的预期短路电流。

(5)其他通用要求

《中华人民共和国标准化法实施条例》第二十四条规定，企业生产执行国家标准、行业标准、地方标准或企业标准，应当在产品或其说明书、包装物上标注所执行标准的代号、编号、名称。例如“GB/T 18802.11—2020”。

通过目视检查来检验其是否符合要求。

标志应不易磨灭且易识别，不应标在螺钉和可拆卸的部件上。插入式 SPD 模块不认为是可拆卸的部件。

耐久性试验后标志应清晰可见。

5.1.4　测试要点

(1)一个 SPD 可被分类成多于一个试验类别(例如Ⅰ类试验和Ⅱ类试验)，在这种情况下，应标出所有试验类别对应的参数信息，如Ⅰ类的 I_{imp} 和Ⅱ类的 I_n。如果制造商只声明一个电压保护水平，标志中应出现最高的电压保护水平值。

(2)实验室在判定标识试验项目的合格与否时，应着重关注强制要求位于 SPD 的本体上，或持久地标贴在 SPD 本体上的标识信息。若开展型式试验测试，还需提供相关试验项目所需要的参数信息，如预处理试验中预期的续流、模拟 SPD 失效的预处理试验的预期短路电流等，通常制造商应根据自身产品设计和制造工艺提供详尽的产品描述文件。

(3)常见不合格的问题有：未在产品本体上声明每种保护模式的试验类别，未在产品本体上声明电流类型，产品说明书中未体现 SPD 使用温湿度范围、短路电流耐受能力、承受暂时过电压特性等信息。制造商对标准内容的理解不够，多数制造商仅提供给用户较为简略的产品说明书，未详细标注关键参数或信息。

5.1.5 标准差异

(1)《家用和类似用途电器的安全 第 1 部分：通用要求》(GB 4706.1—2005)[2] 以及《电气附件 家用及类似场所用过电流保护断路器 第 1 部分：用于交流的断路器》(GB/T 10963.1—2020)[3]这两个标准中对标识和标志试验项目的要求为：用手拿沾水的布擦拭标志 15 s 后，再用沾汽油的布擦 15 s。标志应清晰易读，标志牌应不易揭下并且不应卷边。标准中提到的汽油是脂肪族溶剂己烷，其按容积的最大芳烃含量为 0.1%，贝壳松脂丁醇值为 29，初沸点近似为 65 ℃，干点约为 69 ℃，密度为 0.66 kg/L。针对家用和类似用途电器的标志耐久性试验中，采用的试剂名称描述为汽油，从化学特性中可以看出与正己烷的成分高度相似。另外，《低压电涌保护器(SPD) 第 11 部分：低压电源系统的电涌保护器 性能要求和试验方法》(GB/T 18802.11—2020)标准中对试剂的密度单位规定有误，应是 0.68 g/cm^3，而非0.68 g/m^3，且不应描述为比重，比重是一个无量纲量。

(2)《低压电涌保护器(SPD) 第 11 部分：低压电源系统的电涌保护器 性能要求和试验方法》(GB/T 18802.11—2020)标准中对该项试验内容进行了修改：

① 将强制标注于 SPD 本体上的过电流保护推荐的最大额定值改为二端口或输入输出分开的一端口 SPD 的额定负载电流 I_L；

② 增加了需提供的其他参数，如二端口 SPD 的电压降、负载侧电涌耐受能力、可更换部件的信息、电压上升率 du/dt、电流系数 k、湿度范围、短路型 SPD 的额定转换电涌电流 I_{trans} 和 SPD 安装后对于任意一接地导体表面的最小距离；

③ 增加了在型式试验时制造商应提供下列信息，包括开关元器件(若有)，预处理试验中预期的续流(≤500 A 或>500 A)，如果状态指示器未使用认证过的在额定水平内工作的元器件，制造商应给特定的元器件提供合适的试验标准进行试验，分开隔离电路的隔离和介电强度，模拟 SPD 失效模式时进行预处理试验的预期短路电流；

④ 增加了溶剂的替代方案，可允许使用最低为 85%正己烷的试剂级己烷作为替代。

5.1.6 SPD 标志参数解释

(1)使用地点：分为户内或户外。

(2)安装方法：分为固定或移动。

(3)可触及性：分为可触及或不可触及。可触及：SPD 可被非专业人员全部或者部分接触到，一旦安装后，不需要使用工具即可打开覆盖层或者外壳。不可触及：SPD 不能被非专业人员触摸到，或者是因为被安装到触摸距离之外(如安装在架空线上)，或者是被置于安装后只能用工具打开的外壳内。

(4)最大持续工作电压 U_c：可连续地施加在 SPD 保护模式上的最大交流电压有效值。

(5)电压保护水平 U_p：由于施加规定陡度的冲击电压和规定幅值及波形的冲击电流，而在 SPD 两端之间预期出现的最大电压。电压保护水平由制造商提供，并不可低于按照如下方法确定的测量限制电压：对于Ⅱ类和/或Ⅰ类试验，由波前放电电压(如适用)和对应于Ⅱ类和/或Ⅰ类试验中直到 I_n 和/或 I_{imp} 幅值处的残压确定；对于Ⅲ类试验，由复合波直到 U_{oc} 的测量限制电压确定。

(6)Ⅱ类试验的标称放电电流 I_n:流过 SPD 具有 8/20 μs 波形电流的峰值。

(7)Ⅰ类试验的冲击放电电流 I_{imp}:流过 SPD 具有指定转移电荷量 Q 和在指定时间内具有指定比能量 W/R 的放电电流峰值。

(8)最大放电电流 I_{max}:具有 8/20 μs 波形和制造商声明幅值的流过 SPD 电流的峰值,该值大于或等于 I_n。

(9)额定短路电流 I_{SCCR}:用于评定 SPD 和所连接的指定脱离器的电源系统的最大预期短路电流额定值。

(10)额定断开续流值 I_{fi}:SPD 能不依靠脱离器动作而断开的预期短路电流。

(11)剩余电流(残流)I_{PE}:SPD 按制造商的说明书连接,施加参考电压(U_{REF})时,流过 PE 接线端子的电流。

(12)短路型 SPD 的额定转换电涌电流 I_{trans}:导致短路型 SPD 进入短路状态的 8/20 μs 冲击电流,该值大于 I_n。

(13)暂时过电压试验值 U_T:为模拟在 TOV 条件下的应力,施加在 SPD 上并持续一个规定时间 t_T 的试验电压值。

(14)复合波发生器的开路电压 U_{oc}:在复合波发生器连接试品端口处的开路电压。

(15)多极 SPD 的总放电电流 I_{total}:在总放电电流试验中,流过多极 SPD 的 PE 或 PEN 导线的电流。

(16)二端口 SPD 的电压降:二端口 SPD 在满额定阻性负载下电压降百分比,其公式为 $\Delta U\%=\left[\frac{(U_{输入}-U_{输出})}{U_{输出}}\right]\times 100\%$。

(17)二端口 SPD 的负载侧电涌耐受能力:二端口 SPD 输出端子耐受其下游负载侧产生的电涌的能力。

(18)二端口 SPD 的电压升高率 du/dt:在设定的试验条件下,二端口 SPD 输出端测量得到的电压随时间的变化率。

(19)过载特性的触发电流系数 k:保护装置最大过电流保护值与额定负载电流值之比,通常断路器为 1.45,熔断器为 1.6。

(20)保护模式:例如 L-PE、N-PE 等。

(21)额定负载电流 I_L:能提供给连接到 SPD 保护输出端的阻性负载的最大持续额定交流电流有效值。

5.1.7　安全注意事项

(1)由于脂肪族已烷溶剂属于汽油提取带有脂类的物质,具有易燃易爆、易挥发、微毒、低毒、麻醉性、刺激性性状,应严格编制和执行危险化学品贮藏、使用、报废规程。

(2)试验人员在试验过程中应佩戴防护眼镜、口罩和医用塑胶手套。

(3)严禁从溶剂容器中直接蘸取溶剂。可密封敞口瓶中的溶液如未使用完,需密封后保存。

(4)溶剂应储存于阴凉、通风的房间。远离火种、热源。房间温度不宜超过 29 ℃。保持容器密封。应与氧化剂分开存放,切忌混储。

5.2 安装、接线端子和连接

5.2.1 试验目的

SPD 在安装过程中，无论是电气连接还是机械连接，均应能经受得住正常使用时出现的机械应力，螺钉、载流部件和连接应可靠，连接外部导体的接线端子应能固定住导体，而不产生导体移动或明显损伤的迹象。因此，该项试验的目的为：通过目视检查、模拟 SPD 安装及连接导体过程，考量 SPD 的机械性能是否符合规定要求。

5.2.2 试验设备及参数要求

图 5.1 为常见的拉力试验机。图 5.2 为常见的扭力起子。表 5.2 为接线端子和连接试验设备及相关标准/规范的参数要求。

图 5.1 常见的拉力试验机

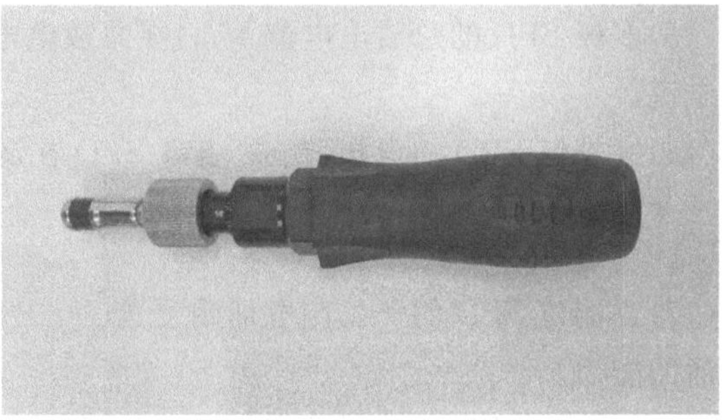

图 5.2 常见的扭力起子

表 5.2 接线端子和连接试验设备及相关标准/规范的参数要求

序号	试验设备名称	适用的标准/规范	参数要求
1	拉力试验机	《外壳防护等级(IP 代码)》(GB/T 4208—2017)	拉力：0～200 N，分度值 0.5 N； 有效拉伸行程：900 mm； 位移精度：±0.5%； 位移分辨力：0.001 mm
2	扭力起子	《低压电涌保护器(SPD) 第 11 部分：低压电源系统的电涌保护器 性能要求和试验方法》(GB/T 18802.11—2020)	扭矩：量程 10 N·m； 分辨力：0.1 N·m

5.2.3 试验方法和判定标准

5.2.3.1 试验方法

(1)安装

① 目视检查 SPD 是否提供适当的安装方式，以确保机械稳定性。

② 目视检查 SPD 是否提供机械编码/互锁，来防止插入式 SPD 模块和底座的不正确的组合。

(2)螺钉、载流部件和连接

① 当 SPD 接线使用螺钉时，接线端子连接一根制造商规定的最大截面积的硬性铜导体(标称截面积大于 6 mm^2 时，采用硬性绞合导体，其他标称截面，采用实心导体)，拧紧和拧松螺钉 10 次(对于与绝缘材料螺纹啮合的螺钉)或 5 次(所有其他情况)，与绝缘材料螺纹啮合的螺钉或螺母每次应完全旋出，然后再旋入，除非螺钉的结构阻止螺钉旋出。

② 采用扭力起子按表 5.3 所示的扭矩进行试验(螺钉的螺纹直径通常为 6.0 mm)，拧紧螺钉不能采用冲击力，每次拧松螺钉后要移动导体。

③ 第Ⅰ栏数值适用于螺钉拧紧时，不露出孔外的无头螺钉和其他不能用刀口宽于螺钉直径的螺丝刀拧紧的螺钉，如图 5.3a 和图 5.3b 所示。

(a)　(b)　(c)

图 5.3　常见螺钉

第Ⅱ栏数值适用于用螺丝刀拧紧的其他螺钉，这类螺钉较为普遍，如图 5.3c 所示。

第Ⅲ栏数值适用于除用螺丝刀之外的工具来拧紧的螺钉和螺母。

如果六角头螺钉带有可用螺丝刀来紧固的槽口，以及第Ⅱ栏和第Ⅲ栏的数值不同时，应做二次试验。第一次对六角头施加第Ⅲ栏规定的扭矩，然后对另一个试品用螺丝刀施加第Ⅱ栏规定的扭矩。如果第Ⅱ栏和第Ⅲ栏的数值相同，则仅用螺丝刀来进行此试验。

表 5.3　螺钉的螺纹直径和施加的扭矩

标称螺纹直径/mm	Ⅰ栏/(N·m)	Ⅱ栏/(N·m)	Ⅲ栏/(N·m)
$d \leq 2.8$	0.2	0.4	0.4
$2.8 < d \leq 3.0$	0.25	0.5	0.5
$3.0 < d \leq 3.2$	0.3	0.6	0.6
$3.2 < d \leq 3.6$	0.4	0.8	0.8
$3.6 < d \leq 4.1$	0.7	1.2	1.2
$4.1 < d \leq 4.7$	0.8	1.8	1.8
$4.7 < d \leq 5.3$	0.8	2.0	2.0
$5.3 < d \leq 6.0$	1.2	2.5	3.0
$6.0 < d \leq 8.0$	2.5	3.5	6.0
$8.0 < d \leq 10.0$	—	4.0	10.0

(3)外部连接

① 端子应被设计成可连接规定的最大和最小截面积的电缆。接线端子应固定在 SPD 上，即使紧固螺钉或锁紧螺母拧紧或拧松时，也不应使其松动。应使用工具拧松紧固螺钉或锁

紧螺母。

连接外部导体的接线端子应保证其连接的导体可永久保持必要的接触压力。在预期的使用条件下，应能方便地接近接线端子。

接线端子中用于紧固导体的部件不应用作固定其他任何元件，尽管它们可用来固定接线端子或阻止其转动。

接线端子应具有足够的机械强度。

接线端子应设计成使其紧固导体时不会过度损坏导体。

接线端子的设计应使其能可靠地把导体夹紧在金属表面之间。

接线端子的设计或布局，应使其在拧紧紧固螺钉或螺母时，实心硬导线和绞合导线的线丝都不能滑出接线端子。

② 按制造商推荐的要求，把 SPD 固定在一块厚度约 20 mm，涂有无光泽黑漆的木板上(如图 5.4 所示)，并且防止外部过度地加热或冷却。除非另有规定，否则 SPD 的接线端子应按下列要求连接导体：二端口器件和输入/输出端子分开的一端口器件，按表 5.4 的要求；其他的一端口器件，按制造商的说明书要求。按Ⅰ类试验的 SPD 和按Ⅱ类试验的标称放电电流大于或等于 5 kA 的一端口的 SPD，至少应能夹紧截面积为 4 mm^2 的导体。

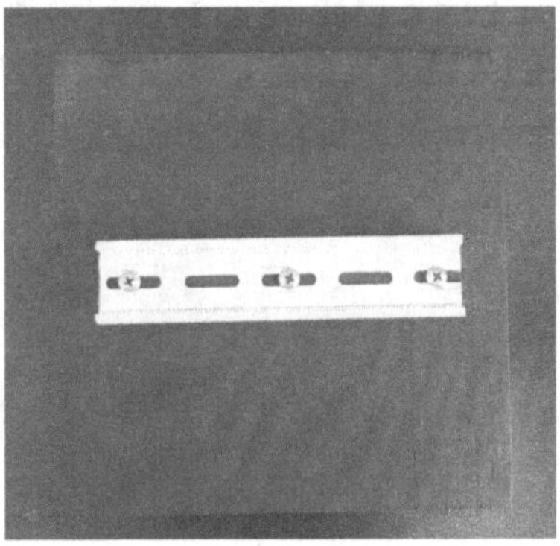

图 5.4　无光泽黑漆木板

表 5.4　螺钉型端子或无螺钉端子能连接的铜导体截面积

二端口的 SPD 或输入/输出端子分开的一端口的 SPD 的最大持续负载电流[a]/A	能夹住的标称截面范围(单芯导体)/mm^2
$I \leqslant 13$	1～2.5
$13 < I \leqslant 16$	1～4
$16 < I \leqslant 25$	1.5～6
$25 < I \leqslant 32$	2.5～10
$32 < I \leqslant 50$	4～16
$50 < I \leqslant 80$	10～25
$80 < I \leqslant 100$	16～35
$100 < I \leqslant 125$	25～50

注：a 表示对电流额定值小于或等于 50 A 的接线端子的结构，要求能夹紧实心导体及硬性绞合导体，也允许使用软性导体，但是，对截面积为 1～6 mm^2 的导体的接线端子，允许其结构仅能夹紧实心导体。

③ 螺钉接线端子

a)设计要求：用于紧固导体的螺钉和螺母应具有公制 ISO 的螺纹，或节距和机械强度均类似的螺纹。

接线端子应这样固定或定位：当紧固螺钉或螺母拧紧或拧松时，接线端子不应从 SPD 的固定位置上松脱。

用于连接保护导体的接线端子的紧固螺钉或螺母应具有足够的可靠性，以防止意外的松动。当使用密封化合物或树脂时，在正常使用时不应遭受压力，在最不利条件下其有效性不受接线端子的温度的影响而损害。

螺钉不应使用软金属或容易蠕变的金属制造，如锌或铝。

b)接线端子连接制造商规定的最小或最大截面积的实心或绞合铜导体，采用最不利的一种。导体插入接线端子至规定的最短距离，或在没有规定距离时插入至导体直到远端露出，并使导体处于最容易松脱的位置。

c)用表 5.3 相应栏目中规定值的三分之二的扭矩拧紧接线端子螺钉，接着对每根导体施加表 5.5 规定的拉力，单位为 N。施加拉力时应无冲击，时间为 1 min，方向为导体的轴向方向。

d)接线端子连接规定的最小或最大截面积的铜导体(实心或绞合)，采用最不利的一种，并用表 5.3 相应栏目中规定值的三分之二的扭矩拧紧接线端子螺钉，然后拧松接线端子螺钉，接着对导体可受到接线端子影响的部分进行检查。

e)接线端子连接依据表 5.4 的硬性绞合铜导体(制造商规定的最大截面积)。在导体插入接线端子前，可对导体的线丝进行适当的整形。导体插入至接线端子底部或刚好从接线端子的远端伸出，并使导体处于最容易松脱的位置，然后用表 5.3 相应栏目中规定值的三分之二的扭矩拧紧紧固螺钉或螺母。导体尺寸见表 5.6。

表 5.5　拉力(螺钉接线端子)

接线端子能连接导体的截面积/mm^2	≤4	≤6	≤10	≤16	≤50
拉力/N	50	60	80	90	100

表 5.6　导体尺寸

能被夹紧的标称截面范围/mm^2	绞合导体导线股数
1～2.5[a]	7
1～4[a]	7
1.5～6[a]	7
2.5～10	7
4～16	7
10～25	7
16～35	19
25～50	正在考虑中

注:a 表示接线端子仅用于夹紧实心导体时，不进行试验。

④ 无螺钉接线端子

a)每个导体被单独地紧固。当连接或断开导体时，能同时或者分别地连接或断开。能牢固地紧固不超过最大允许数量的任何数量的导体。

b)接线端子连接制造商规定的最小或最大截面积的新铜导体(实心或绞合)，采用最不利的一种，然后对每根导线施加表 5.7 所示的拉力。施加拉力时应无冲击，时间为 1 min，方向为导线的轴向方向。

表 5.7 拉力(无螺钉接线端子)

截面积/mm^2	0.5	0.75	1.0	1.5	2.5	4	6	10	16	25	35
拉力/N	30	30	35	40	50	60	80	90	100	135	190

⑤ 绝缘穿刺连接

a)对用于单芯导体的 SPD 的接线端子的拉力试验,接线端子连接制造商规定的最小或最大截面积的新铜导体(实心或绞合),采用最不利的一种。按表 5.3 规定的扭矩拧紧螺钉(如果有)。连接和拆卸导体 5 次,每次使用新的导体。在每次接线后,对导线施加表 5.5 规定的拉力,施加拉力时应无冲击,时间为 1 min,方向为导线的轴向方向。

b)对用于多芯电缆或电线的 SPD 的接线端子的拉力试验,用与单芯导体相同的方法,对用于夹紧多芯电缆或电线的 SPD 的接线端子进行拉力试验,拉力应施加在全部多芯电缆或电线上,而不是单芯线上,计算拉力:

$$F=F(x)\sqrt{n} \tag{5-1}$$

式中:F 是施加的全部力,单位为 N;$F(x)$ 是按单根导体的截面作用于一根芯线上的力(表 5.5),单位为 N;n 是多芯电缆的芯数。

⑥ 尾纤连接(飞线)

预期连接至电源系统的飞线,如果结构和装置允许,飞线和连接头应能承受从任意角度施加到导线上的 89 N 的拉力 1 min,不能有损坏或脱离。

5.2.3.2 判定标准

(1)安装:SPD 提供了适当的安装方式及机械编码/互锁。

(2)螺钉、载流部件和连接:在试验过程中,螺钉拧紧的连接不应松动,并且不应有妨碍 SPD 继续使用的损坏,诸如螺钉断裂或螺钉头上的槽、螺纹、垫圈或螺钉夹头损坏。外壳和盖不应损坏,通过直观检查来确认。

(3)螺钉接线端子:试验过程中,插入接线端子中的导体不应有明显的移动。

导体不应有过度的损坏或导线被切断的现象。如果导体上有深的或尖锐的压痕,则认为是过度损坏。在试验过程中,接线端子不应松动,也不应有妨碍接线端子继续使用的损坏,诸如螺钉断裂或螺钉头上的槽、螺纹、垫圈或螺钉夹头损坏。

试验结束后,应无导体的线丝从 SPD 的接线端子中脱出。

(4)无螺钉接线端子:在试验过程中,插入接线端子中的导线应没有移动或任何损坏的迹象。

(5)绝缘穿刺连接:单芯导体的 SPD 的接线端子在试验过程中,插入接线端子中的导线应没有移动或任何损坏的迹象。多芯电缆或电线的 SPD 的接线端子的电缆或电线不应滑出接线端子。

(6)尾纤连接(飞纤):试验过程中,不应有导体的移动或任何损坏的迹象。

5.2.4 定义解析

(1)螺钉接线端子的定义为:导线紧固在螺钉头下面的螺纹型接线端子。紧固压力可直接由螺钉头来施加或通过一个过渡零件,例如垫圈、夹板或一个防松装置来施加。

(2)无螺钉接线端子的定义为：用于连接一根导线并且随后可拆卸这根导线，或用于两根或几根能拆卸的导线的相互连接的接线端子。其连接直接地或间接地通过弹簧、楔形块、偏心轮或锥形轮等来完成，除了剥去绝缘外，无须对导线进行特殊加工。该类端子多出现在信号系统 SPD 中，电源系统的 SPD 较少用到。

(3)柱式夹紧件：也叫柱式接线端子，是一种将导体插入到孔中或空间中，导体由一个或多个螺钉的底部压紧的夹紧件，压紧力可用螺钉底部直接施加或由中间部件施加，中间部件的压力是由螺钉的底部施加的。这类接线端子较为常见，大部分低压电源系统的 SPD 都使用该类接线端子，如图 5.5 所示。

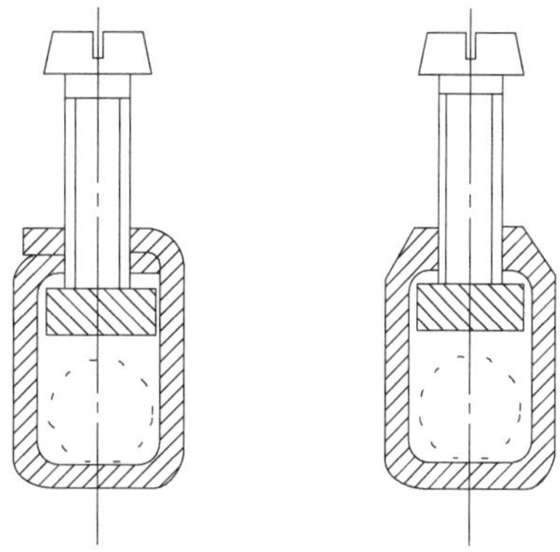

图 5.5　柱式接线端子

(4)绝缘穿刺连接：刺穿绝缘导线绝缘层来固定导线的一种连接方式。常使用在绝缘电缆的分支连接、跳线连接、接地连接等，在 SPD 产品中应用较少。

(5)尾纤连接：通过熔接与其他光缆纤芯相连，常出现在光纤终端盒内，用于连接光缆与光纤收发器。在 SPD 产品中应用较少。

5.2.5　标准差异

《电气附件 家用及类似场所用过电流保护断路器 第 1 部分：用于交流的断路器》(GB/T 10963.1—2020)中规定，表 5.3 中螺纹标称直径 $8.0<d\leqslant 10.0$ 的Ⅰ栏扭矩为 3.5 N·m，GB/T 18802.11—2020 标准中此栏无数据；表 5.4 中被夹紧的导线为硬性(实心或多股绞合)导线，区别于 GB/T 18802.11—2020 标准中的单芯导体；表 5.5 中插入接线端子的导线截面积分为 $1\leqslant S\leqslant 4$，$4<S\leqslant 6$，$6<S\leqslant 10$，$10<S\leqslant 16$，$16<S\leqslant 50$ 这五类，较 GB/T 18802.11—2020 标准描述更规范。

5.2.6　测试要点

(1)导线的一般结构如表 5.8 所示，可以更好地判断导线的标称横截面积。

表 5.8　导线结构

标称横截面积/mm^2	线丝的数目和线丝的标称直径/(根×mm)		
	软导线	硬单芯导线	硬绞合导线
0.75	24×0.20	—	—
1.00	32×0.20	1×1.13	7×0.42
1.5	30×0.25	1×1.38	7×0.52
2.5	50×0.25	1×1.78	7×0.67
4.0	56×0.30	1×2.25	7×0.86
6.0	84×0.30	1×2.76	7×1.05
10.0	—	1×3.57	7×1.35

(2)对于实心导线，应采用截面积为 1～6 mm^2 的导线进行试验；对于绞合导线，应采用截面积为 1.5～50 mm^2 的导线进行试验；对于软导线，应采用截面积为 1～35 mm^2 的导线进行试验。

(3)用于连接外部导线的接线端子的螺钉和螺母应与金属螺纹啮合，并且这些螺钉不应是自攻螺钉。

(4)与绝缘材料螺纹啮合的螺钉，应保证其正确导入螺孔或螺帽内。如果能防止螺钉倾斜导入，例如用内螺纹中的凹槽固定的零件或使用一个去除前端导向螺纹的螺钉进行导向，则满足了有关螺钉正确导入的要求。

5.2.7 安全注意事项

在整理硬性多股铜导线时，试验人员应佩戴耐磨劳保手套，同时使用钢丝钳等工具，防止线丝划伤手。

5.3 防直接接触试验

5.3.1 试验目的

对于分类为可触及的且最大持续工作电压 U_c 高于交流有效值 50 V 的 SPD，在结构设计时，应充分考虑对人员直接接触的防护。该试验的目的为：考量 SPD 外壳的任何带电部件开口位置不应被带电的试指触及，且外壳的可触及金属部件与接地端子之间的连接电阻应足够小，防止发生人员触电事故。

5.3.2 试验设备及参数要求

图 5.6 为常见的标准试指与电气指示器。图 5.7 为常见的交流电源电阻测试仪。表 5.9 为防直接接触试验设备及相关标准/规范的参数要求。

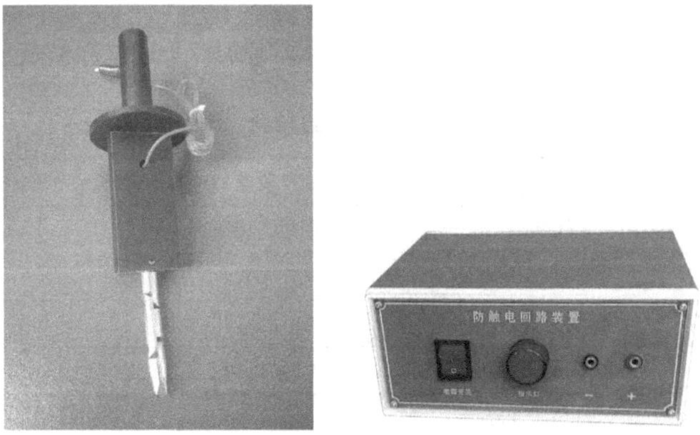

(a)　　　　(b)

图 5.6　常见的标准试指(a)与电气指示器(b)

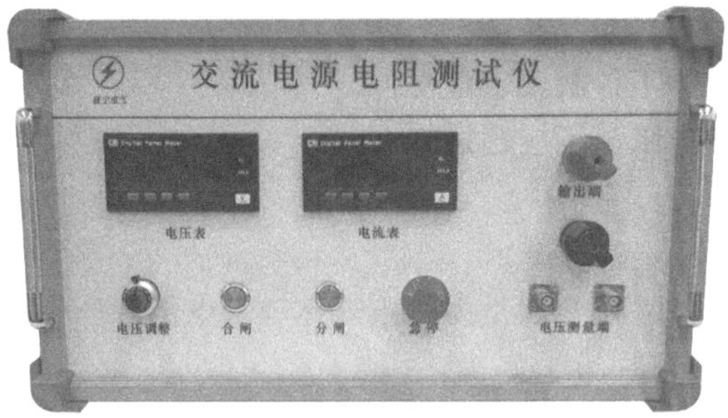

图 5.7　常见的交流电源电阻测试仪

表 5.9　防直接接触试验设备及相关标准/规范的参数要求

序号	试验设备名称	适用的标准/规范	参数要求
1	标准试指	《外壳防护等级(IP 代码)》(GB/T 4208—2017)	铰接试指:直径 12 mm,长 80 mm,具体尺寸见图 5.10
2	电气指示器	《外壳防护等级(IP 代码)》(GB/T 4208—2017)	电压:AC 40～50 V
3	推拉力计	《外壳防护等级(IP 代码)》(GB/T 4208—2017)	推力:量程 50 N,分度值 0.25 N。
4	交流电源电阻测试仪	《低压电涌保护器(SPD) 第 11 部分:低压电源系统的电涌保护器 性能要求和试验方法》(GB/T 18802.11—2020)	空载电压:≤12 V;电压显示量程:1 mV～3 0V; 测试电流:25～100 A;电流精度:0.3 级±2 个字

5.3.3　试验方法和判定标准

5.3.3.1　试验方法

(1)绝缘部件

① 试品按正常使用条件安装,依次连接最小截面积和最大截面积的导体。如有不用工具即可拆卸的部件,应在拆卸前后分别进行试验。

② 将试品所有连在一起的带电端子与电气指示器一侧相连,指示器另一侧连接到标准试指,并将试指放在每个可能接触到的位置(壳体任何开口位置),配合推拉力计(施加(10±1)N 的推力)观察电气指示器是否报警。如果电气指示器报警,证明该处开口位置存在人员触电的风险。具体方法参见环境、IP 代码试验中防止人接近危险部件的试验方法。

(2)金属部件

① 对于 SPD 外壳中存在可触及的金属零件,将交流电源电阻测试仪的测试端依次接在接地端子和可触及的金属部件上。金属部件及接地端子与交流电源电阻测试仪的测试端应可靠连接,防止因接触电阻过大而影响试验结果。

② 调整试验电压,使得通过的电流为 1.5 倍额定负载电流(制造厂声明)或 25 A,两者选较大值。

③ 根据试验电压降和试验电流,计算出连接电阻值。

5.3.3.2 判定标准

(1)绝缘部件:标准试指不得触及带电部件。

(2)金属部件:测得的电阻值不应超过 0.05 Ω。

5.3.4 测试要点

(1)防直接接触(触电)的防护,就是为防止人体与带电部件产生危险接触的一种防护。通常的防护措施有:

① 使带电部件绝缘,指用绝缘材料将带电体完全包住(如像电缆那样),而通常的漆层、搪瓷或类似物品的绝缘强度不够,不能作为正常使用的触电防护材料。

② 可利用设备本身适宜的结构措施,及安装过程中附加措施,获得对直接接触的防护,如安装了开启式设备,则应“只有经过批准的操作员,方能触及”。

③ 利用挡板或外壳进行防护,但应遵守下列要求:所有外壳的直接接触的防护等级至少应为 IP2X 或 IPXXB,金属外壳与被保护的带电部件之间的距离不得小于规定的电气间隙及爬电距离。如果外壳是绝缘的则例外。所有挡板和外壳均应安全地固定在其位置上。在考虑到它们的特性、尺寸和排列的同时,应使它们有足够的稳固性和耐久性,以承受正常使用时可能出现的变形和应力,而不减少其规定的电气间隙。

(2)在测量电极的顶部与金属零件之间的接触电阻,不会影响试验结果,也就是测试连接线与电极和金属零件之间的接触电阻应足够小。

(3)用于固定基座和盖或插座盖板并与带电部件绝缘的小螺钉和类似零件,不应看作是可触及的金属部件,例如用于固定基座在导轨上的金属弹簧片等,如图 5.8 所示。

(4)在试验前,应根据制造商声明的产品分类方式(可触及或不可触及)和安装方式,判断 SPD 是否适用于防直接接触试验。通常,用 DIN(德国标准化学会)导轨安装的 SPD 都会安装在专用配电柜或配电箱中,需要专业的人员通过工具才能打开。但若 SPD 安装在家用照明配电箱中,如图 5.9 所示,配电箱通过最外侧的塑料翻盖就能打开,SPD 部分可被非专业人员触及,这类 SPD 就不能划为不可触及的。因此,实验室宜按照更严酷的条件,将户内型 SPD 划为可触及的,并进行防直接接触试验。

图 5.8 用于固定基座在导轨上的金属弹簧片

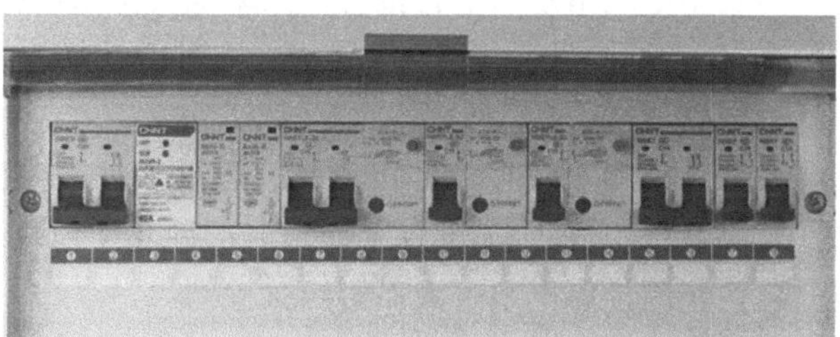

图 5.9 家用照明配电箱

(5)有些制造商的产品螺钉孔处的开口直径较大,标准试指能够直接触及带电部件。若这类 SPD 是可触及的,则应判定为该项试验不合格。

(6)《低压电涌保护器(SPD) 第 11 部分:低压电源系统的电涌保护器 性能要求和试验方法》(GB/T 18802.11—2020)中的合格判据 I 规定使用标准试指施加一个 5 N 的力,这与《外壳防护等级(IP 代码)》(GB/T 4208—2017)[4]中规定的 10 N 不一致。

5.3.5　安全注意事项

(1)使用电气指示器进行带电部件防触及试验时,试验人员应佩戴绝缘手套,并在绝缘操作台上进行,防止出现设备故障而发生人员触电事故。

(2)使用交流电源电阻测试仪进行试验时,严禁触碰试品及测试线,以免发生人员触电事故。

5.4　环境、IP 代码

5.4.1　试验目的

SPD 在不同的使用环境中,为了防止固体和水的有害进入及人体触及外壳内的危险部件,其结构外壳设计应达到相应的防护等级,因此该项试验的目的为:评价 SPD 外壳对人体及外界固体异物及液体(水)的防护程度,检验外壳防护等级。

5.4.2　试验设备及参数要求

表 5.10 为环境、IP 代码试验设备及相关标准/规范的参数要求。图 5.10～图 5.16 为试验设备示意图[4]。

表 5.10　环境、IP 代码试验设备及相关标准/规范的参数要求

序号	试验设备名称	适用的标准/规范	参数要求
1	标准试指	《外壳防护等级(IP 代码)》(GB/T 4208—2017)	铰接试指:直径 12 mm,长 80 mm,具体尺寸见图 5.10; 球形试具:直径 50 mm、12.5 mm; 试棒:直径 2.5 mm; 试验线:直径 1.0 mm
2	电气指示器	《外壳防护等级(IP 代码)》(GB/T 4208—2017)	电压:AC 40～50 V
3	推拉力计	《外壳防护等级(IP 代码)》(GB/T 4208—2017)	推力:量程 50 N,分度值 0.25 N
4	防尘箱	《外壳防护等级(IP 代码)》(GB/T 4208—2017)	具体尺寸见图 5.11
5	滴水箱、摆管或淋水喷头等	《外壳防护等级(IP 代码)》(GB/T 4208—2017)	具体尺寸见图 5.12～图 5.16

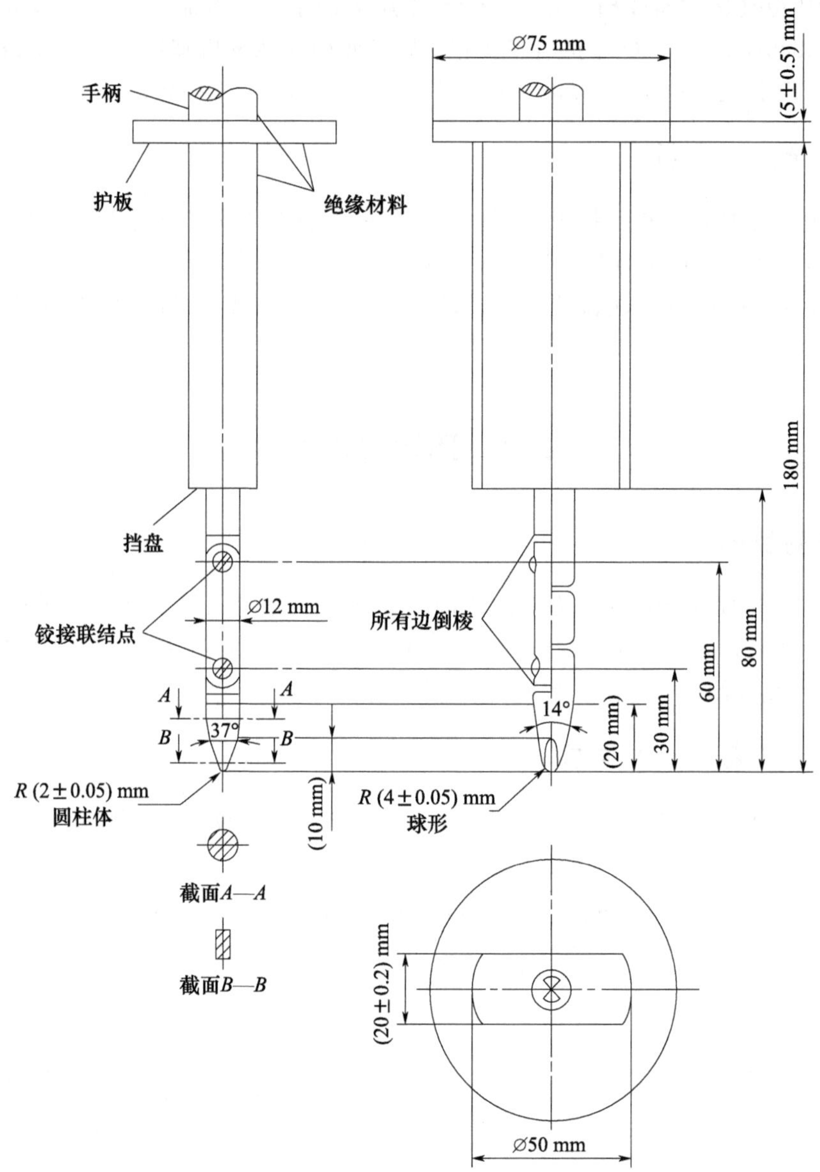

材料为金属（除非另有规定）
无专门规定公差部分的尺寸公差：角为−10°～0°；直线尺寸25 mm以下为−0.05～0 mm，25 mm及以上为±0.2 mm
图示铰接联结点所联结的部件可在同一平面内沿同一方向在90° (允差为0°～10°)范围内转动

图 5.10　铰接试指的尺寸示意图

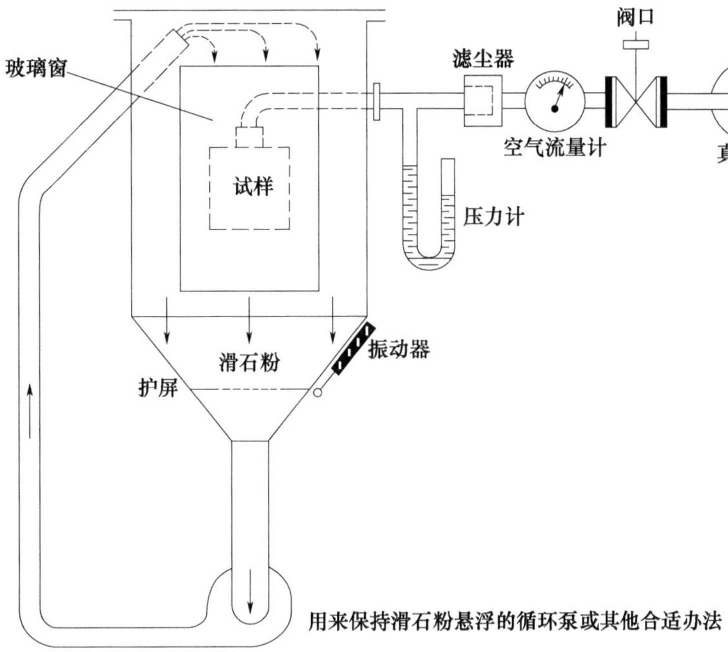

图 5.11　防尘箱示意图

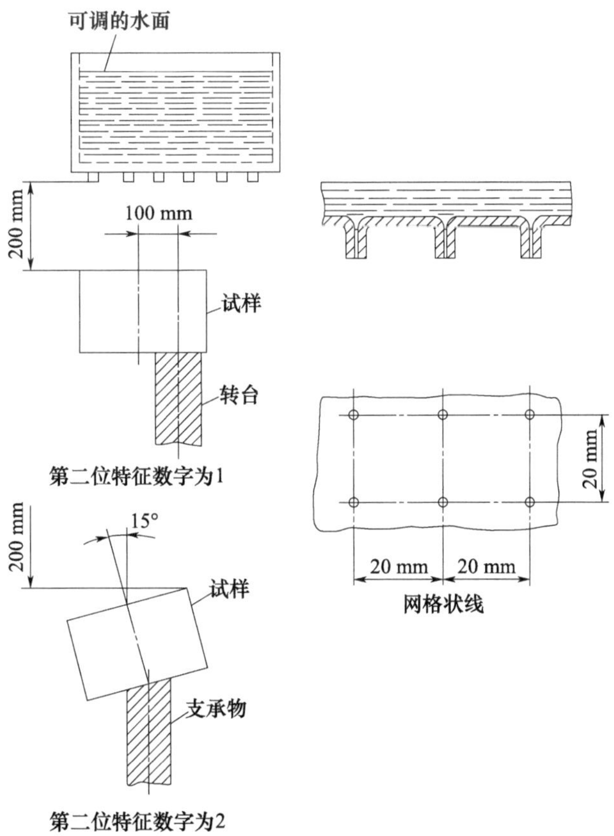

图 5.12　滴水箱示意图

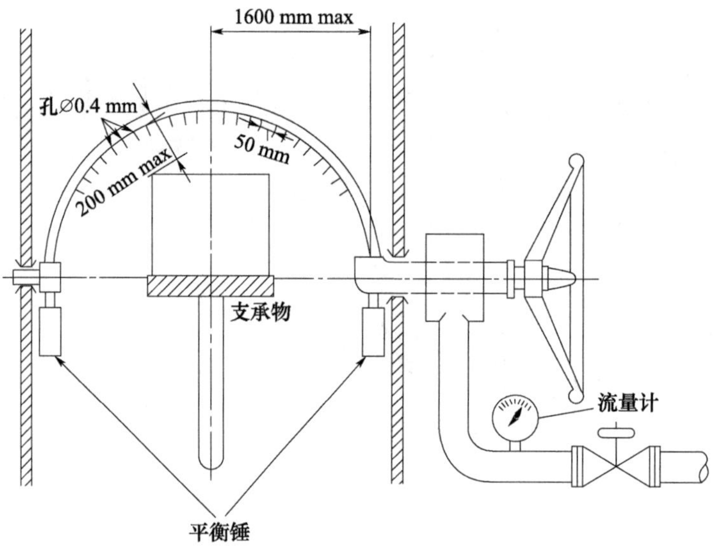

图 5.13　摆管示意图

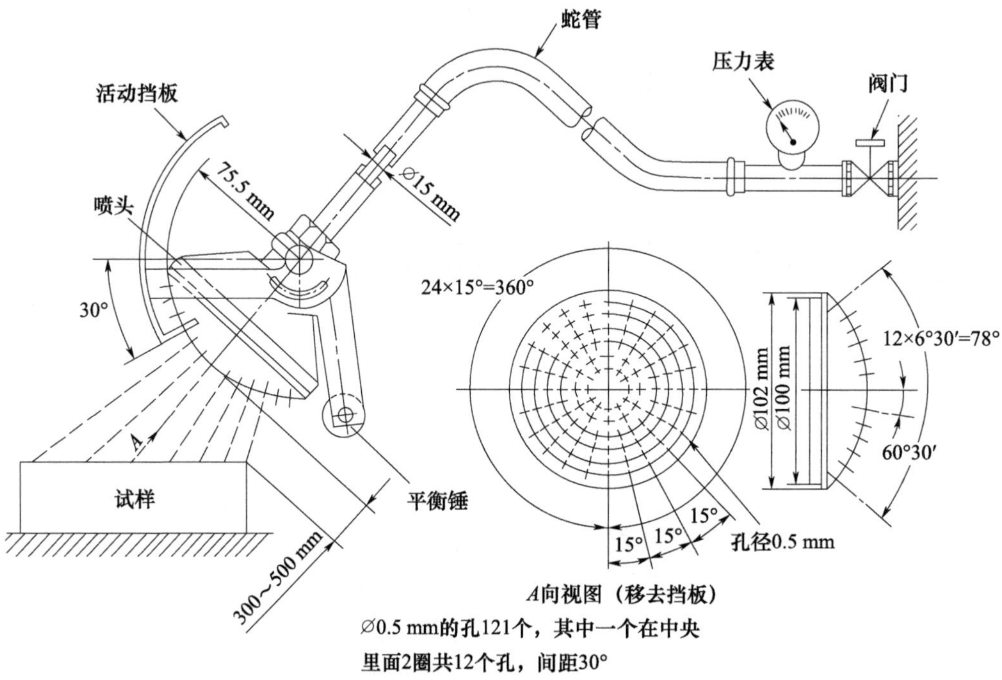

A向视图（移去挡板）

∅0.5 mm的孔121个，其中一个在中央

里面2圈共12个孔，间距30°

外面4圈共24个孔，间距15°

活动挡板：铝；喷头：黄铜

图 5.14　喷头示意图

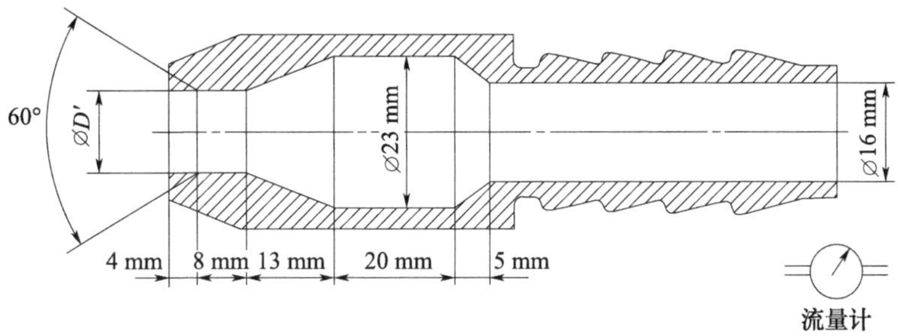

$D' = 6.3$（第二位特征数字为5）

$D' = 12.5$（第二位特征数字为6）

图 5.15　软管喷嘴示意图

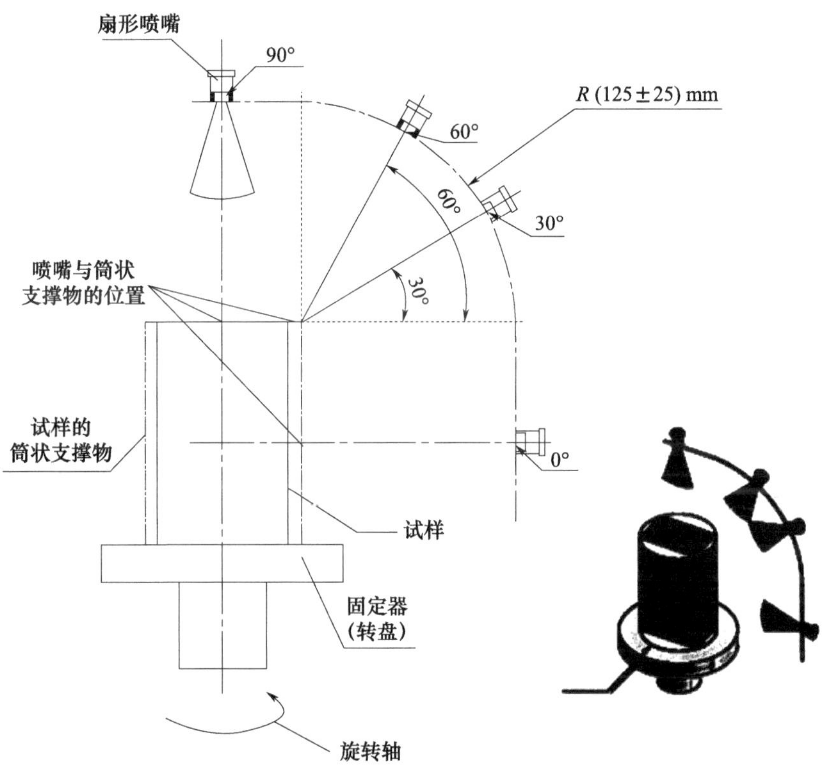

图中0 ℃、30 ℃、60 ℃和90 ℃分别为不同的喷射角度

R (125±25) mm表示喷嘴固定位置的路径半径

图 5.16　防高温/高压喷水装置示意图

5.4.3　试验方法和判定标准

5.4.3.1　试验方法

(1)防止固体异物和人体触电

模拟外壳对外界各类大小固体异物的进入和对人体大面积部位和手指的触电可能，进行

验证，以判别外壳对固体异物的进入和人体触电的防护能力。

a)表 5.11 给出了第一位特征数字所表示的防护等级试验条件。

表 5.11　第一位特征数字所表示的防护等级试验条件

第一位特征数字	防护试验	
	防止接近危险部件	固体异物
0	不要求试验	不要求试验
1	直径 50 mm 的球不得完全进入外壳，并与带电部分保持足够的间隙	
2	铰接试指可进入 80 mm 长，但应与带电部分保持足够的间隙	直径 12.5 mm 的球不得完全进入外壳
3	直径 2.5 mm 的试棒不得进入外壳，并与带电部分保持足够的间隙	
4	直径 1.0 mm 的试验金属线不得进入外壳，并与带电部分保持足够的间隙	
5	直径 1.0 mm 的试验金属线不得进入外壳，并与带电部分保持足够的间隙	不能完全防止尘埃进入，但进入的灰尘量不得影响设备的正常运行，不得影响安全
6	直径 1.0 mm 的试验金属线不得进入外壳，并与带电部分保持足够的间隙	无灰尘进入

注：第一位特征数字为 1 和 2 时，“不得完全进入”即球的直径部分不得通过外壳开口。

b)对接近危险部件防护的试验：

试具被推入或(当第一位特征数字为 2 试验时)插入外壳的任何开口，所用的力由推拉力计提供，具体参见表 5.12 的规定。其中，球形试具是模拟固体异物和人体对外壳进入程度的试具；指形试具是模拟人的手指的器具；棒形试具是模拟固体异物对外壳进入程度的试具。从直线位置开始，试指的两个接点应绕相邻面的轴线在 90°范围内自由弯曲，应使试指在每一个可能的位置上活动。

表 5.12　防止人接近危险部件的触及试具

第一位特征数字	附加字母	试具	试验用力/N
1	A	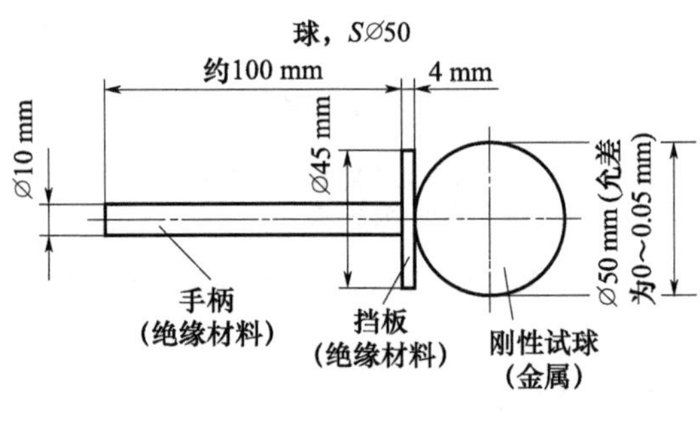	50±5

续表

第一位特征数字	附加字母	试具	试验用力/N
2	B	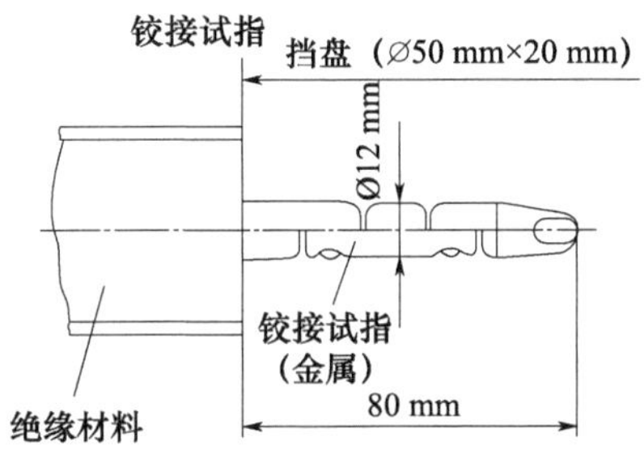	10±1
3	C	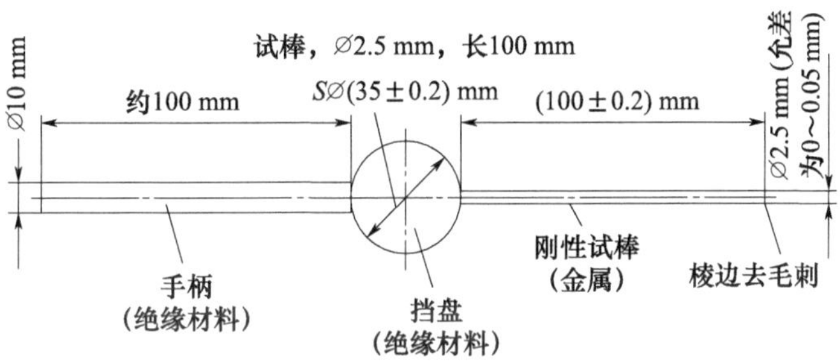	3±0.3
4～6	D	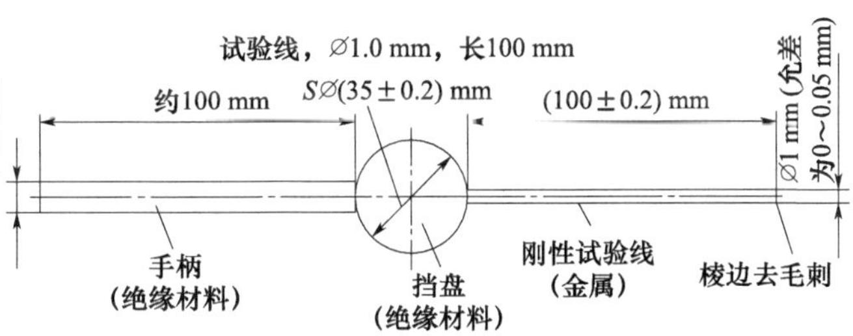	1±0.1

c)将试具与电气指示器串接，并依次触及外壳内的危险带电部件。

d)防止固体异物进入的试验：

将物体试具推入外壳的开口。特征数字为 1 时，使用没有手柄和护板的直径为 50 mm(允差 0～0.1%)的刚性球，力为(50±5)N；特征数字为 2 时，使用没有手柄和护板的直径 12.5 mm(允差0～1.6%)的刚性球，力为(30±3)N；特征数字为 3 时，使用边缘无毛刺的直径为 2.5 mm(允差0～2%)的刚性钢棒，力为(3±0.3)N；特征数字为 4 时，使用边缘无毛刺的直径为 1.0 mm(允差 0～5%)的刚性钢线，力为(1±0.1)N；特征数字为 5 时，使用防尘箱，加或不加负压；特征数字为 6 时，使用防尘箱，加负压。

e)第一位特征数字为 5 和 6 的防尘试验：

滑石粉应用金属方孔筛滤过，金属丝直径为 50 μm，筛孔尺寸为 75 μm。滑石粉用量为每立方米试验箱容积 2 kg，使用次数不得超过 20 次。

对于第一种类型的外壳，即设备正常工作周期内壳内的气压低于周围大气压力，被试外壳放在试验箱内，壳内压力用真空泵保持，低于大气压。抽气孔应连到专为试验设置的孔上，如果专门的产品标准没有规定，这个孔应设在紧靠易损部件的位置。如果不能设置专门的孔，抽气管应连在电缆入口上。如还有其他的孔（如更多的电缆入口或泄水孔），这些孔应保持正常使用状态。

利用气压差把箱内空气抽入被试设备内，抽气量为 80 倍被试外壳容积，抽气速度每小时不超过 60 倍外壳容积。任何情况下压差不得超过 2 kPa（20 mbar①）。如抽气速度为每小时 40～60 倍外壳容积，则试验进行 2 h。如最大压差为 2 kPa（20 mbar），而抽气速度低于每小时 40 倍外壳容积，则应连续抽满 80 倍容积或抽满 8 h 后，试验才可停止。

对于第二种类型的外壳，即外壳内气压与周围大气压力相同，被试外壳按正常工作位置放入试验箱内，但不与真空泵连接。在正常情况下开启的泄水孔，试验期间应保持开启，试验持续 8 h。

（2）防水试验

模拟水以各种不同的方式和条件进入外壳，以考核水对外壳的进入程度和产生有害影响的程度的试验。分为滴水、淋水、溅水、喷水和浸水。

① 第二位特征数字所表示的防止水进入的试验

a）试验用清水进行，进行 IPX1～IPX6 的试验，水温与试验时试样的温差应不大于 5 K。如果水温低于试样超过 5 K，应使外壳内外保持压力平衡。试验时，壳内水分可能有部分冷凝，凝露水的沉积不要误以为是进水。外壳表面积的计算误差应在 10％以内。

b）第二位特征数字为 1 的滴水箱试验：外壳置于转速为 1 r/min 的转台上，偏心距大约为 100 mm。外壳在滴水箱下面置于正常工作位置，滴水箱底部应大于俯视图。被试外壳的支承物应比外壳底部小。试验进行 10 min。

c）第二位特征数字为 2 的滴水箱试验：调节水流速度为 3 mm/min（允差为 0～0.5 mm/min），支承外壳的台不旋转，被试外壳在四个倾斜的固定位置各试验 2.5 min，这四个位置在两个互相垂直的平面上与垂线各倾斜 15°，试验总持续时间为 10 min。

d）第二位特征数字为 3 的摆管或淋水喷头试验：

当使用摆管试验时，按表 5.13 的规定调节总的水流量，并用水流计测量。摆管中点两边各 60°弧段内布有喷水孔，支承物不必打孔。被试外壳放在摆管半圆中心，摆管沿垂线两边各摆动 60°，共 120°，每次摆动（2×120°）约需 4 s，试验持续时间 5 min，然后把外壳沿水平方向旋转 90°，再试验 5 min。摆管最大允许半径为 1600 mm。

当使用淋水喷头试验时，应安装带平衡重物的挡板，调节水压，使其达到规定出水量，所需压力在 50～150 kPa。试验期间压力应维持恒定，试验时间按外壳表面积计算，为 1 min/m^2（不包括安装面积），最少 5 min。

e）第二位特征数字为 4 的摆管或淋水喷头试验：

当使用摆管试验时，喷水孔布满于摆管半圆 180°内，按表 5.13 规定调节水流量，并用流量

---

① 1 mbar＝0.1 kPa，下同。

计测量。摆管沿垂线两边各摆动 180°，共约 360°，每次摆动（2×360°）约需 12 s，试验进行 10 min。如果有关产品标准未规定，被试外壳的支承物应开孔，以避免成为挡水板。将摆管在每一方向摆动到最大限度，使外壳在各方向都受到溅水。

当使用淋水喷头试验时，从喷头上除去平衡重物的挡板，使外壳在各个可能的方向都受到溅水。水流速度和每单位面积的溅水时间如 d）条规定。

表 5.13　按 IPX3 和 IPX4 试验条件的总水流量 q（每孔平均水流速度 $q_{v1}=0.07$ L/min）

管半径 R /mm	IPX3		IPX4	
	开孔数 N/个[a]	总水流量 q_v /(L/min)	开孔数 N/个[a]	总水流量 q_v /(L/min)
200	8	0.56	12	0.84
400	16	1.1	25	1.8
600	25	1.8	37	2.6
800	33	2.3	50	3.5
1000	41	2.9	62	4.3
1200	50	3.5	75	5.3
1400	58	4.1	87	6.1
1600	67	4.7	100	7.0

注：a 表示根据规定距离布置开孔，实际开孔数可增加 1 个。

f）第二位特征数字为 5 的 6.3 mm 喷嘴试验：用喷嘴在所有可能的方向上向被试外壳喷水。喷嘴内径 6.3 mm，水流量（12.5±0.625）L/min，水压按规定水流量调节，主水流的中心部分为离喷嘴 2.5 m 处直径约为 40 mm 的圆，外壳表面每平方米喷水时间约 1 min，试验时间最少 3 min，喷嘴至外壳表面距离 2.5～3 m。

g）第二位特征数字为 6 的 12.5 mm 喷嘴试验：用喷嘴在所有可能的方向上向被试外壳喷水。喷嘴内径 12.5 mm，水流量（100±5）L/min，水压按规定水流量调节，主水流的中心部分为离喷嘴 2.5 m 处直径约为 120 mm 的圆，外壳表面每平方米喷水时间约 1 min，试验时间最少3 min，喷嘴至外壳表面距离 2.5～3 m。

h）第二位特征数字为 7 的 0.15～1 m 的短时间浸水试验：被试外壳按生产厂规定的安装状态全部浸入水中，并满足下列条件。高度小于 850 mm 的外壳的最低点，应低于水面 1000 mm，高度等于或大于 850 mm 的外壳最高点，应低于水面 150 mm，试验持续时间 30 min，水温与试样温差不大于 5 K。

i）第二位特征数字为 8 根据协议的持续浸水试验：若无相应的产品标准，试验条件应由生产厂和用户协商，但条件应比 h）条规定的严酷，而且要考虑到在实际使用中外壳持续潜水的要求。

j）第二位特征数字为 9 的喷水试验：对外壳进行下列试验，水温保持在（80±5）℃。对于小型外壳（最大尺寸不超过 250 mm），外壳应该安装在图 5.16 所示的测试装置上，转速为（5±1） r/min，喷射角度为 0°、30°、60°、90°，每个位置测试时间为 30 s。对于大型外壳（最大尺寸大于或等于 250 mm），外壳应该按照预期使用安装。外壳的全部外表面都会被喷射，从各个方向喷射覆盖外壳整个表面，并且喷射角度应尽可能垂直于喷射表面。喷嘴和被试样品间的距离为（175±25）mm。按外壳可计算面积算（包括任何安装表面），试验的持续时间是

1 min/m^2，最少 3 min。

② 附加字母所表示的接近危险部件防护的试验

将试具以规定的力(参见表 5.12)推向外壳的任何开口，如试具能进入一部分或全部进入，应在每一个可能的位置上活动，但挡盘不得穿入开口。对于低压设备的试验，配合电气指示器检验试具是否触及危险带电部件。

5.4.3.2 判定标准

(1)第一位特征数字判定标准：试具不能触及危险带电部件，特征数字为 1～4 时，试具的直径不能通过任何开口。特征数字为 5 时，滑石粉的沉积量和沉积地点同其他灰尘一样，应不足以影响设备的正常操作及安全。特征数字为 6 时，壳内无明显的灰尘沉积。

(2)第二位特征数字判定标准：如果进水，应不足以影响设备的正常操作或破坏安全性。水不积聚在可能导致沿爬电距离引起漏电起痕的绝缘部件上。水不进入带电部件。水不积聚在电缆头附近或进入电缆。如外壳有泄水孔，应通过观察证明进水不会积聚，且能排出而不损害设备。如没有泄水孔的设备发生水积聚并危及带电部分时，有关产品标准应规定接受条件。

(3)附加字母判定标准：试具与危险运动部件之间保持足够的间隙。在进行附加字母 B 的试验时，铰接试指可进入外壳 80 mm 的长度，但挡盘不得通过开口。从直线位置开始，试指的两个铰接点应绕相邻面的轴线在 90°范围内自由弯曲，应使试指在每一个可能的位置上活动。在进行附加字母 C 和 D 的试验时，试具可进入其全部长度，但挡盘不得通过开口。

5.4.4 测试要点

(1)SPD 产品的外壳防护等级一般为 IP20，因此实验室在声明仅满足 IP20 的试验条件基础上可不要求满足防水试验能力。

(2)螺钉接线端子处，容易触及标准试验指，如图 5.17 和图 5.18 所示。图 5.17 中，由于螺钉的位置过于靠上，绝缘外壳孔无法进行有效阻挡，标准试验指触及了螺钉。图 5.18 中，左侧为 IP 代码合格产品，右侧为 IP 代码不合格产品。左侧的绝缘外壳孔较深，能够有效阻止人体手指的进入。

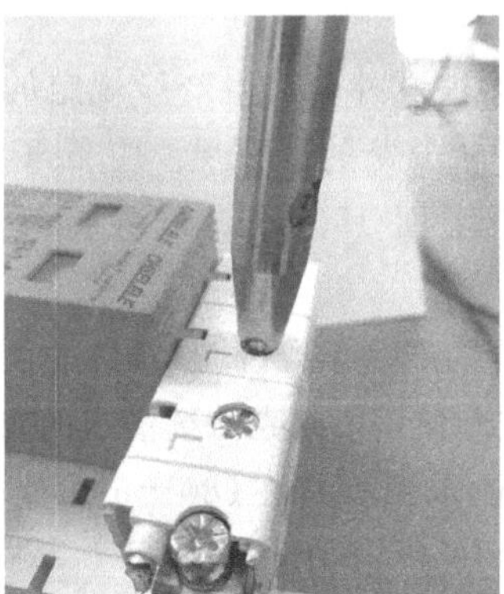

图 5.17 螺钉接线端子触及标准试验指

图 5.18 IP 代码合格与不合格产品

(3)如果危险的带电部件表面有一层漆膜或氧化层，或有其他类似方法的保护时，试验时应包覆一层金属箔，并与正常工作时带电的部件作电联结。

(4)试验时，推荐的环境条件为温度 15～35 ℃，相对湿度 25%～75%，大气压力 86～106 kPa(860～1060 mbar)。

5.4.5　安全注意事项

使用电气指示器进行带电部件防触及试验时，试验人员应佩戴绝缘手套，并在绝缘操作台上进行，防止出现设备故障而发生人员触电事故。

5.5　剩余电流(残流)

5.5.1　试验目的

SPD 在正常运行过程中，由于阀片的老化裂化，会在保护支路中出现一定的剩余电流。当剩余电流过大时，阀片会持续发热，如果脱离器不能及时动作的话，SPD 可能会出现起火燃烧的现象[5]。因此，该项试验的目的为：考量 SPD 在运行过程中出现的剩余电流是否超过制造商规定的值。

5.5.2　试验设备及参数要求

图 5.19 为常见的钳形电流表。表 5.14 为剩余电流(残流)试验设备及相关标准/规范的参数要求。

图 5.19　常见的钳形电流表

表 5.14　剩余电流(残流)试验设备及相关标准/规范的参数要求

序号	试验设备名称	适用的标准/规范	参数要求
1	钳形电流表/万用表	《低压电涌保护器(SPD) 第 11 部分：低压电源系统的电涌保护器 性能要求和试验方法》(GB/T 18802.11—2020)	电流：量程为 0～20 mA，分辨力至少 1 μA
2	三相交流电压源	《低压电涌保护器(SPD) 第 11 部分：低压电源系统的电涌保护器 性能要求和试验方法》(GB/T 18802.11—2020)	电压：三相 AC 0～1000 V，误差为−5%～0

5.5.3 试验方法和判定标准

5.5.3.1 试验方法

(1)将 SPD 所有保护模式按制造商的说明书正常使用连接,如果 SPD 有多种接线方式,宜对每种接线方式进行试验。

(2)调整三相交流电压源线对地的电压为参考试验电压 U_{REF}。

(3)测量流过 PE 端子的剩余电流。

5.5.3.2 判定标准

测得的剩余电流(残流)不应超过制造商声明的值。

5.5.4 测试要点

(1)由于非线性元件的存在,实际测量的电流并非正弦波,因此测量的电流应为全电流的真有效值。

(2)开关型保护元件由于没有泄漏电流,因此对仅含有开关型保护元件的 SPD 可不做该项试验,如仅连接至 N-PE 的 SPD。

(3)测试 4P 模式 SPD 的剩余电流时,应由三相交流电压源供电。但大多数实验室采用单相交流电压源,对每片 SPD 进行剩余电流测试,再进行多片相加的方式,得出整组 SPD 总的剩余电流。实际上,由于每相相位的不同,由三相交流电压源测得的总剩余电流偏小。图 5.20a 为 TN 系统三相残流矢量和,测量值为 0.011 mA;图 5.20b 为 TN 单相残流,测量值为 0.096 mA,明显大于三相残流矢量和的值。

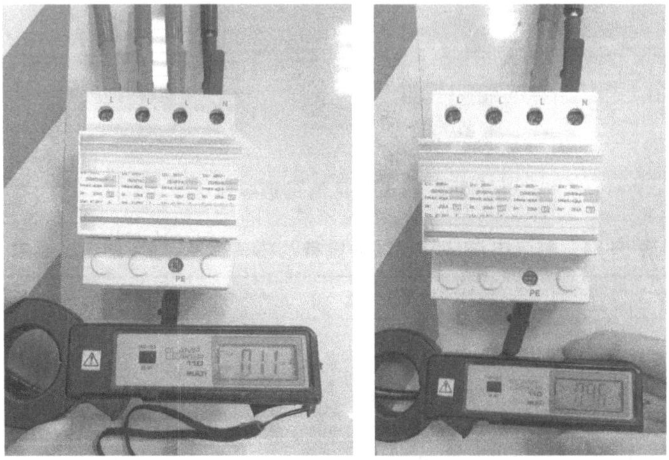

(a) (b)

图 5.20 TN 系统三相残流矢量和及 TN 单相残流

(a)TN 三相残流 I_{PE}值 0.011 mA(矢量和);(b)TN 单相残流 I_{PE}值 0.096 mA

(4)除了使用钳形电流表外,还可在 PE 端串入万用表进行测试,但需注意将三相交流电压源的预期短路电流调整至最小,以免产品短路损坏时电流过大,将万用表烧毁。

(5)三相交流电压源的谐波干扰会直接影响测试结果,使得最终的测试结果偏大,可在每一相电路中串接一高电阻，其能够一定程度避免因高次谐波带来的电流干扰误差。

(6)SPD 的泄漏电流指的是限压型压敏电阻的漏电流，即在 0.75 倍的压敏电压 U_{1mA} 下流过 SPD 的电流。最大的区别在于：泄漏电流是使用直流电压测试，剩余电流则是使用工频电压测试。《低压电涌保护器(SPD) 第 11 部分：低压电源系统的电涌保护器 性能要求和试验方法》(GB/T 18802.11—2020)中定义的剩余电流（残流）为：对所有带有 PE 端子的 SPD，应按制造商的说明书，将 SPD 所有端子连接至参考试验电压的电源时测量 I_{PE}。

(7)《低压电涌保护器(SPD) 第 11 部分：低压电源系统的电涌保护器 性能要求和试验方法》(GB/T 18802.11—2020)标准型式试验合格判据 O 中，描述监测剩余电流（残流）时，施加的工频电压为 U_c，与剩余电流试验要求施加的 U_{REF} 不一致。

5.5.5　标准差异

《低压电涌保护器(SPD) 第 11 部分：低压电源系统的电涌保护器 性能要求和试验方法》(GB/T 18802.11—2020)中取消了待机功耗的测试，试验电压也由原先的 U_c 修改为 U_{REF}。

5.5.6　安全注意事项

测试过程中，严禁触碰试品，以防止测试人员发生触电事故。

5.6　动作负载试验

5.6.1　试验目的

确定限制电压试验仅考量 SPD 在静态作用下是否能耐受雷电波的入侵，保护后级的设备。而 SPD 遭受雷击时应该是在线工作的，即两端持续存在着工频电压。此时，考核的不仅是 SPD 的耐受冲击能力，还有遮断工频续流的能力[6]。如果 SPD 或制造商声明的外部脱离器无法及时熄灭工频续流，将造成 SPD 持续着火。因此，该项试验的目的为：考量 SPD 工作状态受到雷电波不同工频相位处的入侵时，是否能同时承受工作电压和浪涌电流作用，而不会出现脱扣、击穿或闪络、续流无法自熄等现象，且自身的性能未得到破坏，例如热失控或电压保护水平升高等。

5.6.2　试验设备及参数要求

表 5.15 为动作负载试验设备及相关标准/规范的参数要求。

表 5.15　动作负载试验设备及相关标准/规范的参数要求

序号	试验设备名称	适用的标准/规范	参数要求
1	冲击电流发生器	《低压电涌保护器(SPD) 第 11 部分：低压电源系统的电涌保护器 性能要求和试验方法》(GB/T 18802.11—2020)	10/350 μs：I_{imp} 允差 ±10%，电荷量 Q 允差 −10%～+20%，比能量允差 −10%～+45%；8/20 μs：峰值允差 ±10%，波前时间允差 ±10%，半峰值时间允差 ±10%，过冲或振荡幅值不大于峰值的 5%，反峰电流值不大于峰值的 30%

续表

序号	试验设备名称	适用的标准/规范	参数要求
2	复合波发生器（带去耦网络）	《低压电涌保护器(SPD) 第11部分:低压电源系统的电涌保护器 性能要求和试验方法》(GB/T 18802.11—2020)	1.2/50 μs:峰值允差 20 kV±5%,波前时间允差±30%,半峰值时间允差±20%,冲击电压峰值的0～80%的上升部分的振幅不大于峰值的3%,发生器短路电流小于20% I_n; 8/20 μs:峰值允差 10 kA±10%,波前时间允差±10%,半峰值时间允差±10%,过冲或振荡幅值不大于峰值的5%,反峰电流值不大于峰值的30%,虚拟阻抗为2 Ω
3	测量系统（示波器、罗氏线圈、分压器等）	《低压电涌保护器(SPD) 第11部分:低压电源系统的电涌保护器 性能要求和试验方法》(GB/T 18802.11—2020)	电流:精度为±3%; 电压:精度为±3%; 带宽至少为 25 MHz,过冲小于3%
4	阻性电流测试仪/功率计/钳形电流表	《低压电涌保护器(SPD) 第11部分:低压电源系统的电涌保护器 性能要求和试验方法》(GB/T 18802.11—2020)	电流:量程为 0～20 mA,分辨力不超过 0.1 mA; 电压:AC 0～1000 V,误差为±3%
5	标准试指	《外壳防护等级(IP代码)》(GB/T 4208—2017)	铰接试指:直径 12 mm,长 80 mm; 球形试具:直径 12.5 mm
6	电气指示器	《外壳防护等级(IP代码)》(GB/T 4208—2017)	电压:AC 40～50 V
7	推拉力计	《外壳防护等级(IP代码)》(GB/T 4208—2017)	推力:量程 50 N,分度值 0.25 N

5.6.3 试验方法和判定标准

5.6.3.1 试验方法

(1)确定限制电压

确定SPD的限制电压,为避免试品过载,用8/20 μs冲击时,仅在 I_{imp} 对应的峰值(对Ⅰ类试验),I_n(对Ⅱ类试验),U_{oc}(对Ⅲ类试验)下进行。正负极性各冲击一次,此时无须施加 I_{max} 冲击,确定SPD的限制电压试验方法见第5.12节。

(2)确定续流大小

① 如果未知SPD的续流峰值,则需要通过试验来判定续流峰值是大于还是小于500 A。电源的预期短路电流 I_p 应等于1.5 kA(通常额定短路电流为300～500 A的工频电源即可满足瞬时预期短路电流1.5 kA的要求),功率因数 $\cos\varphi=0.95$(允差−0.05～0)。试验应用另一个试品,连接到8/20 μs冲击电流发生器的试品柜中,选择冲击阻容分压器,测试续流峰值的线圈应串在试品与供电侧的回路中,连接示意图如图5.21所示。

② 将SPD两端加上 U_c(允差−5%～0),用8/20 μs,峰值相当于 I_n 的电流对SPD进行冲击,冲击电流起始位置是在工频电压峰值前60°开始,极性应与冲击电流产生时工频电压半波的极性相同。如果在此同步点没有续流,则每滞后10°施加冲击一次,直至产生续流为止。出

现续流的波形如图 5.22 所示(书后彩图 5.22)。测试为同一个气体放电管产品。在工频电压 30°位置施加 8/20 μs 冲击电流触发续流。

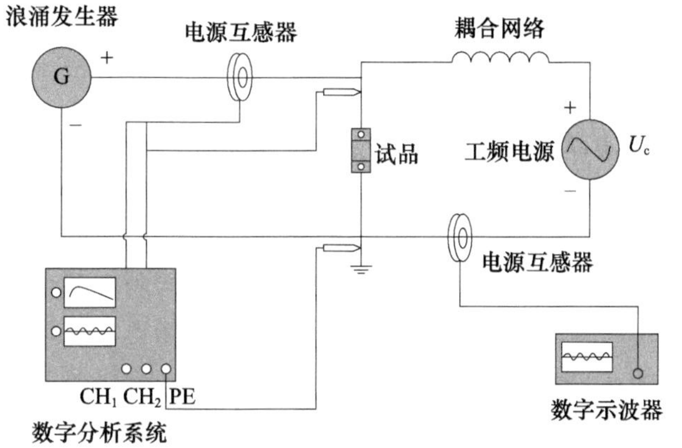

图 5.21　续流测试连接示意图

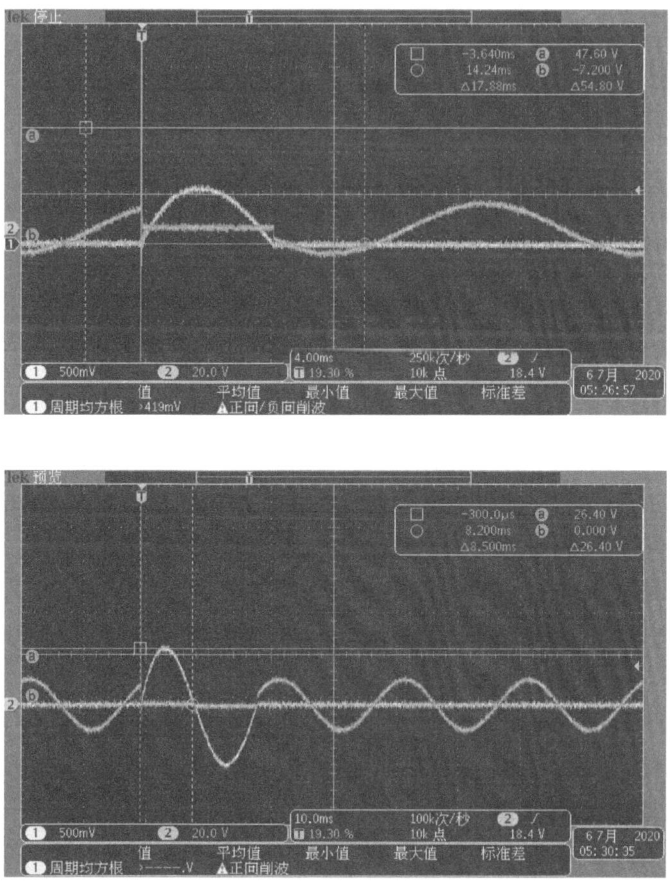

图 5.22　续流测试波形图

图 5.22 中 1 通道为电流波形（黄色曲线），2 通道为电压波形（蓝色曲线）。在图 5.22a 中，当电压突然接近 0 时，续流出现，经过了半个周波后续流截断，续流峰值约为 466 A。而在图 5.22b 中，续流经过了一个周波后才截断。两次测试的续流均在工频电压过零处截断[7]。

(3) Ⅰ类和Ⅱ类的动作负载试验

① 选择相应的工频电源连接 SPD，施加 15 次 8/20 μs 正极性的冲击电流，分成 3 组，每组 5 次冲击。从 0°开始，同步角应以 30°±5°的间隔逐渐增加，最后一次的同步角为 60°±5°。当 SPD 按Ⅰ类试验时，施加峰值与 I_{imp} 相当的 8/20 μs 冲击电流；当 SPD 按Ⅱ类试验时，施加的 8/20 μs 冲击电流值等于 I_n。两次冲击之间的间隔时间为 50～60 s，两组之间的间隔时间为30～35 min。两组冲击之间，试品无须施加工频电压。图 5.23（书后彩图 5.23）为动作负载试验波形图。1 通道为电流波形，2 通道为电压波形，示波器时基设置为 10 ms，因此，电流波形仅显示为一个尖峰脉冲，峰值为 19.6 kA。电压波形显示在 90°正峰值时触发，几乎没有续流产生。

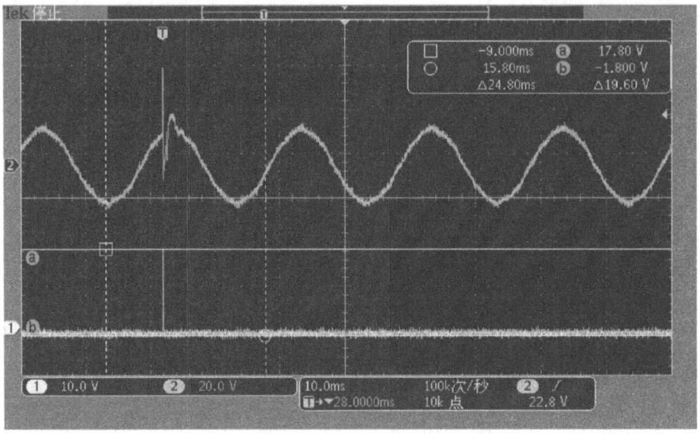

图 5.23　动作负载试验波形图

② 在施加每组冲击之后和最后的续流（如有）遮断之后，应继续加电至少 1 min，来检查其是否复燃。在完成最后一组冲击和继续加电 1 min 后，SPD 的电压无论是保持还是在 30 s 内重新施加到 U_c，都保持 15 min 检查稳定性。为了该目的，电源的短路电流容量（在 U_c 下）可减少到 5 A。具体步骤为：在完成最后一组冲击和继续加电 1 min 后，将 SPD 迅速取下连接至阻性电流测试仪，重新施加工频电压 U_c 保持 15 min，检查阻性电流峰值或功耗是否呈下降的趋势或没有升高[8]。

③ 每次冲击应用示波器记录电压电流波形，电压波形确定是否在相应的同步角触发冲击，电流波形确定产品是否有击穿或闪络的现象。

(4) Ⅰ类试验的附加动作负载试验

① 对通电的试品依次施加 $0.1I_{imp}$、$0.25I_{imp}$、$0.5I_{imp}$、$0.75I_{imp}$ 和 $1.0I_{imp}$ 的正极性 10/350 μs冲击电流，同步角为 90°，如图 5.24 所示（书后彩图 5.24）。由于 10/350 μs 波形的波尾截断时间较长，因此图中续流截断的持续时间为 18.70 ms，远高于 8/20 μs 触发续流的持续时间[9]。

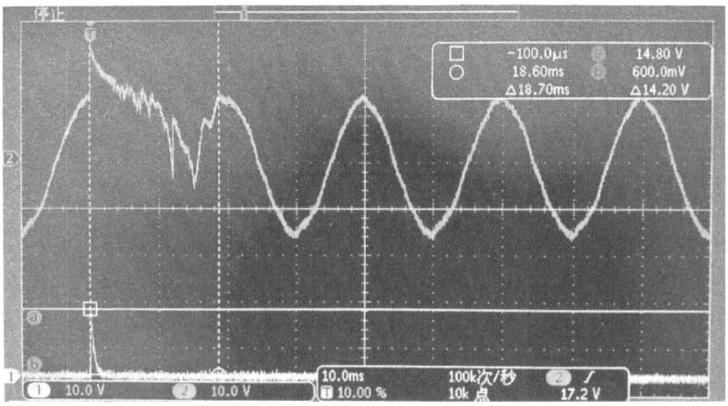

图 5.24　Ⅰ类试验的附加动作负载试验波形图

② 重复(3)中第②步的步骤。

(5)Ⅲ类动作负载试验

在 SPD 两端施加工频电压 U_c，并利用复合波发生器分别在正半波峰值触发 5 次正极性冲击、负半波峰值触发 5 次负极性冲击、正半波峰值触发 5 次正极性冲击，冲击电压值为 U_{oc}，每组冲击之间间隔 30 min。

(6)判定标准

① 应达到热稳定。在施加 U_c 电压的最后 15 min，如果电流 I_c 的阻性分量峰值或功耗呈现出下降的趋势或没有升高，则认为 SPD 是热稳定的。如果试验本身是加电 U_c 进行的，则不间断地继续保持加电 15 min，或在 30 s 内重新加电。

② 电压和电流波形图及目测检查应没有击穿或闪络的迹象。

③ 试验过程中应没有发生可见的损坏。试验后，检查发现的细小的凹痕或裂缝如不影响防直接接触，则可以忽略，除非无法保持 SPD 的防护等级(IP 代码)。试验后，试品上不应有燃烧的痕迹。

④ 整个试验结束后所测量的限制电压应小于或等于 U_p。应使用(1)中的方法进行试验。

⑤ 试验后，不应有过高的泄漏电流。使用阻性电流测试仪或钳形电流表，根据制造商指示，将 SPD 按正常使用连接到参考试验电压 U_{REF} 的电源，测量流过每个端子的电流阻性分量或剩余电流。SPD 在 U_{REF} 电源下，电流的阻性分量不应超过 1 mA，或者电流增加不应超过在相关试验初始时测量结果的 20%。如有任何可重置或装配的脱离器，应手动分断，在其两端施加 2 倍 U_c 或 1000 V 的交流电压(取两者间较高值)来检查绝缘强度，不应发生闪络和绝缘击穿，包括内部的(击穿)或外部的(电痕化)或其他破坏性放电的迹象。对于仅连接至 N-PE 的 SPD 模式，应测量流过 PE 端子的电流，在 U_c 下电流的阻性分量不应超过 1 mA，或者电流增加不应超过在相关试验初始时测量结果的 20%。正常使用中如果有超过一种的接线方式，应检查每一种可能的接线方式。

⑥ 试验时，制造商规定的外部和内部脱离器不应动作；试验后，该脱离器应处在正常工作状态，即脱离器未发生损坏，可继续操作。操作性可通过手动进行检查(在可能的地方)，或在

制造商和实验室协议下通过简单的电气试验来检查。

⑦ 不应有对人员或设备产生的爆炸或其他危险。

5.6.4 测试要点

(1)通常,实验室为了方便采集电流,使用钳形电流表,根据电压电流的乘积人工判断功耗是否下降。但由于产品在参考试验电压下的剩余电流非常小,通常为微安级别,感应电压信号较弱,需要选取精度较高的钳形电流表才能准确采集。

(2)当用一台示波器同时采集电压电流波形时,为了显示工频电压波形的触发相位,选择的示波器时基为毫秒级,而在毫秒级的时基下,由于示波器采样率变低,8/20 μs 电流波形只能显示为一个尖峰脉冲,因此最佳的测试方法为使用两台示波器同时测量电压和电流波形,保证波形显示准确完整,如有必要,可同时监测续流的波形,可以更直观地观察续流的持续时间及续流的大小。

(3)由于电流阻性分量或功耗的监测会随着时间而不停变化,应在工频电压保持15 min后测试其稳定值,作为最终的测量结果。

(4)SPD 实际工作时,浪涌电流是随机地叠加在系统电压上的。当系统电压是工频交流电压时,就有浪涌电流与系统电压的相位关系问题。一般来说,当 SPD 是电压箝位特性时,浪涌电流叠加在系统电压的同相位峰点是最严酷的情况。对于开关特性来说,由于开关元件通常有续流,不同的叠加相位续流是不一样的,因此在本试验中设计了相位逐级改变的试验。

(5)试验时,工频交流电源的容量,即输出能力,决定了 SPD 导通时涌入 SPD 的电流,对试验结果有重要影响。标准规定,续流小于或等于 500 A 的 SPD,试品应连接的工频电源阻抗满足在续流流过时,工频电源两端(GB/T 18802.11—2020 标准描述有误,不应是从 SPD 的接线端子处测量的工频电压峰值)的工频电压峰值的下降不能超过 U_c 峰值的 10%。

(6)如果 SPD 被同时分为Ⅰ类和Ⅱ类,该试验可只进行一次,但应与制造商协商下使用两种类别下最残酷的试验参数。

(7)确定续流大小的试验仅作为选用动作负载试验电源的依据,不作任何合格判定。

(8)动作负载试验后,检查稳定性及Ⅰ类试验的附加动作负载试验所使用的工频电源短路电流容量为 5 A,但Ⅰ类和Ⅱ类的动作负载试验过程中所使用的工频电源特性应满足下列要求。

① 续流小于或等于 500 A 的 SPD:电源的阻抗应满足在续流流过时,工频电压峰值的下降不能超过 U_c 峰值的 10%。

② 续流大于 500 A 的 SPD:电源的预期短路电流应取制造商规定声明的额定断开续流值 I_{fi} 或 500 A,二者取较大值。对于仅连接在 TT 和/或 TN 系统的中线和保护地间的 SPD,电源的预期短路电流应至少为 100 A。

5.6.5 标准差异

(1)《通信局(站)低压配电系统用电涌保护器测试方法》(YD/T 1235.2—2002)标准中规定,在试验完成 1 h 后进行限制电压的测量[10]。

(2)UL 1449 标准中规定，在浪涌冲击时，无须施加 U_c，在冲击后的 1 s 内施加 U_c，且冲击无相角要求。

(3)《低压电涌保护器(SPD) 第 11 部分：低压电源系统的电涌保护器 性能要求和试验方法》(GB/T 18802.11—2020)标准中对动作负载试验项目进行了修改：

① 将电压保持时间由原来的 30 min 调整为 15 min，且规定冲击后继续加电的时间应控制在 30 s 内。在 30 s 内完成将 SPD 从原试品柜中取下，连接至阻性电流测试仪，重新加电这一系列动作是非常困难的，因此建议实验室将功率计或阻性电流测试仪直接串接入工频电源线路中，通过开关切换使其在雷电冲击时与线路脱离，在冲击完成后手动控制开关，使功率计或阻性电流测试仪切入线路中，监测 SPD 两端电流阻性分量或功耗。

② 在原来的预处理试验中，也加入了最后一组冲击后加电 15 min 检查热稳定性的步骤，试验条件更为严格。

③ 针对Ⅰ类试验的 SPD，将对其进行附加动作负载试验，试验电流采用Ⅰ类试验的电流(通常为 10/350 μs)，对Ⅰ类试验的 SPD 考核条件更加严酷。而针对Ⅱ类试验的 SPD，则不再进行 GB 18802.1—2011 标准中的动作负载试验步骤[11]。针对Ⅲ类试验的 SPD，将以正半波峰值处触发 5 次正极性冲击、负半波峰值处触发 5 次负极性冲击、正半波峰值处触发 5 次正极性冲击这样的顺序进行试验。每组冲击的时间间隔为 30 min，不再进行预处理试验。

④ 用于Ⅰ类附加动作负载试验的冲击电流发生器，GB/T 18802.11—2020 标准中规定冲击持续时间不应超过 5 ms，而 GB 18802.1—2011 标准中没有这一项规定。通常，实验室在换版升级原冲击电流发生器时会忽视这一要求。这就导致使用压敏电阻制造的Ⅰ级产品在做动作负载时，冲击电流的归零时间将会远远偏大。不同于间隙型产品，压敏电阻的动态阻抗较大，泄放时间会高于间隙型产品。对比两种不同结构的冲击电流发生器，如图 5.25 和图 5.26 所示(书后彩图 5.25 和彩图 5.26)。图 5.25 为符合 GB/T 18802.11—2020 标准要求的冲击电流发生器在静态时采集的残压波，残压归零的时间大约为 4.36 ms；图 5.26 为符合 GB 18802.1—2011 标准要求的冲击电流发生器采集的静态残压波，持续时间为 6.3 ms，它的拖尾接近图 5.25 拖尾的 1.5 倍。在动作负载中，对于工频电压的影响，使用第一种发生器，工频恢复大约持续一个周期(20 ms)；使用第二种发生器，工频恢复大约持续两个周期(40 ms)，可见，其对于试品的严酷性将会更大。

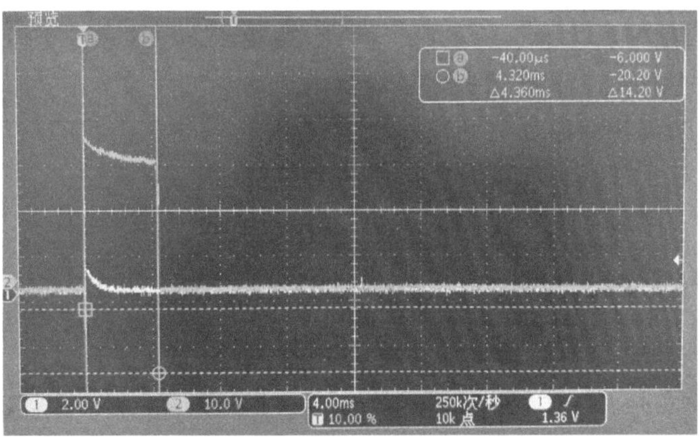

图 5.25　静态残压持续时间 4.36 ms

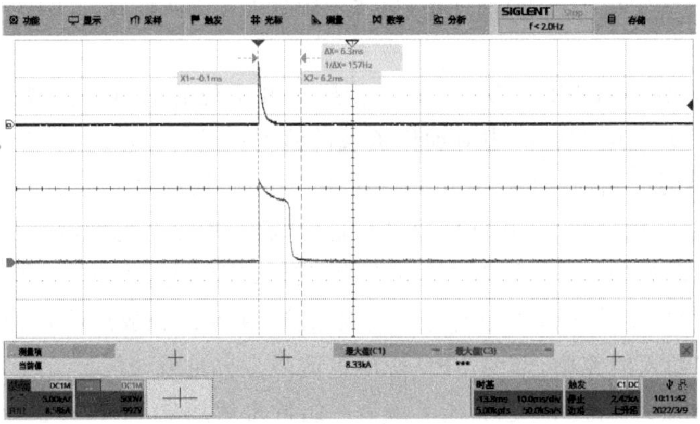

图 5.26 静态残压持续时间 6.3 ms

5.6.6 安全注意事项

(1)动作负载试验时,由于 SPD 两端持续施加工频电压,在未切断工频电源时,操作人员不得进入测试区域内,防止出现触电事故。

(2)分压器不可选用电阻较低的电阻分压器,防止内部电阻持续发热损坏分压器。

(3)当产品续流无法自熄时,应及时切断工频电源,防止产品起火燃烧甚至爆炸。

5.7 耐温、热稳定试验

5.7.1 试验目的

当限压型 SPD 在低压配电系统中持续工作时,由于含氧化锌压敏电阻的产品会因自身老化劣化,引起泄漏电流不断增大并产生热量,当 SPD 自身的散热作用无法与产生的热量达到热平衡时,将导致 SPD 温度不断上升。若没有脱离装置将 MOV 从电路中断开,将造成 SPD 本体或周围物体的起火燃烧。因此,该项试验的目的为:通过模拟 SPD 老化劣化后泄漏电流增大这一过程,测试脱离器在温度达到危险程度前能否安全有效脱扣,且在正常环境温度上限时脱离器不会动作[12]。

5.7.2 试验设备及参数要求

图 5.27 常见的热稳定试验设备

图 5.27 为常见的热稳定试验设备。表 5.16 为耐温、热稳定试验设备及相关标准/规范的参数要求。

表 5.16　耐温、热稳定试验设备及相关标准/规范的参数要求

序号	试验设备名称	适用的标准/规范	参数要求
1	热稳定试验仪	《低压电涌保护器(SPD) 第 11 部分:低压电源系统的电涌保护器 性能要求和试验方法》(GB/T 18802.11—2020)	电压:AC 1500 V 以上,允差为−5%～0;电流:1 A 以上,误差在±10%,应具有短路电流能力,在任何脱离器动作前不会限制电流,最大可达到的电流值不应超过制造商声明的短路耐受能力
2	温湿箱	《环境试验设备温度、湿度校准规范》(JJF 1101—2003)	温度:偏差±2 ℃,均匀度 2 ℃,波动度±0.5 ℃;相对湿度:偏差±5%RH,均匀度 5%RH,波动度±3%RH
3	标准试指	《外壳防护等级(IP 代码)》(GB/T 4208—2017)	铰接试指:直径 12 mm,长 80 mm;球形试具:直径 12.5 mm
4	电气指示器	《外壳防护等级(IP 代码)》(GB/T 4208—2017)	电压:AC 40～50 V
5	推拉力计	《外壳防护等级(IP 代码)》(GB/T 4208—2017)	推力:量程 50 N,分度值 0.25 N

5.7.3　试验方法和判定标准

5.7.3.1　准备试品(由制造厂按下述要求提供)

在进行热稳定试验时,根据 SPD 包含元件情况,若仅包含电压开关型元件,则不进行本试验;若具有电压开关元件与电压限制元件串联连接,则用一根铜线或模拟替代物,将电压开关元件短路,铜线的直径应保证其在试验时不熔化;若具有不同的非线性元件并联,则必须对每个电流路径进行试验,即对一个电流路径进行试验时断开/中断其余的电流路径;若具有相同类型的组件和参数的元件并联,则所有元件作为一个电流路径进行试验。

5.7.3.2　试验方法

(1)耐温试验

将 SPD 放置于温度为 80 ℃±5 K 的温湿箱中保持 24 h。

(2)热稳定试验

① 将 SPD 置于热稳定试验柜中,连接高低压端导线,将 8 根 K 型热电偶(温度传感线)用高温胶带贴于 SPD 表面有可能产生最高温度点的部位,记录周围环境温度以及 SPD 表面初始温度,试品连接如图 5.28 所示。周围环境温度应控制在 25 ℃±5 K。

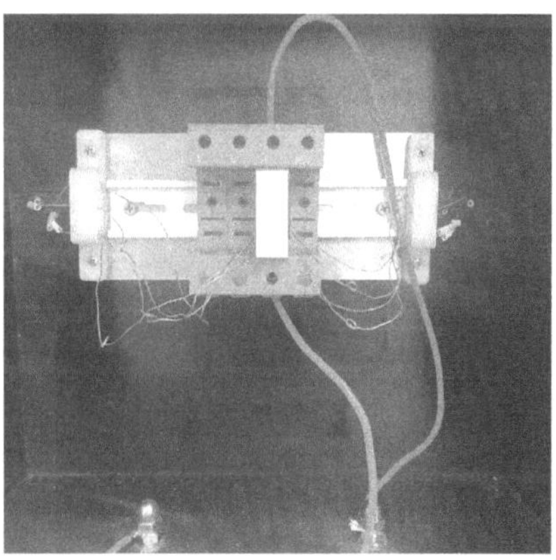

图 5.28　试品连接图

② 对有开关元件与其他元件串联的 SPD,对试品施加电压为 U_{REF} 的工频电源,记录电源电流值,不应超过制造厂声明的额定短路电流。若试品没有明显的电流流过,即 SPD 没有进入导通转换的突变状态,保持热稳定,则接着进行下列试验(仅包含电压限制元件的

SPD 跳过此步骤)。

③ 调整电源电流为 2 mA 真有效值,开始对 SPD 持续施加恒定电流。对于第一个试品,试验从 2 mA 真有效值开始,或者如果试品在 U_c下的泄漏电流已经超过 2 mA 真有效值,则从 U_c开始。如 10 min 内温度变化小于 2 K,则判定为达到热平衡状态,继续下一电流等级的试验。电流的增幅为 2 mA 或先前调节试验电流的 5%(两者取较大值)。

④ 另外两个试品,起始点应从 2 mA 变到第一个样品脱扣时的电流值的前 5 步的电流值。

⑤ 如果所有的非线性元件断开,则停止施加电流,待脱离器动作 5 min 后,热稳定试验仪自动施加 U_c保持 1 min。

⑥ 试品冷却至室温后,将系统电压调整为 U_c,持续施加 2 h,加电过程中监测剩余电流(残流)。

⑦ 加电结束后,取下试品并记录保存试验过程中的电压、电流、温度和监测曲线。图 5.29 为合格试验曲线图(书后彩图 5.29)。每一档测试温升大约会经历三个斜率 k 的过程,K_1 是换挡之后温度的急剧上升,然后进入平稳上升期 K_2,第三档为缓慢上升期 K_3。之后,就会进入 10 min/2 K 的判定,所以在试验中每一档电流的跳跃之前必定有 K_3 = 10 min/2 K。经过几个电流挡的温度攀升,最终温度到了 112 ℃,此时内部低温焊锡达到了熔化温度,脱离的瞬间测试电流跌落回 0,形成开路状态,测试电压探测到电流跌落后开始电压攀升,尝试维持电流到相应的电流档位,进行一段攀升后,发现电流始终为 0,设备判定为热脱离,测试电压回 0,判定为脱离后,经过5 min,再次施加 U_c电压测量电流值应小于 1 mA,恢复室温后再施加 U_c电压2 h,判定完全脱离。

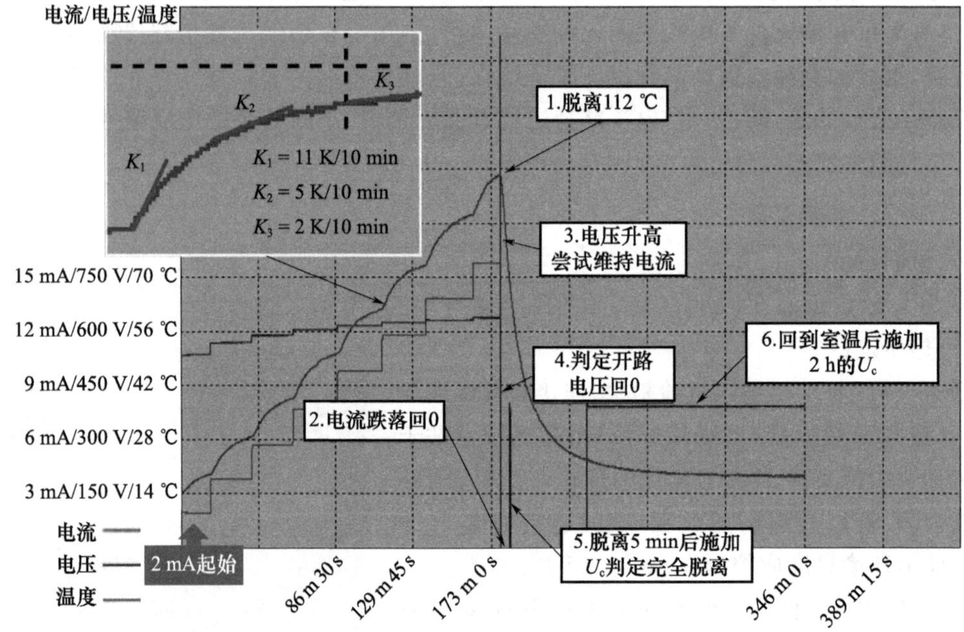

图 5.29　合格试验曲线图

⑧ 如 SPD 外壳防护等级大于或等于 IP20,应使用标准试指、电气指示器和推拉力计,施加一个 5 N 的力检查 SPD 的每个带电部件。

5.7.3.3　判定标准

(1)耐热试验

试验过程中,应没有发生可见的损坏。试验后,检查发现的细小的凹痕或裂缝,如不影响防直接接触,则可忽略,除非无法保持 SPD 的防护等级(IP 代码)。试验后,试品上不应有燃烧的痕迹。试验时,内部脱离器不应动作,试验后,脱离器应处在正常工作状态。

(2)热稳定试验

① 对户内型 SPD,试验时,表面温升应小于 120 K。在脱离器动作 5 min 后,表面温升不应超过 80 K[13]。

② 试验过程中,应没有发生可见的损坏。试验后,检查发现的细小的凹痕或裂缝,如不影响防直接接触,则可忽略,除非无法保持 SPD 的防护等级(IP 代码)。试验后,试品上不应有燃烧的痕迹。

③ 脱离应通过一个或多个内部和/或外部脱离器来实现,应检查它们是否给出正确的状态指示。

④ 标准试指不应触及带电部件,除了 SPD 按正常使用安装后,在试验前已可触及的带电部分外。

⑤ 如果试验过程中发生脱离(内部或外部),对应保护元件的有效脱离应有清晰指示。如果发生内部脱离,试品按正常使用连接到额定频率的最大持续工作电压 U_c 保持 1 min,试验电源的短路电流容量应大于等于 200 mA,流过相关保护元件的电流不应超过 1 mA。流过与相关保护元件并联的元件或其他电路(如指示器电路)的电流可忽略,只要它们不造成电流流过相关保护元件。此外,如果有的话,流过 PE 端子的电流,包括并联电路和其他电路(如指示电路),不应超过 1 mA。正常使用中,如果有超过一种的接线方式,应检查每一种可能的接线方式。

⑥ 不应有对人员或设备产生的爆炸或其他危险。

⑦ 剩余电流的增加值不应超过试验开始时测量值的 10%。

5.7.4　测试要点

(1)SPD 表面最热点会因 SPD 结构及阀片的添加成分、烧结工艺等不同而不同,且在试验过程中也会发生位置的转移。通常阀片靠近外壳的那一侧表面温度较其他部位要高。利用多点监测的方法,应重点将温感线贴于阀片靠近外壳的那一侧(最热点一般在电流输入端)。最合理的监测 SPD 表面最热点的方法为采用热成像仪实时记录 SPD 表面的温度,但由于设备成本过高,目前主流实验室还是采用温感线多点监测的方法[14]。

(2)当 SPD 内部发生击穿短路,使得电压持续跌落时,标准规定停止调节电流,电压调回 U_{REF} 并保持 15 min,不需要再进行连续的电流监测。通常,实验室在遇到该情况时,依旧使用原热稳定试验仪,但由于电源不具备一定的短路电流能力,会出现 SPD 因短路而导致设备电源电压无法上升到产品的 U_{REF} 值。正确的试验方法应该是在出现电压跌落时,使用外接的工频交流电源,保证电源具有足够的短路电流能力(但不应超过制造商声明的额定短路电流值),将电压调回 U_{REF} 并保持 15 min。此时,SPD 会因短路而导致电流过大,如果内部脱离器不及时脱扣,就会发生起火燃烧。如图 5.30 所示(书后彩图 5.30),试品从 2 mA 起测,经过了漫长的温度攀升和电流攀升后,到达中后期,在 22 mA 电流档处出现换挡,电源输出阻抗减小,电压有所降低。

完成切换后，电压和电流趋于稳定，但是电压一直微降维持电流，最终电流陡增，呈现出电压、电流曲线反方向交叉，说明了试品内阻在不断下降，此区域就形成了热失控区，维持了约 1 h。当电压持续跌落时，应切换设备电源，电压调回 U_{REF} 并保持 15 min，不需要再进行连续的电流监测。

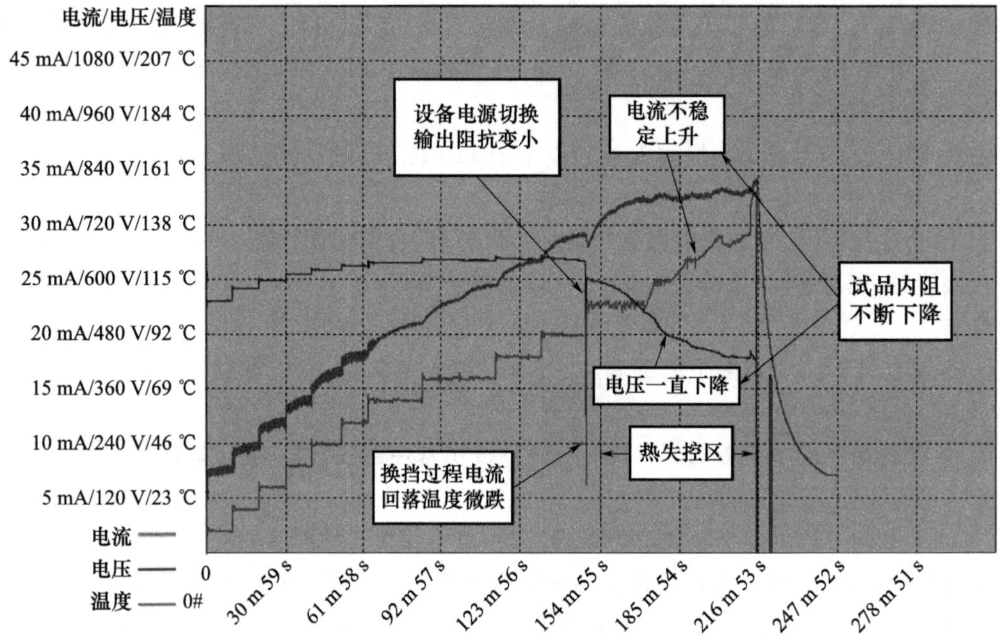

图 5.30　热失控试验曲线图

(3)热稳定试验设备内部电流按照分档调节，当出现电流跳档时，有可能会因为串接电阻的减小而导致阀片本身的电阻减小，因此整个电路的功率因数下降，流过 SPD 的阻性电流也随之下降，从而导致 SPD 表面的温度出现下降。如图 5.31 所示(书后彩图 5.31)，在 8 mA 时出现了温度下降的现象。设备第一档位的电流范围设置正是 1～8 mA。

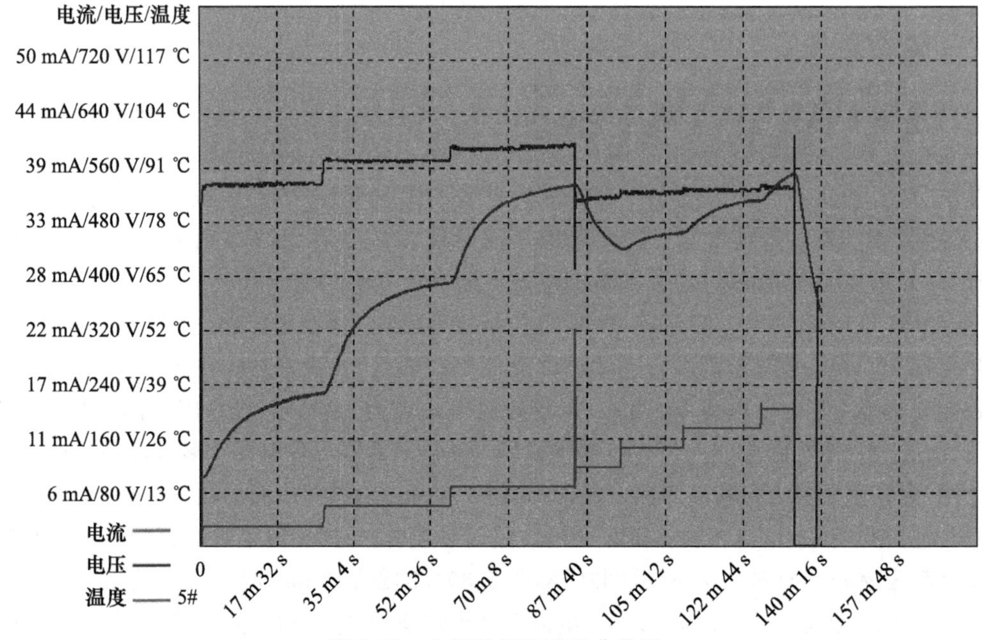

图 5.31　电流跳档出现的曲线图

(4)使用高温胶带粘贴温感线时，当温度过高时，胶带可能会脱离产品表面而影响温度的测量。因此，在试验过程中，尤其是试验的中后期，应连续监测温感线与产品的接触状态。通常，不推荐实验室使用 AB 胶来固定温感线，首先，其会影响温度测试的精准度，其次，如果除胶不规范的话，会损坏温感线。

(5)当试品含多片 MOV 并联时，所有 MOV 脱扣前的试验电流可能会增加至 40 mA 以上。同时，应密切关注试验曲线图，如果发现试品中只有一片 MOV 脱扣时，设备即停止试验并显示热脱离，应及时与设备生产厂家进行沟通，是否在设备的试验步骤程序上出现了错误。

(6)合格判定中，对于脱离器指示的要求为：脱离器如果动作，要有清晰的指示。针对有些产品，脱离器指示不清晰或无法辨认的指示都是不合格的。如图 5.32 所示(书后彩图 5.32)，如出现了指示不完全或多片产品只脱扣了一部分的情况，严格意义上均视为不合格产品(除非制造商在产品说明书中注明该状态下即可视为产品脱扣，否则应立即更换产品)。

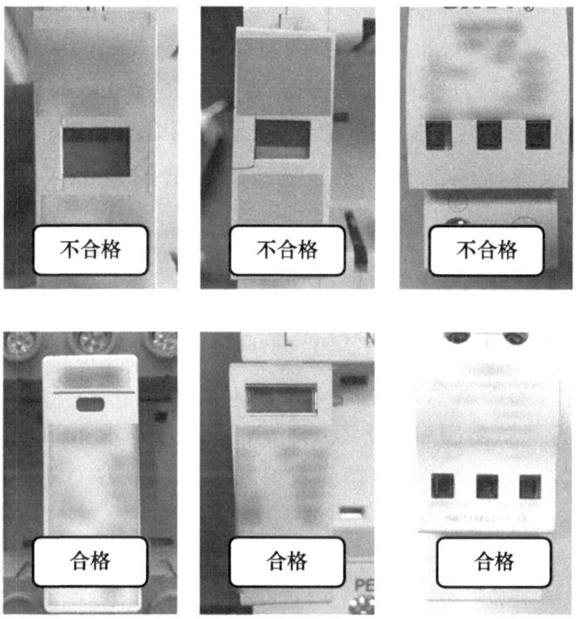

图 5.32　脱离器动作指示示例

5.7.5　标准差异

(1)为了验证脱离器动作，SPD 应有明显、有效和永久断开的迹象，GB 18802.1—2011 标准中采用等于 U_c 的工频电压施加 1 min，流过的电流不应超过 0.5 mA(有效值)。GB/T 18802.11—2020 标准中将 0.5 mA 判定值提高至 1 mA。笔者认为，判定值应降低而非提高，因为在实际检测过程中发现，即使 SPD 未脱扣，在 U_c 下的电流也没有超过 1 mA，甚至没有超过 0.5 mA，因此无法判断 SPD 内部是否脱扣。《通信局(站)低压配电系统用电涌保护器测试方法》(YD/T 1235.2—2002)标准中将工频电压提高至 $2U_c$。$2U_c$ 下流过的电流将会显著增加，该判据条件较为合理。

(2)判定标准中提到的表面温升指的是温度的升高，即 ΔT。GB 18802.1—2011 标准中描述，在脱离器动作 5 min 后，表面温升不应超过周围环境温度 80 K。GB/T 18802.11—2020 标准中已修改为“表面温升不应超过 80 K”，取消了与周围环境温度的对比。而 YD/T 1235.2—2002 标准中的判定为，试验期间 SPD 表面温度应始终低于 120 ℃，且在分离装置动作后 5 min 内，SPD 表面温度应始终低于 80 ℃，区别于 GB/T 18802.11—2020 标准中描述的表面温升。

(3) YD/T 1235.2—2002 标准中的试验方法为 SPD 应通过 5000 mA、2500 mA、1000 mA、320 mA、80 mA 及 20 mA 这六档的电流试验，每一档电流试验应持续一段时间，直到 SPD 达到热平衡，即在 10 min 内其温度的增加值小于 2 ℃。如果 SPD 脱扣装置动作，就中止该电流值的试验。GB/T 18802.11—2020 标准中试验电流从 2 mA 开始逐渐增加，一般的单片 MOV 产品在 20 mA 左右就已经因为温度的持续上升而导致脱离器动作，无法达到 5 A 的电流等级。YD/T 1235.2—2002 标准更多的是考核 SPD 在较高的电流下的热稳定性能，而国家标准考核的电流等级相对较低。

(4)GB/T 18802.11—2020 标准中规定，试验应在大气中进行，周围温度应是25 ℃±5 K，与 GB 18802.1—2011 中规定的所有试验周围温度应是(20±15)℃有所区别。

(5)GB/T 18802.11—2020 标准中规定，试验结束后，试品冷却至室温后，连接到电压为 U_c 的电源 2 h，加电过程中监测剩余电流(残流)，其增加值不应超过试验开始时测量值的 10%。

5.7.6 安全注意事项

(1)当 SPD 内部短路时，可能会出现 SPD 起火燃烧的现象，如 SPD 不能自行熄灭火焰，应做好灭火措施。清理燃烧后的残余物，检查温感线是否损坏。

(2)试验期间禁止打开试品门触碰 SPD，防止试品门连锁失效造成人员触电。

(3)由于试验时间较长，应保证试验期间有操作人员在现场负责观察，防止发生起火燃烧现象而无法及时发现，酿成火灾事故。

(4)试验结束后，应待试品冷却后再进行试品更换，以免发生试品表面温度过高而烫伤手。

5.8 电气间隙和爬电距离

5.8.1 试验目的

SPD 在正常使用过程中，受长期工作电压及周围环境污染物的影响，导致周围绝缘材料被电极化，如果 SPD 结构设计的电气间隙和爬电距离不满足要求时，将出现绝缘材料带电现象，从而威胁到人身安全。因此，该项试验的目的为：考量 SPD 在结构设计时，其电气间隙和爬电距离是否符合使用环境下的最低要求。

5.8.2 试验测量工具

图 5.33 和图 5.34 分别为常用的塞规、塞尺。表 5.17 为电气间隙和爬电距离测量工具及相关标准/规范的参数要求。

表 5.17 电气间隙和爬电距离测量工具及相关标准/规范的参数要求

序号	试验设备名称	适用的标准/规范	参数要求
1	游标卡尺	《通用卡尺检定规程》(JJG 30—2012)	长度:0~150 mm,分辨力 0.01 mm
2	塞规	《通用卡尺检定规程》(JJG 30—2012)	厚度:1.00~2.00 mm,分辨力 0.05 mm
3	塞尺	《通用卡尺检定规程》(JJG 30—2012)	厚度:0.02~1.00 mm,分辨力 0.01 mm
4	标准试指	《外壳防护等级(IP 代码)》(GB/T 4208—2017)	铰接试指:直径 12 mm,长 80 mm; 球形试具:直径 12.5 mm

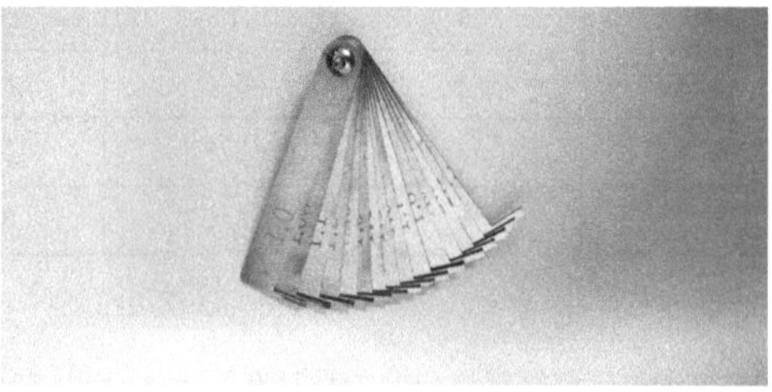

图 5.33 塞规

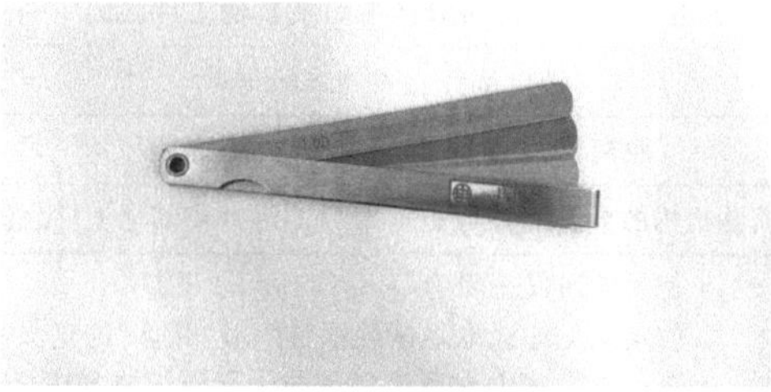

图 5.34 塞尺

5.8.3 试验方法和判定标准

5.8.3.1 电气间隙试验方法

(1)根据 SPD 的使用环境,确定污染等级。用于户内和类似环境中的 SPD,应按污染等级 2 来设计。在更加严酷环境中使用的 SPD 可要求特别的预防措施,例如一个合适的 SPD 的罩子或附加外壳,确保 SPD 满足污染等级 2。对于户外型和不可触及的 SPD,按污染等级 4 验证,如果 SPD 覆盖了足够的外壳,确保满足污染等级 3 的条件,则可降低到污染等级 3 确定内部距离。

(2)确定 SPD 的 U_{max},该值可由测量限制电压时确定。

(3)为了保证测量的准确性,将 SPD 基座及模块外壳等部分拆卸,使其全部露出带电部件。

(4)不接导体以及连接制造商规定的最大截面积的导体时,根据表 5.17 测量各个部件之间的电气间隙。具体测量:不同极的带电部件之间、带电部件与安装 SPD 时应拆卸的固定盖的螺钉或其他工件之间、带电部件与安装表面、带电部件与安装 SPD 的螺钉或其他工件之间、带电部件与壳体之间、脱离器机构的金属部件与壳体之间、脱离器机构的金属部件与安装 SPD 的螺钉或其他工件之间。假定螺母和非圆头螺钉拧紧在最不利的位置。

(5)使用游标卡尺、塞规、塞尺来进行测量,必要时绘制出电气间隙的路径。

(6)如果有隔板,电气间隙沿着隔板测量。如果隔板由不连接在一起的两部分组成,电气间隙通过分隔的间隙测量。

5.8.3.2 电气间隙判定标准

电气间隙不应小于表 5.18 中的值。

表 5.18 SPD 的电气间隙　　单位：mm

具体要求	U_{max}			
	≤2000 V[a]	≤4000 V	>4000 V 且≤6000 V	>6000 V 且≤8000 V
不同极的带电部件之间	1.5	3	5.5	8
带电部件与安装 SPD 时应拆卸的固定盖的螺钉或其他工件之间	1.5	3	5.5	8
带电部件与安装表面[b]	3	6	11	16
带电部件与安装 SPD 的螺钉或其他工件之间[c]	3	6	11	16
带电部件与壳体之间[b,c]	1.5	3	5.5	8
脱离器机构的金属部件与壳体之间	1.5	3	5.5	8
脱离器机构的金属部件与安装 SPD 的螺钉或其他工件之间	1.5	3	5.5	8

注：a 表示该列仅适用于 U_c≤180 V 的 SPD；

b 的定义见绝缘电阻试验项目中对“壳体”的定义；

c 表示如果 SPD 的带电部件与金属隔板或 SPD 安装平面之间的电气间隙仅与 SPD 的设计有关，使得 SPD 在最不利的条件下（甚至在金属外壳内）安装，其电气间隙也不能减少时，则该处的合格判据采用第一行的值。

5.8.3.3 爬电距离试验方法

（1）根据 SPD 的使用环境，确定污染等级。用于户内和类似环境中的 SPD，应按污染等级 2 来设计。在更加严酷环境中使用的 SPD 可要求特别的预防措施，例如一个合适的 SPD 的罩子或附加外壳，确保 SPD 满足污染等级 2。对于户外型和不可触及的 SPD，按污染等级 4 验证，如果 SPD 覆盖了足够的外壳，确保满足污染等级 3 的条件，则可降低到污染等级 3 确定内部距离。没有通风口的 SPD 防护罩可认为对限制污染提供了充分的保护，可对内部爬电距离采用污染等级 2 的要求。

（2）确定 SPD 的最大持续工作电压 U_c。

（3）为了保证测量的准确性，将 SPD 基座及模块外壳等部分拆卸，使其全部露出带电部件。

（4）不接导体以及连接制造商规定的最大截面积的导体时，根据表 5.18 测量各个部件之间的爬电距离。具体测量：不同极的带电部件之间、带电部件与安装 SPD 时应拆卸的固定盖的螺钉或其他工件之间、带电部件与安装表面、带电部件与安装 SPD 的螺钉或其他工件之间、带电部件与壳体之间、脱离器机构的金属部件与壳体之间、脱离器机构的金属部件与安装 SPD 的螺钉或其他工件之间。假定螺母和非圆头螺钉拧紧在最不利的位置。

（5）使用游标卡尺、塞规、塞尺来进行测量，必要时绘制出电气间隙和爬电距离的路径。

（6）绝缘材料制成的外部零件的槽和孔的爬电距离，测量至可触及表面覆盖的金属箔之间的距离，测量时金属箔不能压入孔内，但应根据 GB/T 4208—2017 用试指将它推进角落和类似的地方。

（7）如果在爬电距离路径上有槽，只有在槽宽至少为 1 mm 时，才把槽的轮廓计入爬电距离，槽小于 1 mm，仅考虑其宽度。

(8)如果隔板由不黏合在一起的两部分组成，爬电距离通过分开的间隙测量。如果带电部件与隔板相应表面之间的空气间隙小于 1 mm，仅考虑通过分隔表面的距离，把它看作爬电距离。否则，把整个距离，即空气间隙和通过分隔表面的距离之和看作电气间隙。

(9)根据表 5.19，结合 SPD 的 U_c 和测量得到的最小爬电距离值，判定 SPD 的材料组信息范围，并通过耐电痕化试验判定爬电距离是否合格，具体试验步骤与逻辑见图 5.35。

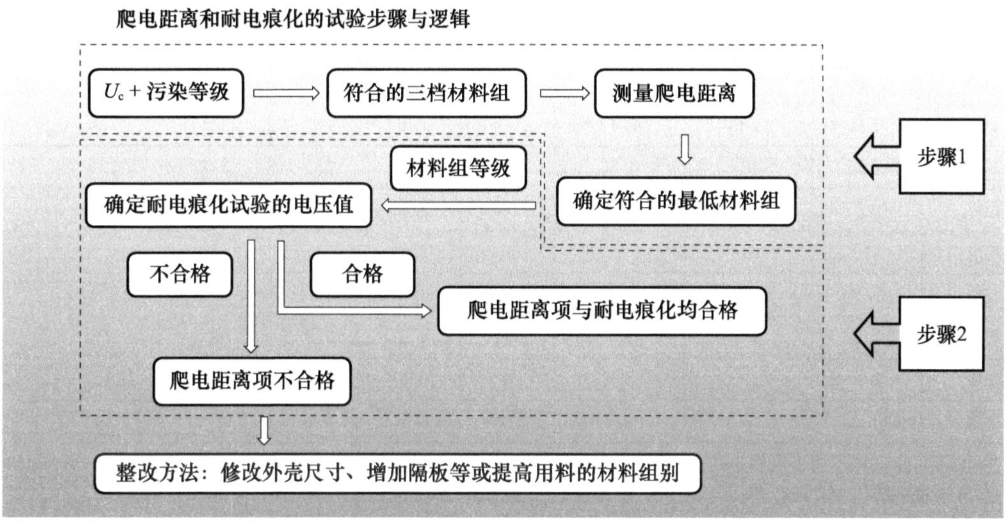

图 5.35　爬电距离与耐电痕化试验步骤与逻辑

5.8.3.4　爬电距离判定标准

爬电距离不应小于表 5.19 中的值。

表 5.19　SPD 的爬电距离　　单位：mm

电压[b,c] RMS/V	印刷电路材料污染等级		污染等级						
	1	2	1	2			3		
	所有材料组	除Ⅲb 外的所有材料组	所有材料组	材料组[a]			材料组[a]		
				Ⅰ	Ⅱ	Ⅲ	Ⅰ	Ⅱ	Ⅲ[d]
10	0.025	0.04	0.08	0.4	0.4	0.4	1	1	1
12.5	0.025	0.04	0.09	0.42	0.42	0.42	1.0	1.05	1.05
16	0.025	0.04	0.1	0.45	0.45	0.45	1.1	1.1	1.1
20	0.025	0.04	0.11	0.48	0.48	0.48	1.2	1.2	1.2
25	0.025	0.04	0.125	0.5	0.5	0.5	1.2	1.25	1.25
32	0.025	0.04	0.14	0.53	0.53	0.53	1.3	1.3	1.3
40	0.025	0.04	0.16	0.56	0.8	1.1	1.4	1.6	1.8
50	0.025	0.04	0.18	0.6	0.85	1.2	1.5	1.7	1.9

续表

电压[b,c] RMS/V	印刷电路材料污染等级		污染等级						
	1	2	1	2			3		
	所有材料组	除Ⅲb外的所有材料组	所有材料组	材料组[a]			材料组[a]		
				Ⅰ	Ⅱ	Ⅲ	Ⅰ	Ⅱ	Ⅲ[d]
63	0.04	0.063	0.2	0.63	0.9	1.25	1.6	1.8	2
80	0.063	0.1	0.22	0.67	0.95	1.3	1.7	1.9	2.1
100	0.1	0.16	0.25	0.71	1	1.4	1.8	2	2.2
125	0.16	0.25	0.28	0.75	1.05	1.5	1.9	2.1	2.4
160	0.25	0.4	0.32	0.8	1.1	1.6	2	2.2	2.5
200	0.4	0.63	0.42	1	1.4	2	2.5	2.8	3.2
250	0.56	1	0.56	1.25	1.8	2.5	3.2	3.6	4
320	0.75	1.6	0.75	1.6	2.2	3.2	4	4.5	5
400	1	2	1	2	2.8	4	5	5.6	6.3
500	1.3	2.5	1.3	2.5	3.6	5	6.3	7.1	8
630	1.8	3.2	1.8	3.2	4.5	6.3	8	9	10
800	2.4	4	2.4	4	5.6	8	10	11	12.5
1000	3.2	5	3.2	5	7.1	10	12.5	14	16

注：如果实际电压不同于表格中的值，允许使用内插法得到中间电压，当使用内插法时，采用线性内插法，数值需取整到和表格中的值一样的位数；

a 表示关于材料组的信息参考表 5.20；

b 表示该电压是用于功能绝缘的工作电压，对于主电源供电的电路的基本绝缘和附加绝缘，是在设备的额定电压或额定绝缘电压的基础上，通过《低压系统内设备的绝缘配合 第 1 部分：原理、要求和试验》(GB/T 16935.1—2008)[15]的表 F.3a或 F.3b 进行电压合理化得到的，对于系统、设备和不直接从主电源供电的内部电路的基本绝缘和附加绝缘，是在额定电压和在设备等级内操作条件最繁重的组合下，系统、设备和内部电路上产生的最大电压有效值；

c 表示针对主保护电路，该列参考 U_c；

d 表示材料Ⅲb 不可使用于 630 V 以上的污染等级 3 中。

表 5.20 材料组和分类之间的关系

材料组	CTI
材料组Ⅰ	600 V≤CTI
材料组Ⅱ	400 V≤CTI<600 V
材料组Ⅲa	175 V≤CTI<400 V
材料组Ⅲb	100 V≤CTI<175 V

注：材料组和分类之间的关系根据《固体绝缘材料耐电痕化指数和相比电痕化指数的测定方法》(GB/T 4207—2022)确定(CTI(相比电痕化指数)值，使用溶液 A)。

5.8.4 测试要点

(1)确定电气间隙和爬电距离时，不应考虑放电间隙电极之间的距离。

(2)微观环境决定污染对绝缘的影响，然而在考虑微观环境时，必须注意到宏观环境。有效地使用外壳、封闭式或气密封闭式等措施可减少对绝缘的污染。这些减少污染的措施对设备受凝露或正常运行中其本身产生的污染影响时可能无效。固体微粒、尘埃和水能完全桥接小的电气间隙，因此凡微观环境可存在污染之处，都要规定最小电气间隙。在潮湿的情况下，污染将会变为导电性污染。由污染的水、油烟、金属尘埃、碳尘埃引起的污染是常见的导电性污染。

(3)当实际电压不同于表 5.19 中的值时，使用线性内插法得到中间电压(通过列方程式的方法计算出对应的爬电距离)，数值需四舍五入取整到和表格中的值一样的位数，当上下两个电压等级对应的爬电距离值位数不同时，取整到最多的位数。例如，当一个户内型 U_c 为 385 V的产品，在计算材料组 Ⅲ 的爬电距离时，设爬电距离为 x，则方程式为 $\frac{385-320}{400-320}=\frac{x-3.2}{4.0-3.2}$，最终得出 $x=3.85$，修约取整后为 3.9。

(4)爬电距离的判定值是根据 SPD 的材料组信息来确定的。如果通过测量 CTI 值来首先确定 SPD 的材料组信息，再来判定爬电距离值是否符合规定的要求，试验时间和试验量将大幅度上升。为了简化试验程序，从测量得到的爬电距离初步判定 SPD 的材料组信息范围，再通过耐电痕化试验判定 SPD 的材料组是否合格。例如，测量出某 SPD 产品的最小爬电距离值为 2.5 mm，该产品的 U_c 为 320 V。根据表 5.19，该产品外壳材料组至少为材料组 Ⅱ 及以上。通过耐电痕化试验，测试产品在 400 V 下是否通过，如果无法通过，则判定爬电距离项目不合格。

(5)如果金属部件被至少 2 mm 厚自硬性的树脂覆盖，或如果能承受介电强度试验电压的绝缘覆盖，则不需要测量爬电距离和电气间隙。

(6)填充材料或树脂不应漫过槽孔的边缘，而应牢固地附着在槽孔壁及其中的金属物上。

(7)爬电距离确定时，必须考虑以下因素的影响：电压、微观环境、爬电距离方向和位置、绝缘表面形状、绝缘材料材质、电压作用时间。

(8)当爬电路径需要跨过空间中不同的平面时，应绘制路径图，结合几何学知识确定最短的爬电路径。

(9)对于 SPD 接线柱区域，不应看作是壳体部分。如图 5.79 所示，接线柱区域不认为是 SPD 的壳体部分。因此，在测量 SPD 带电部件与壳体之间的爬电距离与电气间隙时，应考虑接线柱到侧面壳体的部分，如图 5.36 所示。

图 5.36　带电部件与壳体之间的测量路径

(10)材料组信息不需要制造商提供，该项参数由实验室测量得出。

(11)当该项试验不合格时，实验室可以建议制造商通过修改外壳尺寸，即修改模具、在现有模具上适当的增加隔板或防尘帽，或使用更好的外壳材料，以提升到符合最小爬电距离的档次。

5.8.5　定义解析

(1)电气间隙：两导电部件之间在空气中的最短距离。爬电距离：两导电部件之间沿固体绝缘材料表面的最短距离(《低压系统内设备的绝缘配合 第 1 部分：原理、要求和试验》(GB/T 16935.1—2008)中 3.2 和 3.3)。电气间隙可以理解为空间的直线距离，即两个部位之间看过去的最短视线距离(必要时通过作垂线确定最短距离)。而爬电距离可以理解为沿绝缘表面轮廓的最短路径。因此,电气间隙始终小于或等于爬电距离;

(2)基本绝缘:设置在危险的带电部件上,提供基本保护的绝缘。功能绝缘:导电部件之间仅适用于设备特定功能所需要的绝缘。附加绝缘:除了用于故障保护的基本绝缘外,另外再设置的独立绝缘。

(3)带电部件:打算在正常使用时通电的导线或导电性部件,按惯例包括中性导线,但不包括 PEN 导线(《家用和类似用途电器的安全》(GB 4706.1—2005)中 3.6.4)。这是针对家用电器所提出的带电部件定义,但对于 SPD,可能会由于地电位反击而产生接地端处于高电位带电的情况,因此 SPD 的接地端也应看作是带电部件。

(4)微观环境的污染等级规定有以下 4 级:污染等级 1 为无污染或仅有干燥的、非导电性的污染,该污染没有任何影响;污染等级 2 为一般仅有非导电性污染,然而必须预期到凝露会偶然发生短暂的导电性污染;污染等级 3 为有导电性污染或由于预期的凝露使干扰的非导电性污染变为导电性污染;污染等级 4 为造成持久的导电性污染,例如由于导电尘埃或雨或其他潮湿条件所引起的污染。

(5)对材料组别Ⅲb(100 V≤CTI<175 V)所对应的爬电距离(表 5.19),材料组Ⅲa 的值乘 1.6 后适用。

5.8.6 测量方法示例

测量爬电距离和电气间隙的方法示于以下例 1～例 11 中。

可作以下假定:假定任意凹槽被长度等于规定,宽度为 X 的绝缘接线,在最不利的位置下桥接(例 3);当横跨槽的顶部的距离为 X 或更大时,沿着槽的轮廓测量爬电距离(例 2);假定相对运动的部件处于最不利的位置时,测定它们之间的爬电距离和电气间隙。

(1)例 1

条件:所考虑的路径包括宽度小于 X,而深度为任意的平行边或收敛形边的槽。

规则:爬电距离和电气间隙如图 5.37 所示,直接跨过槽测量。

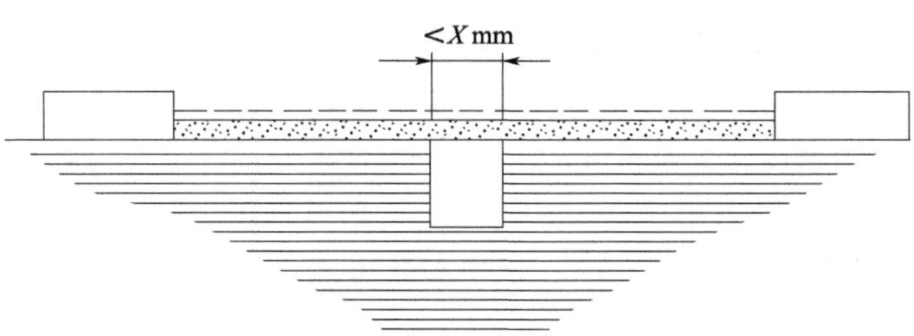

图 5.37 例 1

(———————— 电气间隙, [图例] 爬电距离,下同)

(2)例 2

条件:所考虑的路径包括任意深度,而宽度大于或等于 X 的平行边的槽。

规则:电气间隙是虚线距离,爬电路径沿着槽的轮廓,如图 5.38 所示。

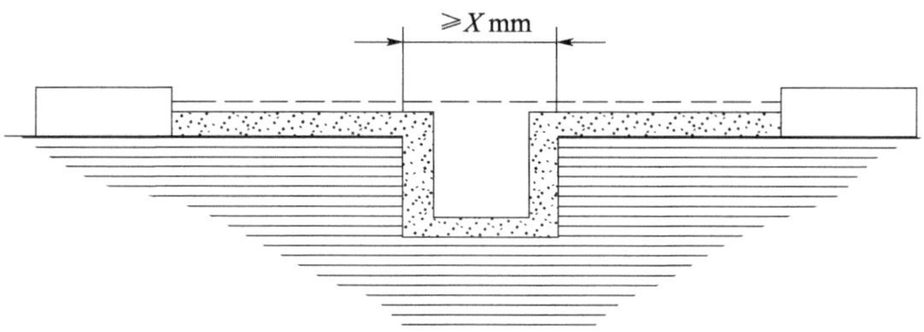

图 5.38　例 2

(3)例 3

条件:所考虑的路径包括一个宽度大于 X 的"V"形槽。

规则:电气间隙是虚线的距离,爬电路径沿着槽的轮廓但被 X 接线把槽底"短路",如图 5.39所示。

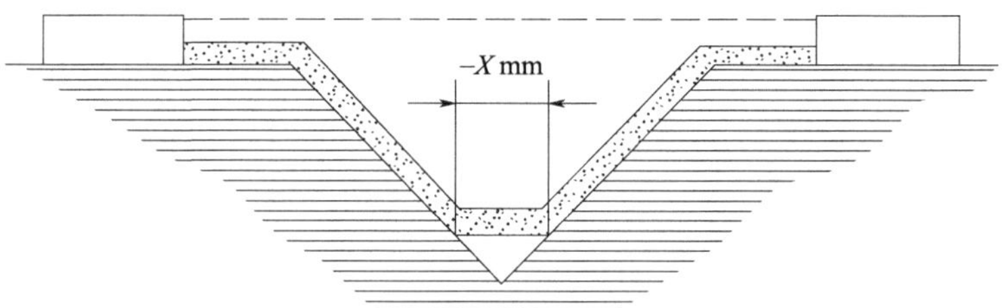

图 5.39　例 3

(4)例 4

条件:所考虑的路径包括一条筋。

规则:电气间隙是通过筋顶的最短直接空气途径,爬电路径沿着筋的轮廓,如图 5.40 所示。

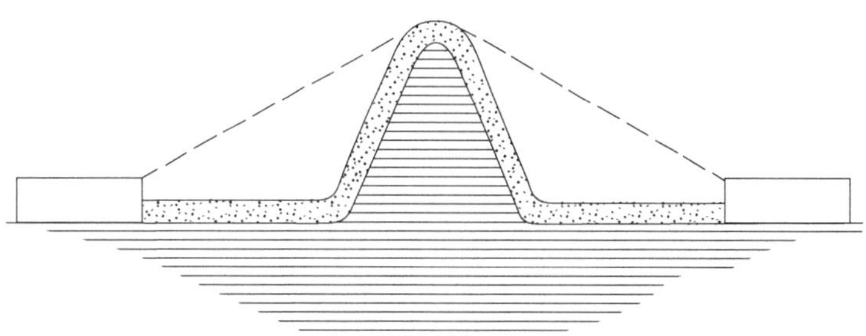

图 5.40　例 4

(5)例 5

条件:所考虑的路径包括一未黏合的接缝,以及每边的宽度小于 X 的槽。

规则:爬电距离和电气间隙的路径是所示的虚线距离,如图 5.41 所示。

(6)例 6

条件:所考虑的路径包括一未黏合的接缝,以及每边的宽度大于或等于 X 的槽。

规则:电气间隙为虚线距离,爬电路径沿着槽的轮廓,如图 5.42 所示。

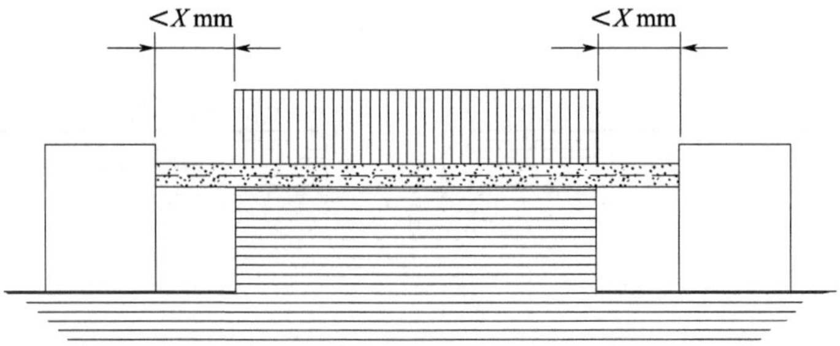

图 5.41　例 5

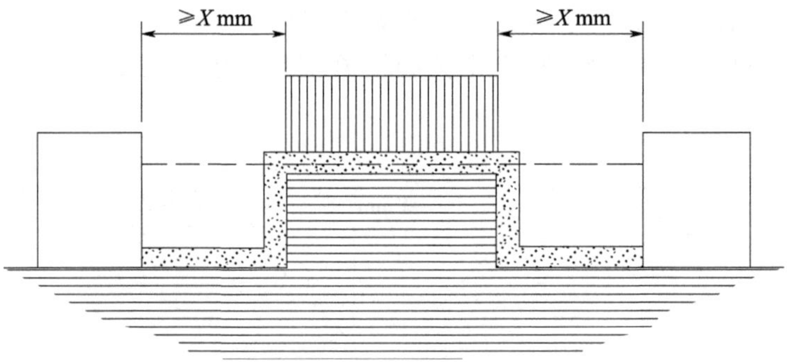

图 5.42　例 6

(7)例 7

条件:所考虑的路径包括一未黏合的接缝,以及一边的宽度小于 X ,另一边的宽度大于或等于 X 的槽。

规则:电气间隙和爬电路径如图 5.43 所示。

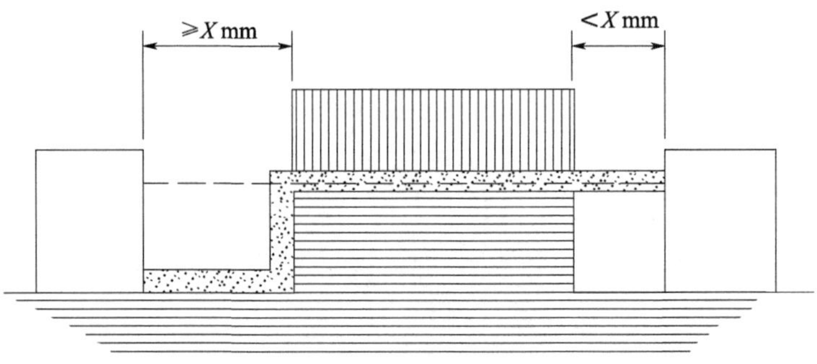

图 5.43　例 7

(8)例 8

条件:穿过未黏合的接缝的爬电距离小于跨过隔栏的爬电距离。

规则:电气间隙是通过隔栏顶的最短直接空气路径,如图 5.44 所示。

(9)例 9

螺钉头与凹壁之间的间隙足够宽,应加以考虑,如图 5.45 所示。

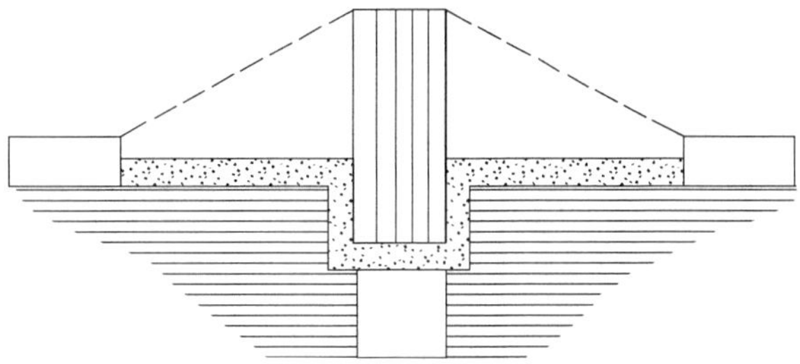

图 5.44　例 8

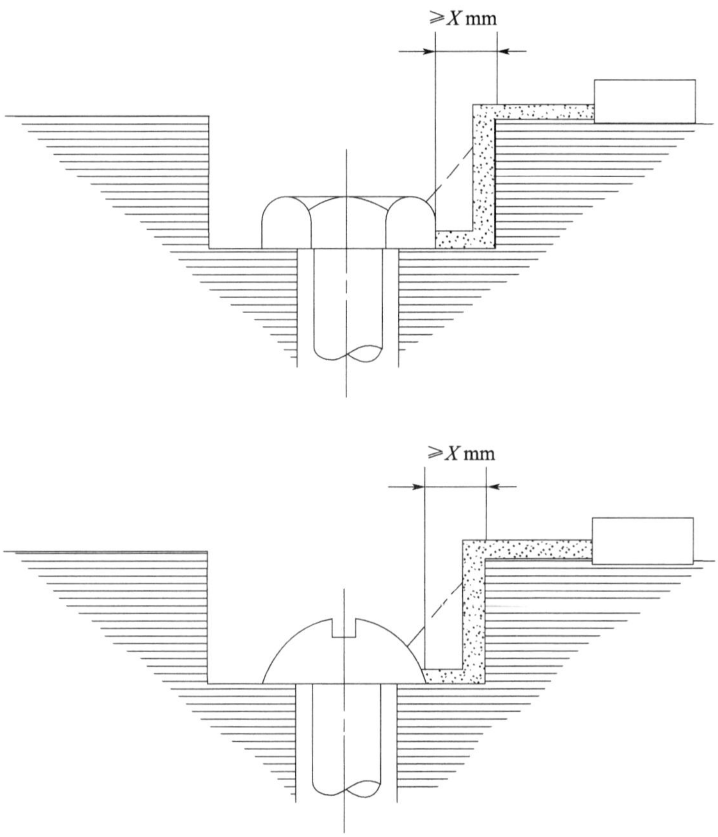

图 5.45　例 9

(10)例 10

螺钉头与凹壁之间的间隙过分窄小而不被考虑。当距离等于 X 时，测量从螺钉至壁的爬电距离，如图 5.46 所示。

(11)例 11

电气间隙是距离 $d+D$，爬电距离也是 $d+D$，如图 5.47 所示。

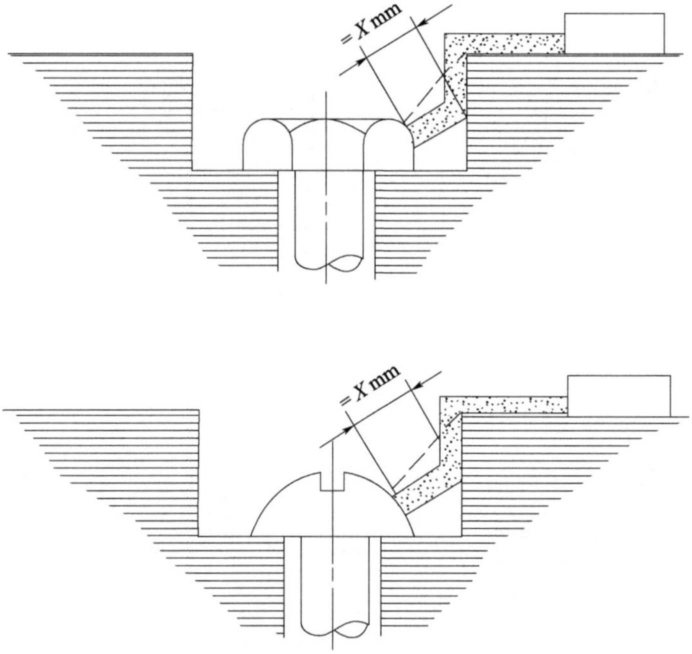

图 5.46 例 10

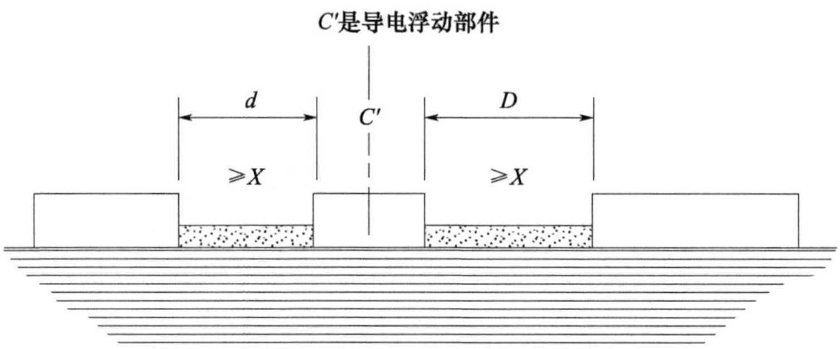

图 5.47 例 11

5.8.7 标准差异

(1)GB 18802.1—2011 标准中，仅规定了Ⅲb 材料组对应的耐电痕化电压要求，即 175 V；GB/T 18802.11—2020 标准中取消了该项规定。如果因为设计结构的需要，产品更小更紧凑，制造商可以按照更高级别的材料去制作，这就获得了减小设计爬电距离的机会。反观 GB 18802.1—2011，要求爬电距离和电气间隙必须按Ⅲb 类材料组去设计，无论是否用了更好的原料，都不能减小爬电距离。GB/T 18802.11—2020 中，该项试验逻辑性、实际性、科学性更高。

(2)GB/T 18802.11—2020 标准中，将污染等级对应的尺寸 X 的最小值默认为 1.0 mm；而根据 GB/T 16935.1—2008 的规定，污染等级 1～3，对应的尺寸 X 的最小值分别为 0.25 mm、1.0 mm、1.5 mm。

5.8.8　安全注意事项

在拆卸 SPD 时，尽量不破坏本体结构，可采用热塑枪将不影响测量的外壳软化后进行拆卸。使用工具拆卸时，应佩戴耐磨劳保手套，防止手部受伤。

5.9　耐热、球压试验

5.9.1　试验目的

在高温环境下，SPD 非金属材料的主要性能一般都会变差，特别是温度升高到一定程度后，非金属材料与绝缘结构的特性会发生本质的变化，出现支撑带电体或连接件及塑料外壳的绝缘材料变形的情况。因此，该项试验的目的为：考量 SPD 支撑带电体或连接件及塑料外壳的绝缘材料在高温作用下是否有足够的机械强度。

5.9.2　试验设备及参数要求

图 5.48 和图 5.49 分别为视频显微镜和球压负载装置。表 5.21 为球压试验设备及相关标准/规范的参数要求。

表 5.21　球压试验设备及相关标准/规范的参数要求

序号	试验设备名称	适用的标准/规范	参数要求
1	烘箱	《电工电子产品着火危险试验 第 21 部分：非正常热 球压试验方法》(GB/T 5169.21—2017)，《电气绝缘材料 耐热性 第 4 部分：老化烘箱 单室烘箱》(GB/T 11026.4—2012)	温度：小于 100 ℃时精确度为±2 K，大于或等于 100 ℃时精度为±3%，小于或等于 80 ℃时最大允许温差和温度波动 2 K，最大允许温度变化 4 K
2	视频显微镜	《电工电子产品着火危险试验 第 21 部分：非正常热 球压试验方法》(GB/T 5169.21—2017)	分辨力：不超过 0.1 mm； 光学放大倍率：10 倍以上
3	球压负载装置	《电工电子产品着火危险试验 第 21 部分：非正常热 球压试验方法》(GB/T 5169.21—2017)	球直径：(5±0.05)mm； 球质量：(20±0.2)N； 温度：最大允许温差和温度波动 2 K

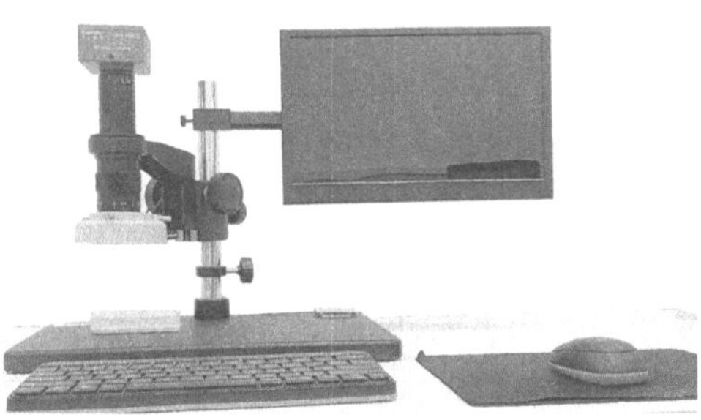

图 5.48　视频显微镜

图 5.49　球压负载装置

5.9.3 试验方法和判定标准

5.9.3.1 试验方法

(1)耐热试验

将 SPD 放入温度为 100 ℃±2 K 的烘箱中保持 1 h。

(2)球压试验

① 将球压负载装置放入烘箱,烘箱的温度设定为标准规定的值;绝缘材料制成的把载流部件和接地电路的部件保持在其位置上必备的外部零件(即支撑载流部件,如插拔式模块用于固定载流部件的外壳、外壳基座等),温度为 125 ℃±2 K;绝缘材料制成的不是把载流部件和接地电路的部件保持在其位置上必备的外部零件(即其他部件),即使这些零件与它们相接触,温度为 70 ℃±2 K。至少预热 3 h。

② 待球压负载装置上的热电偶显示温度达到预设的值后,迅速打开烘箱门,将样品放置在试样支座大致中间的位置,适当固定,确定其上表面是水平的。轻轻地将压力球放在样品大致中间的位置,确保试验期间压力球除了向下移动之外,不会存在其他情况。

③ 样品的放置应在尽可能短的时间内完成,不超过 30 s。烘箱应在 5 min 内恢复到指定的温度(±2 ℃),且过冲不超过 5 ℃。

④ 保持 1 h 后,把压力球从样品上移开,然后把样品浸入冷水中,使其在 10 s 内冷却至环境温度。

⑤ 将样品从冷水中取出,擦干水渍后,用视频显微镜测量压痕直径。

5.9.3.2 判定标准

(1)耐热试验

① 试验过程中,应没有发生可见的损坏。试验后,检查发现的细小的凹痕或裂缝,如不影响防直接接触,则可忽略,除非无法保持 SPD 的防护等级(IP 代码)。试验后,试品上不应有燃烧的痕迹。

② 对防护等级大于或等于 IP20 的 SPD,使用标准试指施加一个 5 N 的力,不应触及带电部件,除 SPD 按正常使用安装后在试验前已可触及的带电部分外。

③ 内部组装的任何密封化合物(包括灌封的),不应移动到对 SPD 的功能造成影响。

④ 即使 SPD 的脱离器断开,也可认为 SPD 已通过试验。

(2)球压试验

压痕直径不应超过 2 mm。

5.9.4 测试要点

(1)陶瓷材料的部件不进行球压试验。

(2)由于一般的产品模块内部没有足够的力反馈给壳体表面,因此,在做球压试验时,应按照 GB/T 5169.21—2017[16] 规定,从样品上切取一定规格的材料试样,不应将整个模块直接放入烘箱进行球压试验。

(3)保护接地导体不作为载流部件考虑,因此支持保护接地导体的绝缘部件试验温度按

70 ℃±2 K 考虑。

(4)压痕直径是能测量出的从压痕的一端清晰边界到另一端清晰边界之间的最大距离，应排除任何向上的形变。如图 5.50 和图 5.51 所示，两张图为同一压痕的不同观测和测量结果。图 5.50 为模糊边界的压痕直径，测得值为 1.86 mm；图 5.51 为清晰边界的压痕直径，测得值为 1.44 mm。显然，图 5.51 为正确的测量方法。

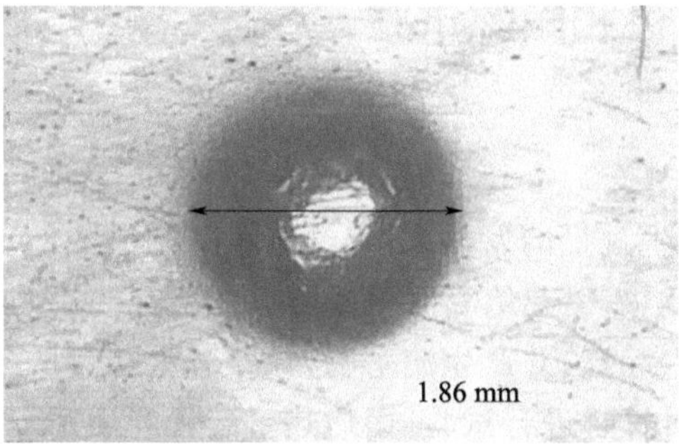

图 5.50　模糊边界压痕直径

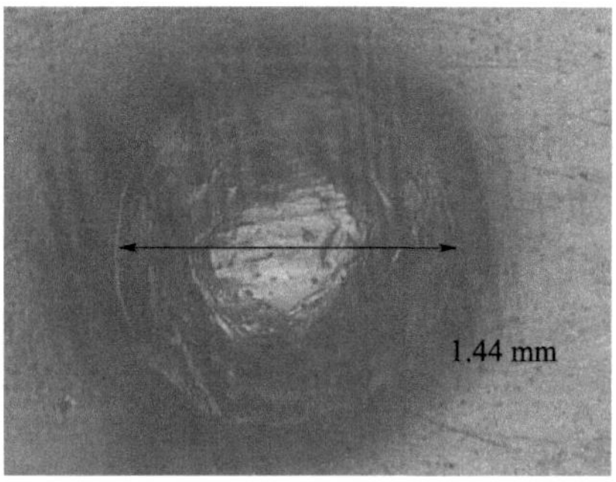

图 5.51　清晰边界压痕直径

(5)为了得到清晰的压痕边界，以便于测量其直径，可在试验后给样品表面涂上对比色(如印泥)，以清晰化压痕边界。

(6)测量压痕直径时，不能简单地用游标卡尺来进行测量，需使用光学测量装置。在实际测量过程中，通过视频拍摄配合测量软件的测量方法较使用普通的读数显微镜更加准确便捷。

(7)烘箱在正常工作时，可能会由于风机的作用，产生一定的横切向风力，因此在放置球压负载装置时，应保证球压装置处于完全平衡状态，保证压痕不会出现过度变形，而影响测量值。

(8)实验室在采购球压负载装置时，可能会忽略负载装置上应附带热电偶及温度显示装置这一要求。这就会导致实验室只能从烘箱内部显示的温度来判断是否放入产品，而不能通过球压负载装置实际显示的温度进行判断，从而影响了试验结果。

5.9.5　标准差异

(1)GB/T 5169.21—2017 标准中规定，支撑载流部件的试验温度不应低于 125 ℃，其他部件的试验温度不应低于 75 ℃。其他部件的试验温度较 GB/T 18802.11—2020 标准有所提高。

(2)GB/T 5169.21—2017 标准中规定，压力球移开后，应在 10 s 内将样品放在(20±5)℃的水中(浸没)，然后将样品保持浸没在水中(6±2)min，最后从水中移出，并去除所有水迹，在 3 min内测定压痕直径。

(3)GB/T 5169.21—2017 标准中规定，试样从成品上切取，厚度至少为 2.5 mm，且上下表面应大致平行。如有必要，只要试验前各面之间不会有明显的移动，可叠加两个或更多部件，以达到这个厚度。如果切取的试样表面不是平行的，则应注意支撑接受压力球作用的试样表面。试样应为边长大于或等于 10 mm 的正方形，或直径大于或等于 10 mm 的圆，厚度为(3.0±0.5)mm。也可以用一块同材质材料作为替代试样。

(4)GB/T 10963.1—2020 标准中，耐热试验的判据增加了“标志仍应清晰可见”。

5.9.6 安全注意事项

烘箱高温运转期间或运转结束后不久，箱内处于高温状态，取出或放入样品时，试验人员应佩戴隔热手套，以免烫伤。

5.10 耐非正常热和耐燃试验

5.10.1 试验目的

SPD 的载流部件在过载或故障条件下，会产生过量的发热，对于绝缘材料制成的部件，在工作中可能受到电气效应产生的正常热和非正常热，引起绝缘恶化或着火危险。或者当 SPD 接触起燃源（无焰，如发热金属件）时，可能会发生起燃，并产生滴落物，导致着火蔓延的情况。因此，该项试验的目的为：在规定条件下对非金属材料进行试验，用灼热丝装置和通用试验程序模拟热源短期内产生热应力的效应，即通过模拟技术对材料耐燃性能和火焰的蔓延特性进行着火危险评定。

5.10.2 试验设备及参数要求

图 5.52 为常见耐非正常热和耐燃试验设备。表 5.22 为耐非正常热和耐燃试验设备及相关标准/规范的参数要求。

表 5.22 耐非正常热和耐燃试验设备及相关标准/规范的参数要求

序号	试验设备名称	适用的标准/规范	参数要求
1	灼热丝试验仪	《电工电子产品着火危险试验 第 10 部分：灼热丝/热丝基本试验方法 灼热丝装置和通用试验方法》(GB/T 5169.10—2017)，《电工电子产品着火危险试验 第 11 部分：灼热丝/热丝基本试验方法 成品的灼热丝可燃性试验方法（GWEPT）》（GB/T 5169.11—2017)	灼热丝：外径为(4.0±0.07)mm(弯曲前)镍/铬(>77%Ni/(20±1)%Cr)丝，对试样施加的力为(0.95±0.10)N，顶端进入并穿透试样的深度为(7.0±0.5)mm，持续时间为(30±1)s，与试样之间提供至少为 5 cm 的距离或者用适当的屏蔽物，防止热辐射[17]，具体尺寸见图 5.53； 试验电源：稳定的电压源(±2%RMS)，电流测量误差最大值误差在 1%内； 热电偶：标称直径为 1.0 mm 的矿物绝缘金属铠装细丝； 铺底层：置于灼热丝施加到试样的作用点下方(200±5)mm 处，由一块厚度不小于 10 mm 的光滑木板及单位面积质量为 12～30 g/m^2 的包装绢纸组成； 试验箱：无通风环境，氧气损耗不会影响试验结果，试样可安装在距离试验箱各表面至少 100 mm 处，容积至少为 0.5 m^3，试验位置处试样受光不超过 20 lx； 计时装置：≤0.2 s 的分辨力； 小车：速度为 10～25 mm/s

图 5.52　常见的耐非正常热和耐燃试验设备

5.10.3　试验方法和判定标准

5.10.3.1　试验方法

(1)试验准备条件

① 样品为低压电源系统的 SPD,样品表面应光滑,无伤痕。若可能,样品应是成品。GB/T 5169.11—2017[18] 标准中规定,样品应至少有一个表面存在某个尺寸(长、宽、高)大于 15 mm,且该表面能完全覆盖 8 mm 的圆。试验不应用于测试小部件,以下部件被视为小部件:每个表面都能被直径为 15 mm 的圆所覆盖;即使存在某个尺寸(长、宽、高)大于 15 mm 的表面,但这些表面却都不能同时覆盖直径为 8 mm 的圆。

② 对于 SPD 中用绝缘材料制成的把载流部件和保护电路的部件保持在位置上必须的外部零件,试验应在 850 ℃±15 K 温度下进行。对于本实验,平面安装式 SPD 的基座可看作是外部零件。对于所有由绝缘材料制成的其他零件,试验应在 650 ℃±10 K 温度下进行。对陶瓷材料制成的部件,不进行本试验。如果绝缘件是由同一种材料制成,则仅对其中一个零件按相应的灼热丝试验温度进行试验。

(2)试验预处理

试验样品、松木板与绢纸,在温度 15～35 ℃,相对湿度 45%～75%的大气环境下放置至少 24 h。

(3)试验步骤

以设备 ZRS－2(图 5.52)为例,来介绍本试验的步骤。试验应在温度 15～35 ℃,相对湿度小于或等于 75%的实验室环境下进行,且试验应在试样从(2)描述的条件下移出的 30 min 内完成。

① 开机:接通仪器的总电源插头,往上推“POWER 电源开关”,并按下电源开关右侧的“照明”按钮打开灯光,预热 30 min。

② 仪器调试:按下仪器的左行按钮,观察小车的左行是否有问题,并调节外侧的活动螺

钉,使灼热丝进入或贯穿试样的深度应限制在(7±0.5)mm。调试完成后,按下复位键,使小车右行到原来的位置。

③ 试验设置:将试样按标准要求装夹在小车上,用螺丝卡紧。装夹试验样品要牢固,不要因灼热丝对试验样品产生的接触压力而移动,从而影响试验结果。将松木板移到灼热丝与试样接触的正下方位置,并在上面铺一层绢纸。试验期间,试品处于其规定使用的最不利的位置(被试部件的表面处于垂直位置)。安装完成后,关闭仪器门。将三个计时器“灼热时间 Ta”“起燃时间 Ti”“火焰熄灭时间 Te”复位,根据要求设定“灼热时间 Ta”为 30 s。按下“加热”按钮,顺时针旋转“电流调节”旋钮。一般灼热丝温度与电流的关系(参考值)大致如表 5.23 所示。

表 5.23 灼热丝温度与电流的一般对应关系

灼热丝温度/℃	550	650	750	850	960
电流/A	60	85	100	115	130

灼热丝可见发红温度为 650 ℃。旋转旋钮,在“加热电流”显示窗口会显示当前的电流值。将电流大致调定后,温度要经过一定的滞后时间(约 2 min)才能达到稳定,此时可进行微调,以得到准确的试验温度。

④ 开始试验:待温度稳定后,按下左行按钮,试验开始。试验中,当试样有火焰时,按下“Ti 暂停”按钮,火焰熄灭时应按下“Te 暂停”按钮,中途如果要停止试验,可按下“复位”按钮,试品架也会自动离开灼热丝。

⑤ 试验结束后,按下“排气扇”按钮,排除燃烧时产生的废气。待废气排净后打开试品门,取下试样,清理试验箱及灼热丝顶端的残留物后关闭仪器门,最后拨下“POWER 电源开关”,拔掉总电源插头。

5.10.3.2 判定标准

(1)没有可见的火焰和持续火光。

(2)或灼热丝移开后,试品上的火焰和火光在 30 s 内自行熄灭。

(3)不应点燃薄棉纸或烧焦松木板。

试验样品如果符合上述判定条件,则认为通过了灼热丝试验(满足(1)和(2)两个条件中任意一条即可,但薄棉纸或松木板则要求在任何时候都不应被点燃或烧焦)。

5.10.4 测试要点

(1)灼热丝尺寸校验

① 灼热丝试验时,需要通过测量和记录图 5.53 中的细节图所示的尺寸“*A*”,来检查灼热丝顶部,需要与上一次试验前的数据相比较,如果尺寸减少到最初读数的 97.5%时,需要更换灼热丝。

② 由于测试的样品为非金属材料,测试过程中,灼热丝和材料虽有接触,但对灼热丝本身不造成损伤,即直径不会减小。只是在测试后,都必须清理灼热丝端部,在清洁的过程中,使用的钢刷会对灼热丝造成一定的磨损。

(2)银箔校验

① 为了保证灼热丝试验温度的准确性，灼热丝和热电偶初装后要进行灼热丝温度校准，使用中也应该定期进行校准。

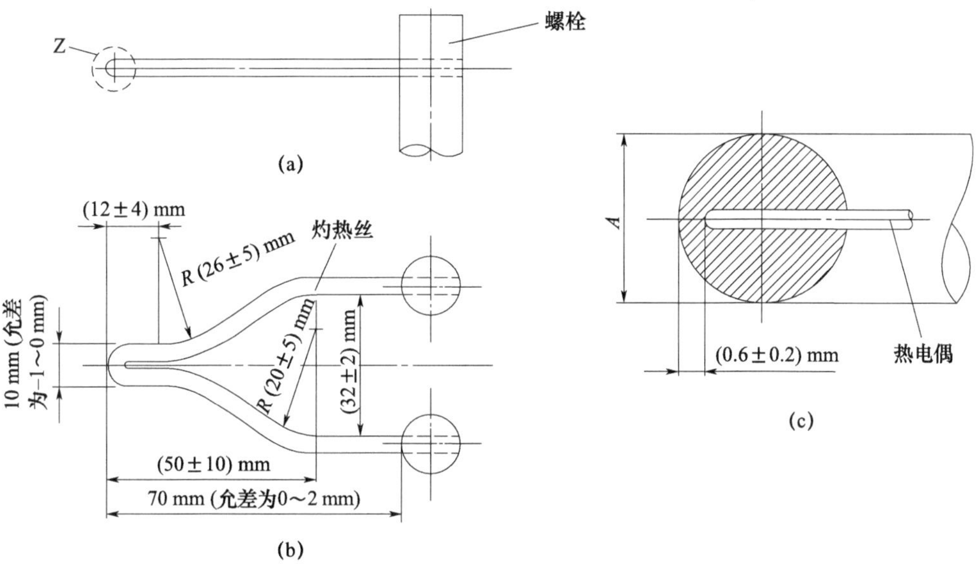

图 5.53　灼热丝尺寸示意图

(a)立视图；(b)俯视图；(c)Z 处细节图

② 温度的单点确认通常是将一件纯度为 99.8%、面积约为 2 mm^2 和厚度约 0.06 mm 的银箔，放置在灼热丝顶部上表面来完成的。将灼热丝以适合的低加热速率进行加热，当银箔开始熔化时，温度表应显示(960±15)℃。银箔的熔化精度和温度表的不确定度要给予考虑。单点温度的确认对试验的结果将产生很重要的影响。在校准的过程中，需要慢慢升高灼热丝温度，并且每一次微量升高电流后，应该使灼热丝的温度有足够时间稳定。960 ℃达到时，银箔的熔化是瞬间完成的，应仔细观察，建议在温度达到 940 ℃时采用报数法，准确记录银箔为熔化的时间。确认程序完成之后，应在灼热丝余热时立即清除所有银残余物，以减少熔成合金的可能性。

(3)灼热丝的温度及其加热电流

将灼热丝加热到规定的温度，并用校准过的温度测量系统进行测量。试验开始前应注意确保这一温度和加热电流至少恒定 60 s，灼热丝温度变化不超过 5 K。在整个试验完成之前，不要再调整加热电流或电压。如果在调节加热电流温升时，灼热丝刚刚达到试验温度就开始与样品接触，容易导致温度过冲高于规定的试验温度，有可能使合格的样品被误判为不合格。

(4)试验记录

① 在试验中要观察并记录如下几个点的数据：样品起燃时间，火焰熄灭时间。时间记录均修约至 0.5 s。在火焰观察时需要注意：如果灼热丝离开后有样品残余在灼热丝上，这部分样品的余焰不作为结果判定的依据。

② 由于火焰变化和时间显示都很短，而观察和准确记录这些点又是试验过程中的重要环

节，提高人员的操作熟练程度则十分必要。如果有条件，建议试验时采用摄像机记录，放置灼热丝水平的方向进行拍摄，记录的数据可以用影像重复进行对比，从而提高观察的准确性。

(5)“起燃”和“有焰燃烧”观察导则

① 在试样上直接发现非常明亮的火焰(图 5.54)，应判定为起燃的明确迹象。有些材料出现的是无色透明的火焰，而不是非常明亮的火焰。

② 有时，在灼热丝顶部会发现电晕(图 5.55)。该电晕由离子化气体组成，呈明显的蓝色，一般出现在临近灼热丝的地方。如果只出现这种现象，而没有引起类似①一样的起燃，这种现象则不应判定为试样起燃。

③ 有时沿灼热丝可见离子化气体(图 5.56)。如果试验没有出现类似①一样的起燃，这种现象也不判定为试样起燃。

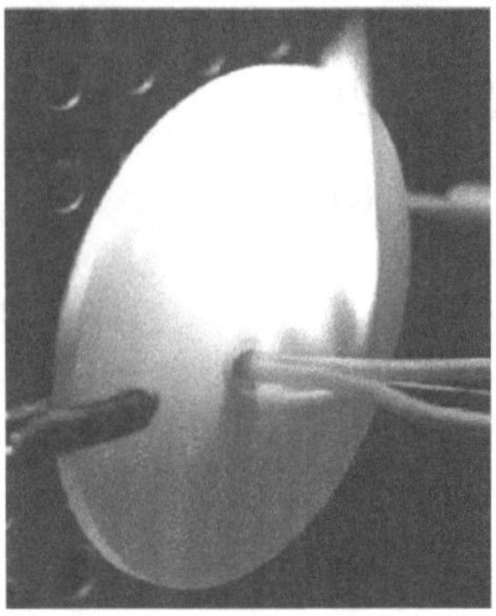

图 5.54 非常明亮的火焰的示例

图 5.55 蓝晕在灼热丝顶部的示例

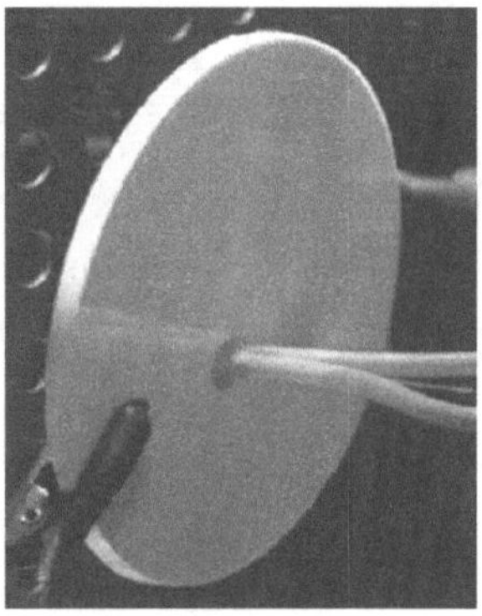

图 5.56 蓝晕在灼热丝周围的示例

5.10.5 安全注意事项

(1)灼热丝试验是一个燃烧试验，其过程中有可能产生爆炸、燃烧或火灾的危险，也会释放出烟或有毒物质，为避免对操作者带来的伤害，应采取一定的防护措施，如为设备加装通风橱、配备灭火毯等。

(2)灼热丝不宜在高温下长期工作，以免缩短热电偶的使用寿命，每次使用后应及时将电流减小，并切断电源。

(3)如遇试样上的火焰持续燃烧超过 30 s，且判定没有自行熄灭的趋势时，应及时停止试验，用灭火毯熄灭火焰，关闭试品门，打开排气扇。防止持续燃烧的火焰烧损设备的零部件(例如烧断用于固定砝码的线)。

5.11 耐电痕化

5.11.1 试验目的

当绝缘材料表面存在潮湿、污秽，电场足够大时，表面将有漏电流产生。在电流的焦耳热作用下，水分被蒸发，材料表面液膜分离瞬间，液膜间场强达到放电场强而导致放电，放电产生的热量使材料表面局部炭化。由于炭化生成物的导电率高，此处的电场密度集中于该炭化部分，引起放电的重复发生，在其周围产生更多的炭化物，形成炭化导电路，并向电极方向伸展，最终导致短路。

耐电痕化试验是检验绝缘材料抗腐蚀性能的重要方法，是判定材料能否在恶劣环境下应用的重要依据，正确测量出绝缘材料的相比电痕化指数（CTI）和耐电痕化指数（PTI）尤为重要。

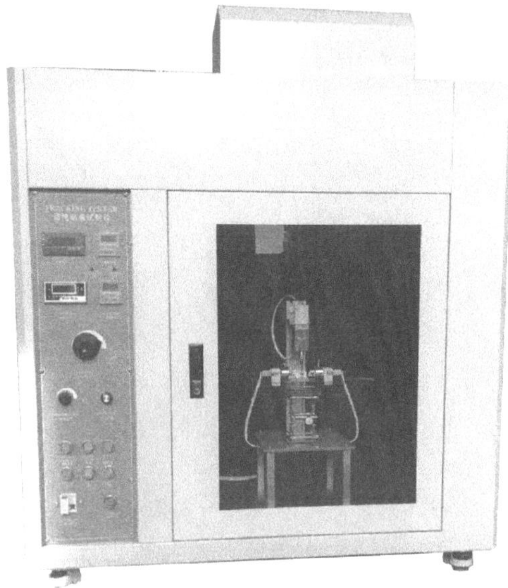

图 5.57　常见耐电痕化试验设备

5.11.2　试验设备及参数要求

图 5.57 为常见耐电痕化试验设备。图 5.58 为耐电痕化试验设备示意图。图 5.59 为常见的电导率测试仪。表 5.24 为耐电痕化试验设备及相关标准/规范的参数要求。

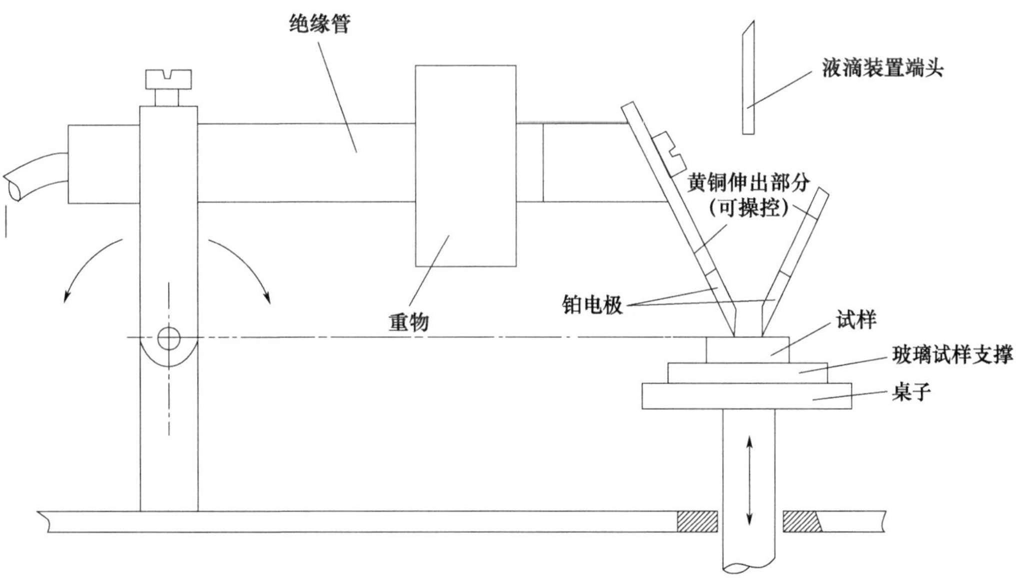

图 5.58　耐电痕化试验设备示意图

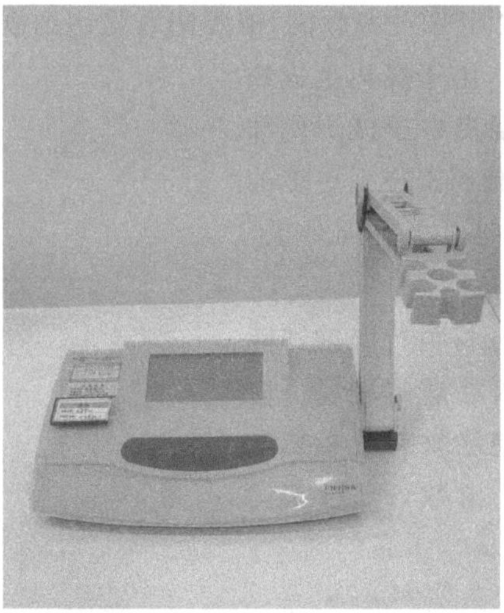

图 5.59　常见的电导率测试仪

表 5.24　耐电痕化试验设备及相关标准/规范的参数要求

序号	试验设备名称	适用的标准/规范	参数要求
1	耐电痕化试验设备	《固体绝缘材料耐电痕化指数和相比电痕化指数的测定方法》(GB/T 4207—2022)	电极:应使用最小纯度为99%的金属铂,两电极应有一矩形横截面(5.0±0.1)mm×(2.0±0.1)mm,有一30°±2°斜面,两电极面垂直相对,电极之间呈60°±5°角,电极间相距应为(4.0±0.1)mm,每个电极施加于试样表面的力应为(1.00±0.05)N; 试验电路:正弦波电压应在100~600 V变化,频率为48~62 Hz,电压装置最大误差为1.5%,电源功率应不小于0.6 kV·A,两电极间短路电流应能在(1.0±0.1)A,且在此电流下电压下降不应超过10%,短路电流最大误差为±3%; 滴液装置:试验溶液应以时间间隔(30±5)s,滴液高度为(35±5)mm,两滴之间的目标时间应为30 s; 试样支撑台:一块或若干块尺寸合适的玻璃板,总厚度不小于4 mm
2	电子天平	《固体绝缘材料耐电痕化指数和相比电痕化指数的测定方法》(GB/T 4207—2022)	重量:0~500 g,精度0.01 g
3	电导率仪	《固体绝缘材料耐电痕化指数和相比电痕化指数的测定方法》(GB/T 4207—2022)	电导率:0.00~100.0 mS/cm,误差±1%; 温度:0~99.9 ℃,误差±0.4 ℃

5.11.3　试验方法和判定标准

5.11.3.1　试验预处理

试验样品,在温度(23±2)℃、相对湿度(50±10)%下保持至少24 h。应在取出的30 min

内开始测试。

5.11.3.2　试验准备

(1)试验样品的尺寸和形状:试样表面应平整、光滑、无划痕,表面面积应使得试验时液体不会从试样边缘流出,其尺寸不小于 20 mm×20 mm,试样厚度应为 3 mm 或更厚,每一材料试样可重叠,以获得所要求至少 3 mm 的厚度。

(2)使用去离子水、氯化铵粉末、电导率测试仪和电子天平配置试验溶液 A:质量分数约 0.1%,纯度不小于 99.8%的分析纯无水氯化铵(NH_4Cl)试剂溶解于去离子水中,其溶液的电阻率在(23±1)℃时为(3.95±0.05)Ω·m,在 25 ℃时为(3.75±0.05)Ω·m,在 20 ℃时为(4.25±0.05)Ω·m。

(3)电极和滴液装置调节:调整 X 轴移动台和 Y 轴移动台,将玻璃放在升降载物台上面,再将试样放在玻璃上,调整升降载物台使两支电极臂呈现水平直线,使每支电极臂压着试样的力为(1.00±0.05)N,两支电极间和间距为(4.0±0.1)mm,调整滴液机构后方的两个旋钮,可上下移动滴液机构,使注射器针头下方距试样上表面为(35±5)mm。

(4)漏电起痕滴液调节:将适量去离子水倒入滴液杯中,按住面板上的"排液"按钮,排出针管中的空气。在滴液杯中倒入配置好的溶液,按下"滴液"按钮,观察是否有液滴未滴落,或同时滴落一滴以上。待液滴正常滴落后,开始试验。

(5)短路调试:调节好所需试验电压值,然后旋转电流调节旋钮,按下"电极短路"按钮,使其短路电流为(1.0±0.1)A,在此电流下,电压表上指示的电压下降应不超过 10%,短路电流值的测量装置最大误差为±3%。

5.11.3.3　试验方法

(1)开机:接通仪器的总电源插头,将电源开关打开,并将电源开关左侧的"照明"开关按钮按下,打开灯光,预热 3 min。

(2)耐电痕化电压的值取决于测得的爬电距离值和相对应的材料组类别,如果对应的材料组类别不合格,则降低一个类别继续试验,直至最低类别材料组。例如,一个产品的 U_c 为 385 V,测得的最小爬电距离为 3.0 mm,根据表 5.19 SPD 的爬电距离,满足材料组类别为Ⅱ类及以上,则耐电痕化电压值选择 400 V,滴液数量为 50 滴,如果该档位试验无法通过,则相应的爬电距离也判定为不合格,继续做下一档位试验(175 V,50 滴)。

(3)旋转电压调节旋钮,调节相应的试验电压量程。

(4)将标准溶液倒入滴液杯中,按下"排液"按钮,排出一定的溶液,使滴液管中的空气排尽。

(5)设定滴液时间间隔(30±5)s,次数为 51 滴。

(6)关上试验箱门,按下"电压"按钮,转动"电压调节"旋钮,使电压达到试验值。按下"滴液"按钮,试验开始。若要停止试验,再次按下"滴液"按钮或切断电源。

(7)试验结束后,排清滴液杯和滴液管内的溶液,然后换上蒸馏水连续排液,对电磁阀进行清洗,减小溶液对电磁阀的腐蚀。

(8)关闭电源开关左侧的"照明"按钮并关闭电源,最后拔掉仪器的总电源插头。

5.11.3.4　判定标准

(1)试验过程中未发生过电流装置动作或持续燃烧现象[19]。

(2)第 50 滴落下后至少经过 25 s 无第(1)条的情况发生。

5.11.4 测试要点

(1)试样的表面应清洁,没有灰尘、脏物、指印、油脂、油、脱模剂或其他有可能影响试验结果的污染物。在清洁试样时,应注意避免引起材料的溶胀、软化、实质性擦伤或其他损伤。试样表面的污染物当中,最为常见的是灰尘和指印。灰尘可直接用蒸馏水清除,指印主要的成分是水、无机盐、脂肪类油脂,具有不易发觉、容易影响试验结果的特点,可采用 20%左右浓度的酒精溶液清洗,然后再用蒸馏水或者去离子水冲洗,这样基本上可以简单方便地清除试样表面的污染物,且不会影响到试验的结果。

(2)试样厚度不得小于 3 mm。因为通常情况下,试样下的垫块是玻璃或钢板,由于试验时电离的氯化铵溶液会产生大量的热量,在试样必须耐受热量的情况下,如果试样过薄,则试样上的热量就会很快传递掉,起不到试样耐受电离氯化铵溶液的作用。因此,在试验时应保证试样厚度不小于 3 mm,或者采用同材质试样叠加的方式,使试样厚度不小于 3 mm,同时叠加的试样尺寸应尽可能一致。

(3)分析纯(用字母 AR 表示)无水氯化铵的纯度为不小于 99.5%,一般使用优级纯(用字母 GR 表示)才能达到不小于 99.8%的纯度。溶剂在未开封的情况下,一般保存期为 5 a。如果已经开封,则需要密封保存,且保质期缩短为 2 a。如果试验使用的溶剂已经结块,则试验前应在烘箱中烘干,防止溶剂中的水分影响最终溶液的配制。

(4)蒸馏水和去离子水的电导率都很小,说明其中杂质含量很少。当其电导率小到一定程度时,可以忽略它们所含杂质对溶液的影响。如果其电导率过大,则杂质相对含量就多,对溶液中 NH_4Cl 的电解有显著影响,从而影响试验结果。

(5)溶液的电阻率是影响耐电痕化试验结果的重要影响因素,应根据溶液电阻率的要求进行配置,质量分数只是一个参考依据。溶液最好是现配现用,不宜存放过久,例如长期存放在漏电起痕设备中的溶液,会出现底部溶液电阻率下降的情况。如要存放,应尽量密封存放在阴凉处,再次使用时测量其电阻率是否符合标准要求。

(6)温度对电解液的电导率值的影响是十分显著的。特定浓度的电解液的电导率值随着温度的变化而变化。当温度升高时,电解液的导电性增强,电阻值下降,电导率值升高。标准规定了试验溶液的电导率值必须在(23±1)℃的温度下进行测定,电解液在测量前应该在环境温度为(23±1)℃的室内放置足够长的时间,使溶液的温度均匀。在测量电解液的电导率时,使用温度计或带温度传感的电导率仪,从而将被测电解液的温度控制在标准规定的(23±1)℃。

(7)当两个电极没有垂直于试样的表面,即电极没有很好地和试样表面接触时,会严重影响试验结果。另外,在进行多次试验以及试样燃烧后,铂电极的表面会有炭化熔融的情况出现,如果继续使用该电极进行试验,炭化物就会在电极和试样之间形成隔层,影响电极和试样的接触。因此,为了试验结果更真实,每次试验完毕后要留意观察电极的情况,必要时用标号 400 的细砂纸打磨电极,打磨时应小心操作,力度不要太大,不能改变电极的轮廓,不能使电极刃口变成圆柱面,否则也会出现电极与试样接触不完全的情况。打磨完成后,再用去离子水或蒸馏水冲洗电极。

(8)每种试验电压单独设定短路电流。对于不同的试验电压,如果只设定一次短路电流,例如，试验电压为 200 V，短路电流设为 1 A，再将试验电压升高到 300 V 时，然后验证短路电流，可能发现电流超过 1 A。如果将试验电压降低到 150 V 时，验证短路电流，可能会发现电流不到 1 A。因此，为保证试验符合标准的要求，每调整一次试验电压，均应再次调整短路电流。

(9)每进行一次试验后，无论试验成功与否，都会有溶液飞溅到试验装置里，可能还有试样燃烧后产生的灰烬飘散在电极托臂上，这些因素可能会在下次试验进行过程中掉落到试样上，从而影响试验结果。因此，每次试验完成后都应该清洗电极及承载装置。可以使用不含腐蚀性物质的清洁剂，也可以用酒精等进行清洗。清洗后，应用去离子水或蒸馏水冲洗。同时，还应清洗滴液装置。

(10)如果爬电距离大于或等于表 5.19 规定值的 2 倍，或者绝缘材料是由陶瓷、云母或类似材料制成的，则不需进行试验。

(11)如果在同一试样上做多次试验，则试验点之间要有足够的间隔，使试验点上飞溅出的污物不污染其他的被试表面。

(12)试验时，可能会遇到电解液或污染物积聚在试样表面上的凹坑或缺陷处，导致过电流继电器的动作，而不是漏电起痕所引起的，在这种情况下必须重做试验。

5.11.5　定义解析

(1)耐电痕化指数：5 个试样经受 50 滴液滴期间，未电痕化失效和不发生持续燃烧所对应的耐电压数值，如 PTI175。

(2)相比电痕化指数：5 个试样经受 50 滴液滴期间，未电痕化失效和不发生持续燃烧时的最大电压值，还包括 100 滴试验时关于材料性能叙述，表示如 CTI250 或 CTI250(200)。

5.11.6　标准差异

(1)《家用和类似用途电器的安全 第 1 部分：通用要求》(GB 4706.1—2005)中提到，在未知材料组 CTI 值时，将规定的电压按其适用性分为 100 V、175 V、400 V 或 600 V。如果材料经受住了比规定电压值少 25 V，滴数增加到 100 滴的试验，则认为材料具有规定的 PTI 值，但应在报告中对此进行说明。即可以简化试验步骤(2)，如只需做 375 V、100 滴试验，若通过即可认为材料通过了 PTI400。

(2)GB 18802.1—2011 中规定使用 175 V 的电压对试品进行耐电痕化试验，而 GB/T 18802.11—2020 中是根据爬电距离的值选择相应的电压档位进行耐电痕化试验。

(3)GB/T 4207—2022 中，将去离子水的定义做了修改。GB/T 4207—2012 中只要求去离子水的电导率不超过 1 mS/m，新版则定义为符合 ISO 3696(即《分析实验室用水规格和试验方法》(GB/T 6682—2008))中的 3 级标准，或同等品质分析性的实验室用水。3 级标准的实验室用水的 pH 值范围(25 ℃)为 5.0～7.5，电导率(25 ℃)为不小于 0.50 mS/m，蒸发残渣含量((105±2)℃)为不小于 2.0 mg/L，可氧化物质含量(以 O 计)为不小于 0.4 mg/L。

(4)GB/T 4207—2022 中对环境条件作了修改，将 GB/T 4207—2012 中规定的(23±5)℃修改为(23±2)℃，同时规定应在试样从条件处理室中取出的 30 min 内开始测试。

(5)GB/T 4207—2022 中更改了溶液 B 的描述，将溶液 B 改为推荐使用溶液 C，增加了溶液 C 的成分和配比要求、电阻率要求和表面张力要求。

5.11.7 安全注意事项

(1)试验过程中禁止开启试品门接触电极，以免发生试品门保护失效而引起人员触电。

(2)氯化铵是一种强电解质，对黑色金属和其他金属有腐蚀性，特别对铜腐蚀性更大，对生铁无腐蚀性。对皮肤、黏膜有刺激性。受高温分解产生有毒的腐蚀性烟气，因此要做好安全防护措施，及时将有害或有毒的气体排出试验箱体，并进行废气处理。

(3)试验人员在配制溶液时，应佩戴护目镜、口罩和医用塑胶手套等防护用具。

5.12 确定限制电压

5.12.1 试验目的

SPD 的主要功能为泄放大电流、箝位过电压。其中，电压保护水平为 SPD 的一项重要参数，如果电压保护水平 U_p 选取得过高，会导致无法保护后级的电子设备，而 U_p 值与 SPD 的启动电压呈正相关，如果选取得过低，将导致 SPD 正常工作时可能会出现因工频电压过高而频繁启动的现象，使得线路上的漏电流过高，并加速 SPD 的老化过程。另外，SPD 通流容量选取过低也会造成 SPD 无法泄放大电流，而出现损坏。因此，该项试验的目的为：考量 SPD 在规定波形和幅值的冲击下，能耐受波形冲击的能量而不出现产品击穿、闪络或外壳损坏的现象，同时出现的最大残压峰值是否在制造商声明的电压保护水平范围内。

5.12.2 试验设备及参数要求

表 5.25 为确定限制电压试验设备及相关标准/规范的参数要求。图 5.60 为常见的冲击电流发生器，图 5.61 为常见的冲击电压发生器，图 5.62 为常见的复合波发生器及动作负载电源。

表 5.25 确定限制电压试验设备及相关标准/规范的参数要求

序号	试验设备名称	适用的标准/规范	参数要求
1	冲击电流发生器	《低压电涌保护器(SPD) 第 11 部分：低压电源系统的电涌保护器 性能要求和试验方法》(GB/T 18802.11—2020)	10/350 μs：I_{imp} 允差 ±10%，电荷量 Q 允差 −10%～+20%，比能量允差 −10%～+45%；8/20 μs：峰值允差 ±10%，波前时间允差 ±10%，半峰值时间允差 ±10%，过冲或振荡幅值不大于峰值的 5%，反峰电流值不大于峰值的 30%
2	冲击电压发生器	《低压电涌保护器(SPD) 第 11 部分：低压电源系统的电涌保护器 性能要求和试验方法》(GB/T 18802.11—2020)	1.2/50 μs：峰值允差 ±5%，波前时间允差 ±30%，半峰值时间允差 ±20%，冲击电压峰值的 0～80% 的上升部分的振幅不大于峰值的 3%，发生器短路电流小于 20%I_n

续表

序号	试验设备名称	适用的标准/规范	参数要求
3	复合波发生器（带去耦网络）	《低压电涌保护器(SPD) 第 11 部分:低压电源系统的电涌保护器 性能要求和试验方法》(GB/T 18802.11—2020)	1.2/50 μs:峰值允差 20 kV±5%,波前时间允差±30%,半峰值时间允差±20%,冲击电压峰值的 0～80%的上升部分的振幅不大于峰值的 3%,发生器短路电流小于 20% I_n;8/20 μs:峰值允差 10 kA±10%,波前时间允差±10%,半峰值时间允差±10%,过冲或振荡幅值不大于峰值的 5%,反峰电流值不大于峰值的 30%,虚拟阻抗为 2 Ω
4	测量系统（示波器、罗氏线圈、分压器等）	《低压电涌保护器(SPD) 第 11 部分:低压电源系统的电涌保护器 性能要求和试验方法》(GB/T 18802.11—2020)	电流:精度为±3%; 电压:精度为±3%; 带宽至少为 25 MHz,过冲小于 3%
5	标准试指	《外壳防护等级(IP 代码)》(GB/T 4208—2017)	铰接试指:直径 12 mm,长 80 mm; 球形试具:直径 12.5 mm
6	电气指示器	《外壳防护等级(IP 代码)》(GB/T 4208—2017)	电压:AC 40～50 V
7	推拉力计	《外壳防护等级(IP 代码)》(GB/T 4208—2017)	推力:量程 50 N,分度值 0.25 N

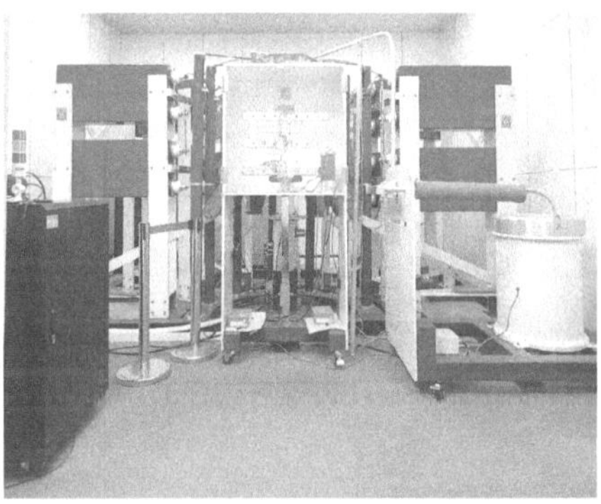

图 5.60　冲击电流发生器

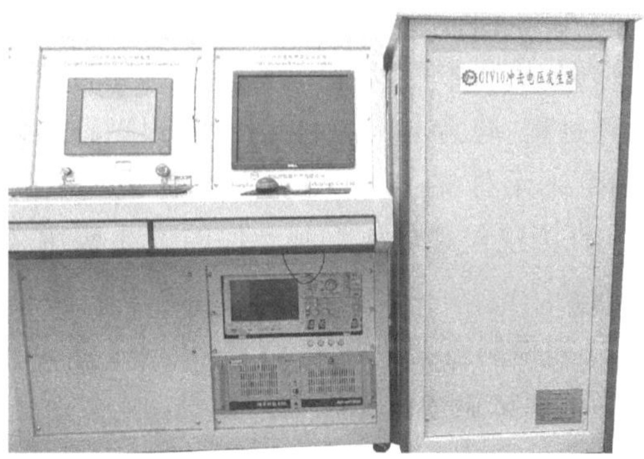

图 5.61　冲击电压发生器

5.12.3 试验方法和判定标准

5.12.3.1 试验方法

所有一端口的 SPD 应不通电试验。

所有二端口的 SPD 在用 8/20 μs 冲击电流测量残压及用复合波测量限制电压时,应通电试验,其电源电压在 U_c时的标称电流至少为 5 A。在电压正弦波的 90°±5°处施加正极性脉冲,在 270°±5°处施加负极性脉冲。

图 5.62　复合波发生器及动作负载电源

对于具有端子的一端口 SPD,进行试验时不带外接脱离器,在端子上测量限制电压。对于具有连接导线的一端口 SPD，用 150 mm 长度的外接导线测量限制电压。对于二端口 SPD 和具有负载接线端子分开的一端口 SPD，在 SPD 的输出/负载端口或负载接线端子测量确定限制电压，在输入/线端口或端子测量确定 U_{max}的电压。

（1）用 8/20 μs 冲击电流测量残压

① SPD 两端通过导线或接线柱连接至冲击电流发生器的高低压端，分压器的高低压端分别连接对应 SPD 的高低压端（一端口）。对于二端口 SPD 和具有负载接线端子分开的一端口 SPD，将分压器的高低压端连接至 SPD 的输出/负载端口或负载接线端子。图 5.63为产品连接示意图。

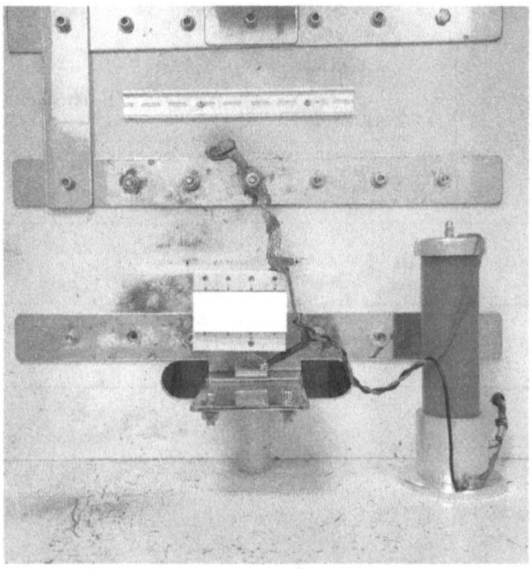

图 5.63　产品连接示意图

② 设置冲击电流发生器的充电电压，使得预期 8/20 μs冲击电流幅值接近 0.1I_{imp}、0.2I_{imp}、0.5I_{imp}、1.0I_{imp}（当测试Ⅰ类 SPD 时），0.1I_n、0.2I_n、0.5I_n、1.0I_n（当测试Ⅱ类 SPD 时）。如果 SPD 仅包含电压限制元件，对Ⅰ类 SPD 仅在 I_{imp}峰值下进行，对Ⅱ类 SPD 仅在 I_n峰值下进行。分别对 SPD 施加一个正极性和一个负极性的序列，每次冲击的间隔时间应足以使试品冷却到环境温度。通过示波器及分压器测量 SPD 两端的残压，图 5.64a 为包含电压开关元件的试品残压波形图，从图中可以看出，电压在起始位置有个明显的下降过程，即为电压开关元件的箝位特性，之后由于电压限制元件的作用，电压呈缓慢下降趋势[20]。图 5.64b为仅包含电压限制元件的试品残压波形图，电压波形为典型的氧化锌压敏电阻的残压曲线。

③ 如果制造商声明 I_{max}，对 SPD 应施加一次额外的峰值为 I_{max}的 8/20 μs 冲击电流，电流极性为前面试验中残压较大的极性。

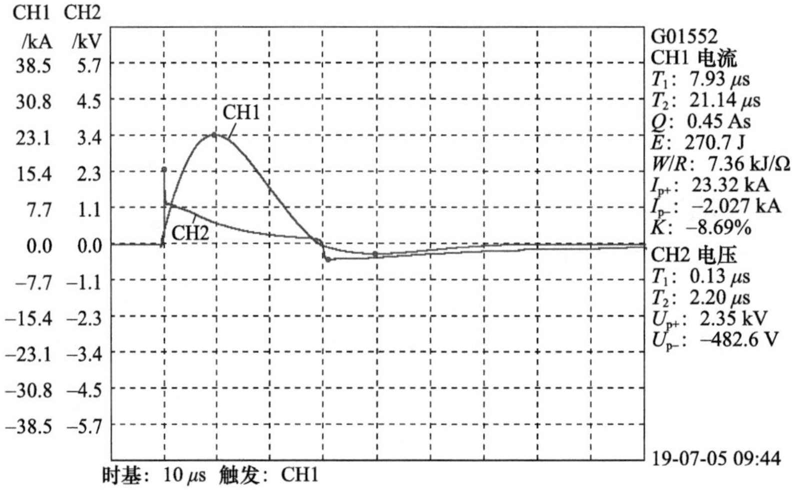

(a)

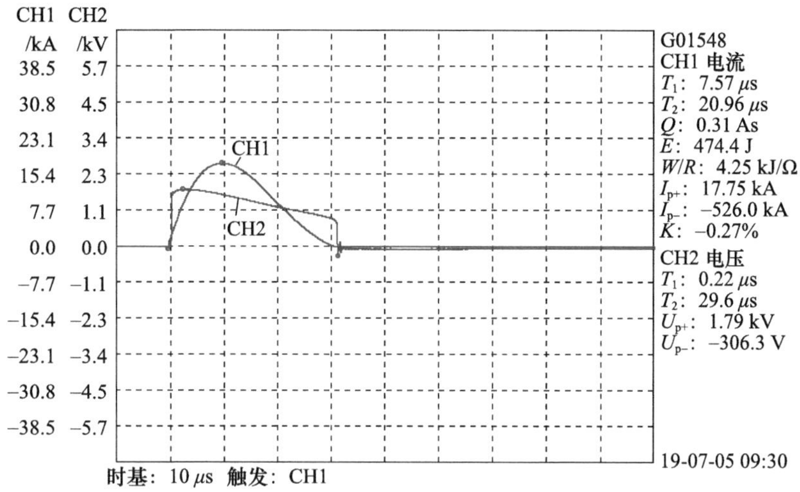

(b)

图 5.64 试品残压波形图

(a)包含电压开关元件;(b)仅包含电压限制元件

④ 将冲击电压和冲击电流峰值(绝对值)依次记录,并通过软件绘制成电流与残压的一元二次拟合关系图(如仅包含电压限制元件时,由于试验数据只有 3 个,甚至厂家未声称 I_{max} 参数的话,就只有 2 个试验数据,拟合出的曲线会产生严重的偏离。当计算出的值与实际值严重不符时,可以将(0,0)点也加入拟合数据中,即电流为 0 时,电压为 0。这时拟合出的曲线会较为准确),根据拟合公式得出直到 I_{imp}(Ⅰ类)、I_n(Ⅱ类)电流下的电压值。图 5.65a 为包含电压开关元件的产品 8/20 μs 残压曲线拟合图。采用一元二次方程式进行拟合,将 $x=I_n$ 代入方程式后得出最终的残压值。图 5.65b 为仅含电压限制元件的产品 8/20 μs 残压曲线图(未标注 I_{max})。具体的试验数据为:18.52 kA 下的残压值为 1.79 kV,−18.82 kA 下的残压值为 −1.78 kV。若不添加(0,0)点,则拟合出的线性曲线为负斜率,这与最终计算出的限制电压值不相符[21]。

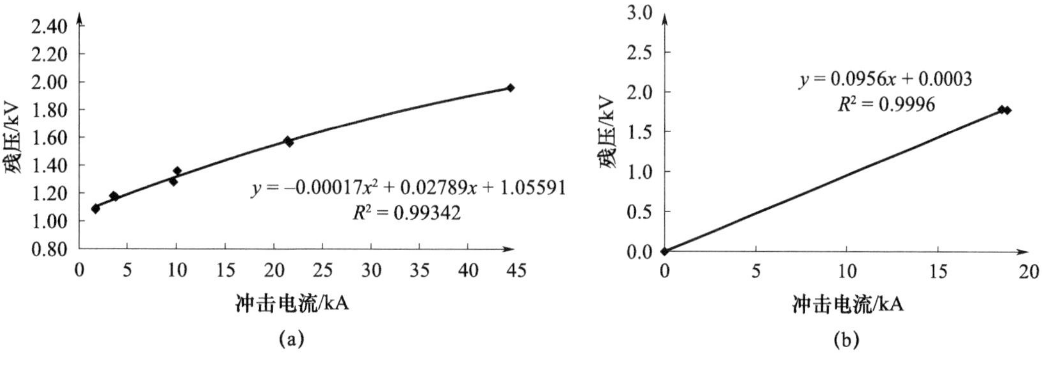

图 5.65 8/20 μs 残压曲线图

(a)包含电压开关元件的产品 8/20 μs 残压曲线拟合图;

(b)仅含电压限制元件的产品 8/20 μs 残压曲线图(未标注 I_{max})

⑤ U_{max}的值是电涌电流 I_n、I_{max}或 I_{imp}下相应的最大残压，其取决于 SPD 的试验类别（U_{max}称为确定电气间隙电压，这个电压是根据电压保护水平试验中得到的最大电压值确定的。该参数为间接试验参数，不做直接判定，但会间接影响电气间隙试验的判定值）。

（2）测量波前放电电压

① 当 SPD 包含开关（短路）元件时，冷却后将 SPD 两端连接至 1.2/50 μs 冲击电压发生器的高低压端，分压器的高低压端分别连接对应 SPD 的高低压端（一端口）。对于二端口 SPD 和具有负载接线端子分开的一端口 SPD，将分压器的高低压端连接至 SPD 的输出/负载端口或负载接线端子。

② 设置发生器开路输出电压为 6 kV（由于发生器存在输出效率问题，实际输出电压可能低于 6 kV，因此在设置输出电压时应考虑设备校准后的输出效率系数，保证实际输出的开路电压为 6 kV±3%）。

③ 对 SPD 施加 10 次冲击，正负极性各 5 次。每次冲击的间隔时间应足以使试品冷却到环境温度。

④ 如果施加的 10 次冲击中的任意一次没有观察到在波前放电，应把发生器的开路输出电压设定为 10 kV，重复第③步的试验。

⑤ 用示波器和分压器测量 SPD 两端的波前放电电压值，取 10 次电压值中的最大值，如图 5.66所示。

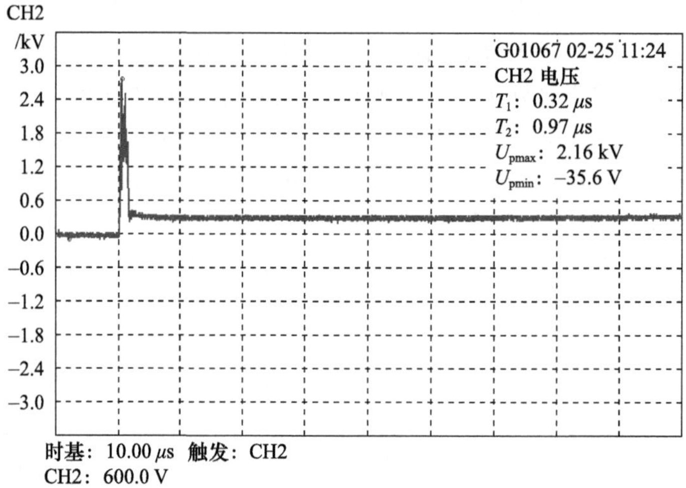

图 5.66 波前放电电压波形图

（3）用复合波测量限制电压

① 当测试Ⅲ类 SPD 时，将 SPD 输入两端通过导线或接线柱连接至复合波发生器的高低压端，分压器的高低压端分别连接对应 SPD 输出端的高低压端。如 SPD 为二端口或具有负载接线端子分开的一端口，则同时将带有去耦网络的交流电源接入 SPD 的输入两端，电源电压为 U_c。

② 设置复合波发生器的充电电压，使得预期 1.2/50 μs 开路电压幅值接近为 $0.1U_{oc}$、$0.2U_{oc}$、$0.5U_{oc}$、$1.0U_{oc}$，每种幅值对 SPD 施加 4 次冲击，正负极性各 2 次，如果 SPD 仅包含电

压限制元件，仅需要在 U_{oc}下进行。每次冲击时，用示波器和分压器测量从发生器流入 SPD 的电流和 SPD 输出端口的电压。在整个试验中记录的最大电压用于确定限制电压和 U_{max}，如图 5.67 和图 5.68 所示。图 5.67 中，输入端只有前级的放电管启动，因此残压较高，为 294 V。图 5.68 中，输出端由于有后端的非线性元件保护，因此残压较低，只有 21 V。测试产品的 U_c 为 40 V。

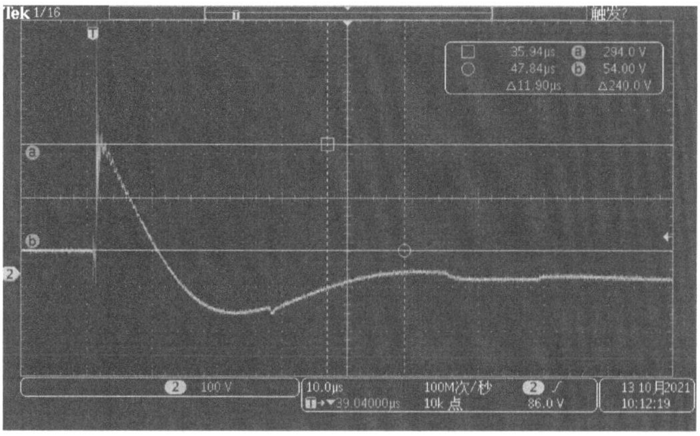

图 5.67　输入端 U_{max}波形图

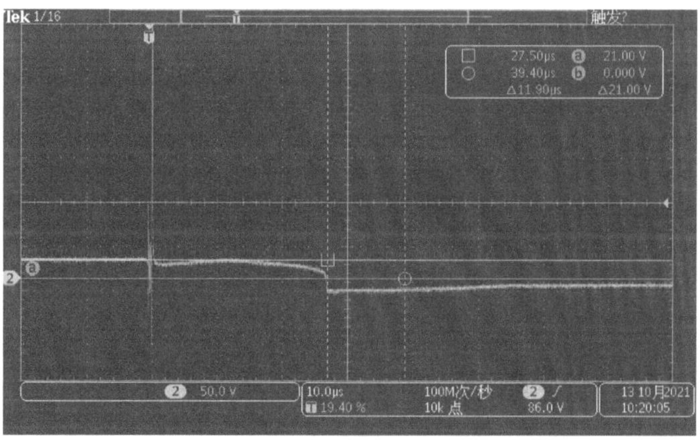

图 5.68　输出端波形图

上述试验完成后，如 SPD 外壳防护等级大于或等于 IP20，应使用标准试指、电气指示器和推拉力计，施加一个 5 N 的力检查 SPD 的每个带电部件。

5.12.3.2　判定标准

(1)对仅含有电压限制元件的Ⅰ类和Ⅱ类 SPD，将上节(1)第④步得出的电压值与制造商声称的 U_p值比较，如小于 U_p值，则限制电压判定项合格。对含有电压开关元件的Ⅰ类和Ⅱ类 SPD，比较(1)第④步和(2)第⑤步的电压值，取较大值即为最终该 SPD 的限制电压值。该值与制造商声称的 U_p值比较，如小于 U_p值，则限制电压判定项合格。

(2)对Ⅲ类 SPD，将(3)第②步得出的限制电压值与制造商声称的 U_p值比较，如小于 U_p值，则限制电压判定项合格。

(3)电压及电流波形图及目测检查应没有击穿或闪络的迹象。

(4)试验过程中,应没有发生可见的损坏。试验后,检查发现的细小的凹痕或裂缝,如不影响防直接接触,则可以忽略,除非无法保持 SPD 的防护等级(IP 代码)。试验后,试品上不应有燃烧的痕迹。

(5)标准试指不应触及带电部件,除 SPD 按正常使用安装后在试验前已可触及的带电部分外。

(6)不应有对人员或设备产生的爆炸或其他危险。

5.12.4 测试要点

5.12.4.1 接线方法

(1)SPD 的接线尽量采用凯文接法,冲击进线与残压输出线尽量分开,或者残压接线点尽可能靠近 SPD 的最后一个接线柱,如图 5.69a 所示。由于试品的接地点与测量装置的接地点很难做到一点接地,SPD 低压端如果连接线过长,会与测量装置接地点处构成一地回路,导致测得的残压值偏高。因此,SPD 低压端应尽量使用短的接线柱代替导线。表 5.26 为低压端连线长度与残压值的关系。当 SPD 高压端连接线过长时,会出现两种情况。第一种情况:过长的这一段如果同时为冲击电流流过的部分,将会产生压降,并叠加在残压上,导致测得的残压值偏高,如图 5.69b 所示。另一种情况:如果延长的这一段残压导线没有电流流过,就没有额外压降,将不会影响残压,这也是分压器测试夹线长短不影响残压的原理[22,23]。

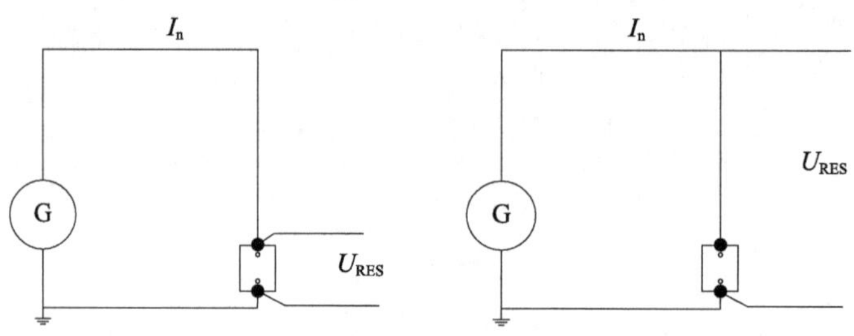

图 5.69　SPD 测量残压接线示意图

表 5.26　低压端连线长度与残压值的关系

连线长度	接线柱	9 cm 导线	100 cm 导线
电流/kA	19.64	19.79	18.56
残压/kV	1.57	1.63	1.69

由表 5.26 可以看出,当低压端使用接线柱时,测得的残压为 1.57 kV;当低压端使用 9 cm 导线时,残压为 1.63 kV,比使用接线柱高了 60 V;当低压端使用 100 cm 导线时,残压为 1.69 kV,比使用接线柱高了 120 V。

(2)分压器两端的连接线会构成一个回路,冲击电流产生的磁通会穿过回路感应出一个过电压,这个感应过电压会直接加到 SPD 两端,造成测得的残压值偏大。因此,连接线应使用双芯屏蔽线,且紧贴分压器及 SPD 产品表面并双绞后连接至 SPD 两端,减小因连接线产生的回路面积。表 5.27 为分压器连接线连接方式与残压值的关系。

表 5.27　分压器连接线连接方式与残压值的关系

连接方式	未双绞	双绞
电流/kA	19.54	19.64
残压/kV	1.64	1.57

由表 5.27 可以看出，当分压器两端接线采用双绞连接时，测得的残压为 1.57 kV；当分压器两端接线未采用双绞时，与产品构成了一个回路，此时测得的残压为 1.64 kV，残压高了 70 V。

(3)防止放电电流对测试系统的干扰。在 SPD 的限制电压测试中，避免放电电流对测试系统的干扰，特别是对分压器的干扰，是非常重要的。判别这种干扰是否严重的一个简单方法，是用一只合格的压敏电阻器代替试品，以要求的放电电流对它放电，用示波器测量压敏电阻器两引线紧挨电阻体部位的限制电压波形，限制电压波的峰点应与放电电流的峰点在时间上基本重合。如果限制电压波的峰点明显先于电流的峰点，则说明存在这种干扰，一般情况下可通过调整分压器的空间位置和方向来消除放电电流的干扰。如图 5.70 所示，图中①是放电电流的波形，⑤是与放电电流①有磁耦合的电路中所产生的感应电压(干扰电压)。若耦合系数为 M，则这个电压为$U_i = M\mathrm{d}i/\mathrm{d}t$，这个干扰电压的特点是在 8/20 μs 电流的起始时刻最大，因为这时 $\mathrm{d}i/\mathrm{d}t$ 最大；而在 8/20 μs 电流的峰点 t_m时刻，$U_i = 0$，干扰电压⑤叠加在 MOV 的正常限制电压②和③上，就得到了受干扰的限制电压④，它的峰点时间明显前移。如果测试系统与放电电流之间不存在磁耦合，就没有 U_i，测得的限制电压应是②或③，③对应的放电电流比②大，因此限制电压也高，但两者的峰点位置基本重合。

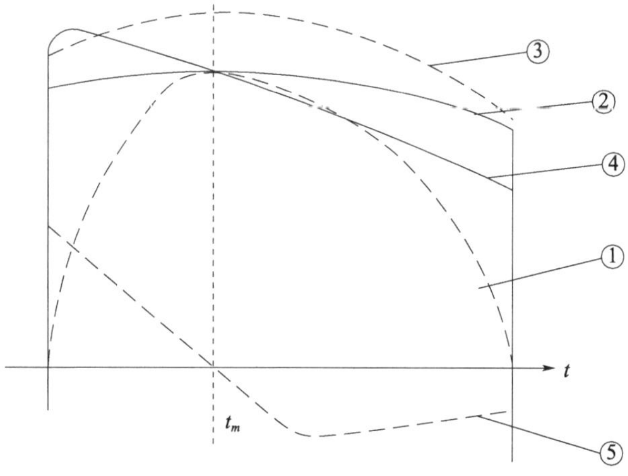

图 5.70　以 8/20 μs 电流测试 MOV 限制电压的波形图

(①—8/20 μs 电流波；②—8/20 μs 电流小时的限制电压；③—8/20 μs 电流大时的限制电压；④—叠加有干扰的限制电压；⑤—8/20 μs 电流波产生的干扰电压分量)

5.12.4.2　不同设备、测量装置的差异

(1)不同冲击电流发生器的源阻抗不同，导致相同预期电流下的充电电压不同，因此在设定充电电压时只能用估算值。而充电电压不同，在一定程度上也会影响 SPD 的残压值。在相

同预期短路电流下，源阻抗越大的设备冲击相同的试品，得出的残压值越大；大通流试品在大电流冲击下受源阻抗的影响较小。

(2)测量装置的差异也会影响测得的结果。

① 通常，采集电压的装置包括冲击电阻分压器、冲击电容分压器、冲击阻容分压器、高压有源差分探头和高压探头等。

冲击电阻分压器内部电阻理论上为纯电阻，结构简单，使用方便，温度稳定性高，响应特性良好，被广泛采用。当被测量系统的冲击电压不太高，且被测量系统的负载较小时，冲击电阻分压器能准确测量冲击电压，在实际应用中应优先考虑冲击电阻分压器。但在动作负载试验时，需要测量在工频电压上叠加脉冲电压信号，而电阻分压器由于阻值不能太高，会导致持续发热而损坏，就必须使用其他种类的分压器。

冲击电容分压器和冲击阻容分压器在测量压敏电阻的残压时，由于压敏电阻等效电容的存在，无法准确测量压敏电阻的冲击残压。但它们能耐受较高的工频电压，在动作负载试验时可以取代冲击电阻分压器使用。

高压探头即高阻无源探头，衰减比为 1000 ：1，通常的最大测量值为 20 kV(如泰克的 P6015A)，由于使用频段和脉冲、残压不同，造成上升沿过冲的现象，导致其测量结果偏大 10%左右，如图 5.71 所示，其中通道 1 为 P6015A 高压探头，通道 2 为差分探头。

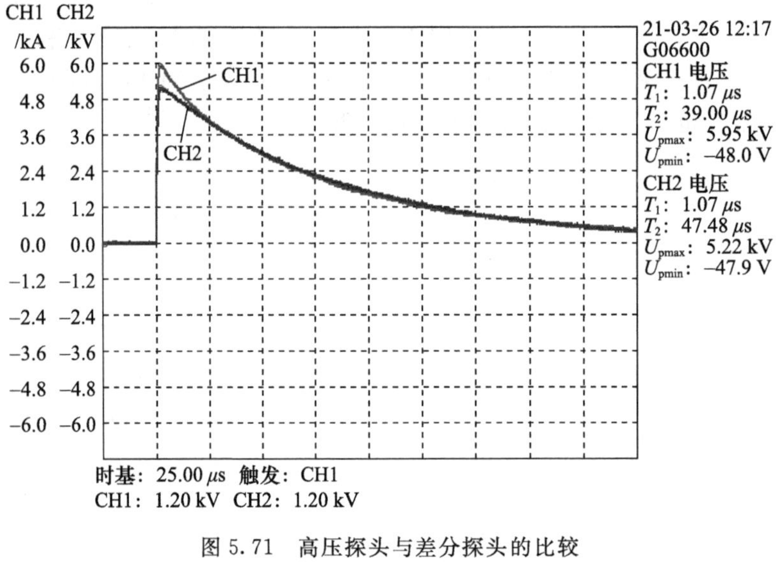

图 5.71 高压探头与差分探头的比较

高压有源差分探头测量原理为利用两个探头进行单端测量，同时输入到放大电路中，然后相减，得到原始信号。由于两个探头都未与地相连，因此在浮地系统测量中应用广泛，具备良好的共模噪声抑制能力，也通常被用在 SPD 残压测量中[24]。

② 采集电流的装置为罗氏线圈、分流器等。

分流器实质上是一个低阻值和极低电感的电阻器。在使用过程中，分流器的电感量会导致波形畸变，而且由于集肤效应和热效应，导致分流器阻值发生改变，影响最终的测试结果，因此常被罗氏线圈取代。

罗氏线圈是一种电流互感器，如图 5.72 所示。其特点是结构简单，测量范围广，脉冲上升时间的范围可从小于 1 ns 至 1 μs，甚至为 1 ms 等，被测信号和被测回路没有电的联系，可避免或减小电流源接地点的地电位瞬间升高所引起的干扰影响。目前，使用较广泛的是带铁氧体磁心的美国 Pearson 线圈以及国内北京高泰斯电气科技有限公司研制的刚性罗氏线圈。

图 5.72　罗氏线圈

选择罗氏线圈应本着以下原则：

a)首先确定测试波形。对于 8/20 μs 波形，要根据预期电流的量程范围选择不同量程的罗氏线圈。对于 10/350 μs 波形(图 5.73)，就要首先考虑电流波形的转移电荷量 Q 值，使 Q 值小于或等于被选罗氏线圈的安秒积能力。

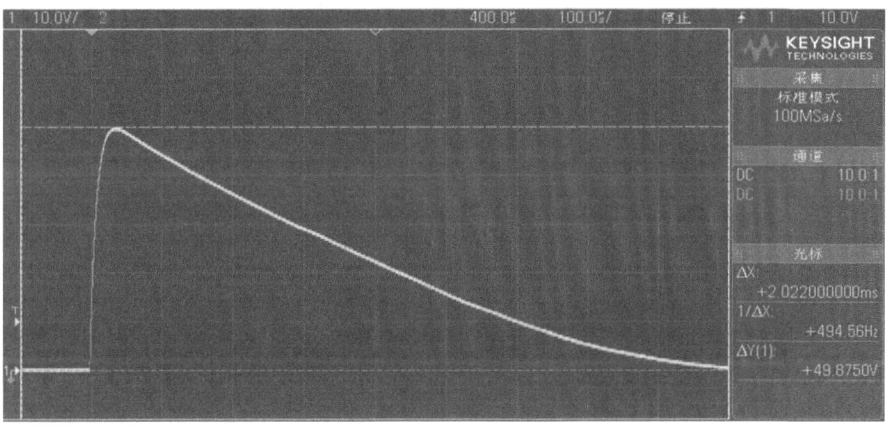

图 5.73　10/350 μs 雷电流波形图

b)确定罗氏线圈的灵敏度。对于测量小微电流，推荐选择 0.01 V/A 或 0.1 V/A(俗称 100 倍和 10 倍)；对于测量大电流，推荐选择 0.001 V/A(俗称 1000 倍)。

c)确定罗氏线圈的穿孔直径和体积。根据测试设备回路连接线的规格，选择合适的穿孔直径，注意应留有绝缘材料的空间，再根据设备空间选择罗氏线圈的体积大小。

d)确定罗氏线圈的测量带宽。罗氏线圈测量带宽由其内部设计决定。目前，高频带罗氏线圈一般表现为小倍率，例如 0.1 V/A、0.5 V/A，甚至 1.0 V/A。对于一些雷电浪涌中复合了高频脉冲的测试环境，就需要更高的带宽罗氏线圈去测量，否则波形会出现振荡或畸变。一般雷电流选用 500 kHz 以下频带即可。

e)示波器的阻抗匹配。示波器通道可以设置为 1 MΩ 高阻抗，这样就可以使前端传感器的输出阻抗匹配忽略不计。

(3)记录电压电流的装置包括数字示波器和峰值电压测试仪器。

数字示波器主要利用 A/D 转换技术和数字存储技术来工作，能迅速捕捉瞬变信号并长期保存。精确度较高，采样频率高，，波形测量范围宽，操作简便，在冲击试验测量中被广泛采用。

峰值电压测试仪器具有较高的分辨力，有足够的记录长度，比数字示波器更小的测量不确定度和更灵活的采样和记录方式。瑞士 Heafely 公司研制的数字记录仪标称分辨力为 12 bit，最高采样速率可达到 120 MHz，可用于各种雷电、操作波试验的测量，整个系统的测量不确定度为：峰值±1%，时间参数±2%。国内在此领域的研究起步较晚，水平相对还比较落后。

目前，国内主流实验室的测量系统由罗氏线圈、冲击电阻分压器或冲击阻容分压器和数字示波器组成。

5.12.4.3 数据结果的读取与判定

(1)当试品内部存在开关型元件时，会因为测量干扰而导致电压峰值读取有误，因此当出现波形上下振荡的现象时，应视为干扰信号。而放电管的响应时间为微秒级，故实验室的通常做法是取 500 ns(依据《铁路通信、信号、电力电子系统防雷设备》(TB/T 2311—2017)[25] 标准，当过冲时间小于 0.5 μs 时，可视为冲击能量对电气设备影响较小而忽略)后区间内的电压峰值。如图 5.74 所示，波形未出现上下振荡，因此可以取最高点残压值 636 V。

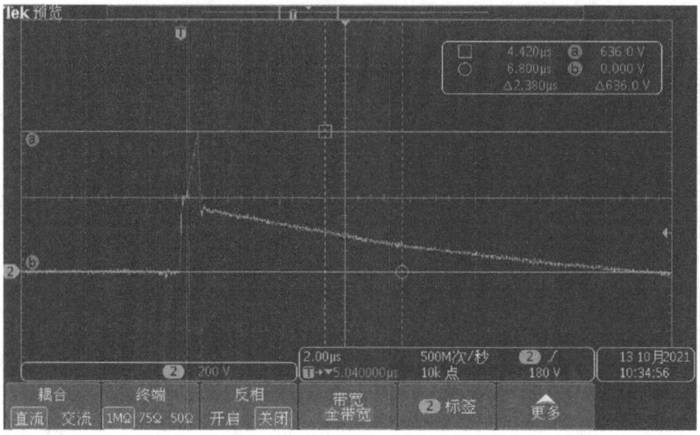

图 5.74　含电压开关元件的 SPD 残压波形图

(2)绘制残压曲线后，应找出相应范围内的最高点。如果曲线在相应范围内呈现递增趋势，那么将 I_{imp} 或 I_n 值代入拟合公式即可，如果实际测量点的值超过了拟合计算的值，应以实际测量点的大小为最终残压值。

(3)实验室应评定适合于本实验室该项目的测量不确定度。当出现测量值与 U_p 接近时，根据《测量不确定度在符合性判定中的应用》(CNAS-TRL-010:2019)及《检测和校准结果及与规范符合性的报告指南》(RB/T 197—2015)中的规定，判定试品是否合格。

如果测量结果加上包含概率为 95%的扩展不确定度后，未超过规范的限定值(即 U_p)，则可以判定“符合”规范或者“合格”。

如果测量结果减去包含概率为 95%的扩展不确定度后，超出了规范的限定值(即 U_p)，则可以判定“不符合”规范或者“不合格”。

如果测量结果在规范的限定值内(即 U_p)，但加上包含概率为 95%的扩展不确定度后，超出了规范的限定值，则可以判定“符合”规范或者“合格”。

如果测量结果在规范的限定值外(即 U_p)，但减去包含概率为 95%的扩展不确定度后，未超过规范的限定值，则可以判定“不符合”规范或者“不合格”。

例如，某实验室的限制电压项目的扩展不确定度为 70.0 V(包含概率 95%，$k=2$)，某试品的 U_p 值为 1.8 kV，当测量结果为 1.75 kV 时，由于加上扩展不确定度后超过了 U_p，但测量值未超过 U_p，因此可以判定为合格。

(4)用复合波测量限制电压时，由于叠加了电源电压 U_c，电压波形的起始位置不在 0 点电位处，因此不能直接读取波形上的峰值电位差，应直接读取峰值处的电位作为残压值。图 5.75为不通电情况下的残压波形图，图 5.76 为叠加了 280 V U_c 下的残压波形图，如果只读波形上峰值与起始位置的电位差，残压值将会偏小，应直接读取上峰值电压。

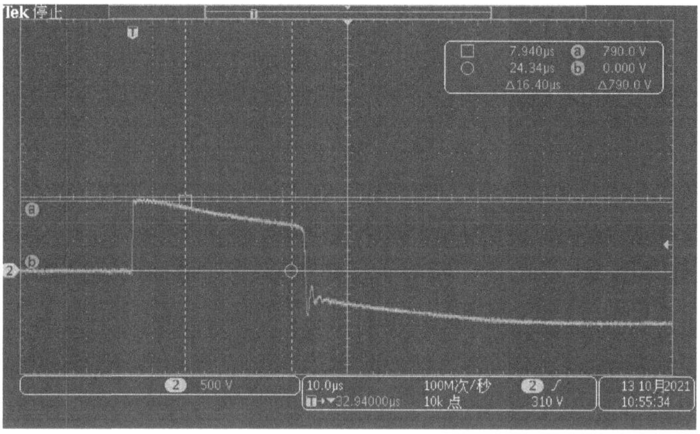

图 5.75　不通电情况下的残压波形图

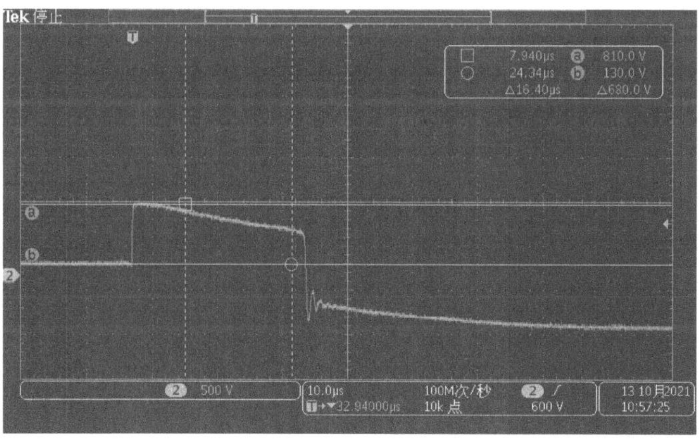

图 5.76　叠加 280 V U_c 下的残压波形图

(5)对于Ⅰ类试验的 SPD，在确定限制电压试验中也只采用 8/20 μs 电流波形，而不采用 10/350 μs 电流波形。

5.12.4.4　标准差异

(1)《通信局(站)低压配电系统用电涌保护器测试方法》(YD/T 1235.2—2002)标准针对波前放电电压的试验程序中规定，发生器输出电压值从 U_c 开始以 10%步长增加，直至有点火发生为止。从最后一次没有点火发生的输出电压开始，发生器输出电压以 5%步长增加，直至所有10次冲击均导致点火。最终测试值取10次的平均值。该方法能准确找出试品的最小点火放电电压。

(2)YD/T 1235.2—2002标准中规定了冲击时间间隔最长不应超过5 min。冲击序列的值为0.1I_n、0.2I_n、0.5I_n、1.0I_n和2.0I_n。

(3)UL 1449中规定,所有类型的SPD都用复合波测量限制电压,且规定以3只样品各3次测试所得的9个限制电压的平均值,作为样品的限制电压值,它不应大于规定的U_p值,同时所有测得的限制电压中不允许有一个超过规定的U_p值的110%。UL标准更注重产品限制电压的稳定性[26]。

(4)GB/T 18802.11—2020标准针对该项试验内容在原先的GB 18802.1—2011标准中进行了一定的调整:

① 对二端口SPD通电试验时,明确在电压正弦波的90°±5°施加正极性脉冲,在270°±5°施加负极性脉冲;

② 增加U_{max}的概念,即电气间隙确定电压;

③ 明确Ⅰ类试验的SPD测量残压时施加的8/20 μs冲击电流以I_{imp}为倍数,且最终判定残压相应的电流范围值直到I_{imp}(原标准为I_{peak}或I_n取较大值)。

(5)当一个T1产品标称了I_n参数时,按标准的方法不会在I_n下进行测试,此时I_n不管标称得有多大,都不会对其判定残压值。残压值的大小仅与标称的I_{imp}值有关。

(6)对于T2试验,不强制要求标称I_{max},如果标称了I_{max}参数,U_{max}的确认也要按照I_{max}去判定,从而使U_{max}的电压等级上升,间接提高了电气间隙的要求。

5.12.5 试验注意事项

(1)当SPD需要通电试验时,应确认人员安装完试品,关上试品箱门,离开试验区域后才可加电。试验结束后应先切断工频电源,按下控制台急停按钮。

(2)试验中,若发生紧急情况,应立即按下急停旋钮。在拆卸/安装试品前,须将接地棒挂至高压排上并确认释放完所有电容上的剩余电荷。

(3)试验结束取下试品时,应等待试品冷却到环境温度,防止试品外壳温度过高造成烫伤事故。

(4)通常进行动作负载试验时,使用的为同一台冲击电流设备,因此在进行确定限制电压试验时,应将试品柜高低压排上的动作负载电源线断开,防止过高的残压将动作负载电源处的绝缘击穿。

5.13 绝缘电阻

5.13.1 试验目的

不同物质的分子和原子的结构不同,对电荷的束缚能力也不同。绝缘材料对电荷的束缚力很强,所以具有很好的绝缘性能。但理想的绝缘材料是不存在的,因为绝缘材料中或多或少存在着一些自由电荷,当对绝缘材料施加电压后,这些电荷会从电介质中分离出来,并在电极上中和形成泄漏电流。所加电压越高，分离出来的电荷越多，形成的泄漏电流就越大。绝缘材料在电压作用下所通过的泄漏电流的大小，能反映其电阻的大小，这个电阻称为绝缘材料的绝缘电阻。它表示绝缘材料对电的绝缘能力，泄漏电流越大，绝缘电阻越小，即其绝缘性能越差。

当 SPD 在高温高湿环境下工作时，自身壳体绝缘强度会显著降低，从而增加操作人员发生触电的风险。在 SPD 结构设计时，应充分考虑选用的绝缘材料性能。因此，该项试验的目的为：通过制造高温高湿环境，考核 SPD 在该环境下的绝缘电阻值是否达到最低安全值要求。

5.13.2　试验设备及参数要求

图 5.77 为常见的绝缘电阻测试仪。表 5.28 为绝缘电阻试验设备及相关标准/规范的参数要求。辅助工具：G 字型夹、金属箔。

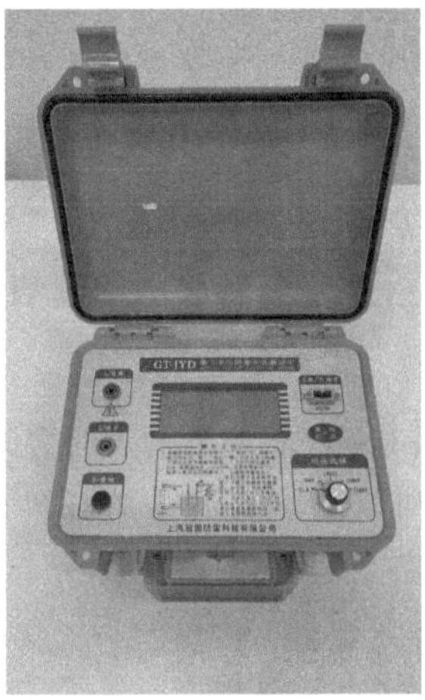

图 5.77　常见的绝缘电阻测试仪

表 5.28　绝缘电阻试验设备及相关标准/规范的参数要求

序号	试验设备名称	适用的标准/规范	参数要求
1	温湿箱	《环境试验设备温度、湿度校准规范》(JJF 1101—2003)	温度：偏差±2 ℃，均匀度 2 ℃，波动度±0.5 ℃；相对湿度：偏差±5%RH，均匀度 5%RH，波动度±3%RH
2	绝缘电阻测试仪	《绝缘电阻测试仪通用规范》(SJ/T 11385—2008)	电压：直流 500 V；测量电阻范围：上限值大于 500 MΩ

5.13.3　试验方法和判定标准

5.13.3.1　试验方法

(1)将试品放入温湿箱，温度设置为 20～30 ℃，相对湿度设置为(93±3)%至少 4 h。

(2)继续设置温湿箱运行时间为 48 h。

(3)48 h 后，将试品取出后放入规定温度(20～30 ℃，温度变化在±2 K)的房间，静置30～60 min。

(4)SPD 正常安装后，为清除表面条件对测量结果的影响，测量前必须用干燥、清洁的纱布将 SPD 表面的灰尘污垢擦净。

(5)将金属箔用 G 字型夹固定在试品壳体表面，绝缘电阻测试仪的两端夹子分别夹在金属箔和试品的带电部件上，如图 5.78 所示。

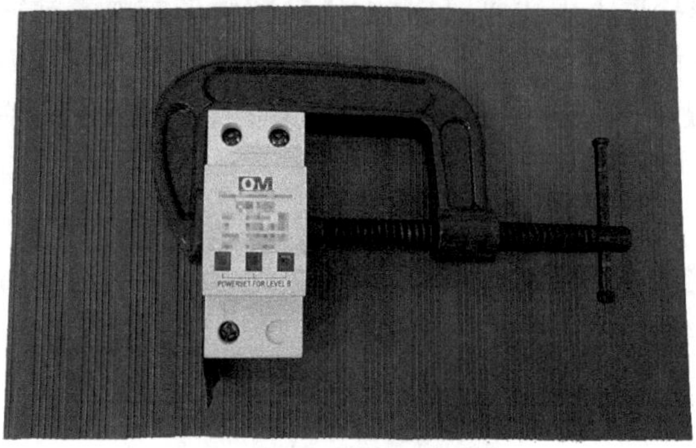

图 5.78 试品测试连接图

(6)施加 500 V 直流高压，60 s 后测量绝缘电阻值。

(7)更换金属箔覆盖的壳体部位，重复步骤(6)，继续测量不同壳体位置的绝缘电阻值。

5.13.3.2 判定标准

(1)在所有互相连接的带电部件和 SPD 偶尔可触及的壳体之间的绝缘电阻值不低于 5 MΩ。

(2)在 SPD 主电路的带电部件和辅助电路的带电部件(如果有)之间的绝缘电阻值不低于 2 MΩ。

5.13.4 测试要点

(1)绝缘材料存在体积绝缘电阻和表面绝缘电阻。体积绝缘电阻与绝缘材料内部的情况(如杂质、气泡、组织不匀等)及本身的温度、湿度有关；表面绝缘材料则与绝缘材料表面的情况(如表面粗糙度、清洁情况等)及外界的气候条件有关。因此，绝缘电阻不但与材料和杂质的本性有关，还与外界温度、湿度等条件有关。绝缘电阻随温度与湿度的升高而下降。体积绝缘电阻对温度变化非常敏感，而表面绝缘电阻则对湿度变化非常敏感。绝缘材料的绝缘电阻是体积绝缘电阻和表面绝缘电阻的函数，因此对绝缘电阻的测量必须在规定的温度与湿度范围内进行。

(2)绝缘电阻的大小并不是在所有情况下都能反映绝缘结构的绝缘性能好坏。如绝缘结构经烘烤、老化后，在不受潮时仍能保持相当高的绝缘电阻值，可是在较高的电压作用下却很容易被击穿。另外，绝缘结构表面一时受到潮湿或玷污，其绝缘电阻值会显著下降，但它所能承受的电压却未必降低。因此，为可靠地断定绝缘结构的绝缘性能，还应对绝缘结构进行介电强度试验。

(3)“壳体”的定义包括三部分。

① 所有可触及的金属部件和按正常使用安装后可触及的绝缘材料表面覆盖的金属箔。如图 5.79 所示(书后彩图 5.79)，为该条款中定义的壳体部分。

② 安装 SPD 的平面，如有必要，该表面可覆盖金属箔，如图 5.80 所示(书后彩图 5.80)。

③ 把 SPD 固定在支架上的螺钉和其他工件，如图 5.81 所示。

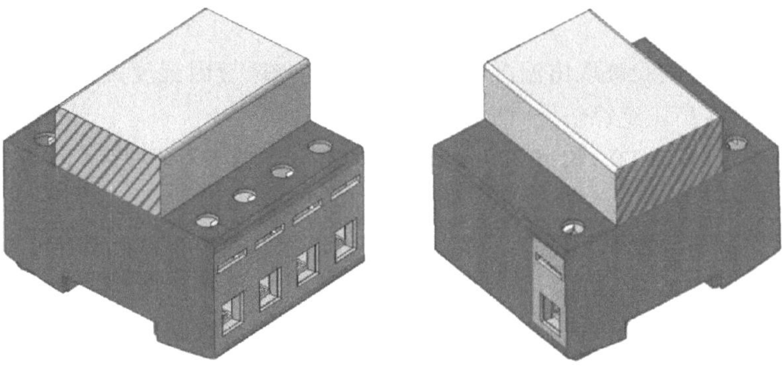

图 5.79　壳体的定义部分

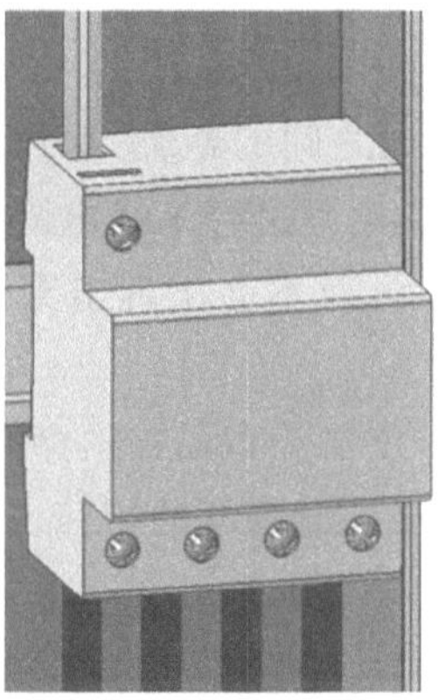

图 5.80　安装 SPD 的平面

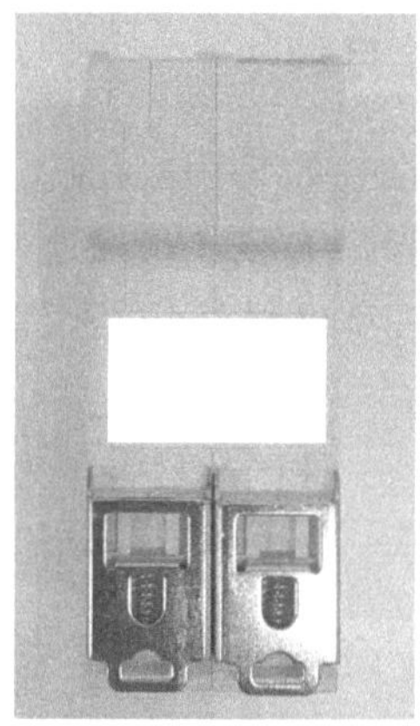

图 5.81　把 SPD 固定在支架上的螺钉和其他工件

(4)辅助电路通常为弱电部分的端子，例如遥信端子，如图 5.82 所示。

图 5.82　SPD 遥信端子

(5)测量时，由于试品有吸收、极化过程，绝缘电阻值读数逐渐向高数值漂移，或有一些上下跳动，必须等待 60 s 后稳定了再进行读数。

(6)试品如有附加的进线孔，则全部打开；如有敲落孔，则打开其中一个孔，把不借助工具就能拆卸的盖和其他部件取下，同样进行潮湿试验。

(7)新标准中对绝缘电阻项目进行了修改：将相对湿度范围由原来的 91%～95%修改为(93±3)%，温度变化由原来的 1 K 修改为±2 K。

(8)绝缘电阻值的测量会根据潮湿试验后的静置时间长短、设置的湿度范围、测量部位不同而发生改变，但偏差值不会太大。只要试品的绝缘性能是良好的，测量值会远大于合格判定值。

5.13.5 安全注意事项

(1)试品经过潮湿试验被取出温湿箱后,试品表面会携带因湿度过高而凝结的水珠,在测量时应将试品放置在高压绝缘垫上,防止测试人员触电。

(2)当空气相对湿度较高,超过80%时,将保护环"G"端接入被试品的绝缘体上,以消除泄漏电流。

(3)G字型夹使用过程中,应施加合适的力固定金属箔,防止施加的力过大,使试品变形,影响绝缘性能。

5.14 介电强度

5.14.1 试验目的

绝缘材料的主要作用是保证导电部件之间及导电部分对地之间的绝缘,保护人员的操作安全。为了保证SPD安全可靠地使用,除了需要在直流电压作用下进行绝缘电阻的测量检验外,还应考量SPD绝缘结构是否能承受高的交变电压的作用,而不会出现击穿等绝缘损坏现象。

介电强度是一种试品材料作为绝缘体时的电强度的量度,定义为试品被击穿时,单位厚度承受的最大电压。介电强度与绝缘电阻共同作为评判试品绝缘性能好坏的指标。

5.14.2 试验设备及参数要求

图5.83为常见的耐压测试仪。表5.29为介电强度试验设备及相关标准/规范的参数要求。辅助工具:G字型夹、金属箔。

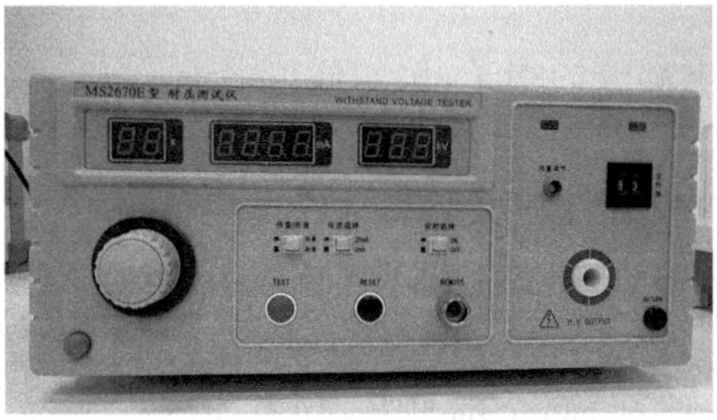

图5.83 常见的耐压测试仪

表5.29 介电强度试验设备及相关标准/规范的参数要求

序号	试验设备名称	适用的标准/规范	参数要求
1	温湿箱	《环境试验设备温度、湿度校准规范》(JJF 1101—2003)	温度:偏差±2 ℃,均匀度2 ℃,波动度±0.5 ℃;相对湿度:偏差±5%RH,均匀度5%RH,波动度±3%RH

序号	试验设备名称	适用的标准/规范	参数要求
2	耐压测试仪	《耐压测试仪通用规范》(SJ/T 11384—2008)，《低压电涌保护器(SPD) 第11部分:低压电源系统的电涌保护器 性能要求和试验方法》(GB/T 18802.11—2020)	电压:精度±3%； 电流:短路电流大于 200 mA

5.14.3 试验方法和判定标准

5.14.3.1 试验方法

(1)户外型 SPD 在接线端子间试验，内部部件拆下。按《高电压试验技术 第 1 部分:一般定义及试验要求》(GB/T 16927.1—2011)[27]的 4.4 对 SPD 喷水。本部分不做介绍。

(2)户内型 SPD 首先测试绝缘电阻值，具体试验方法参见第 5.13 节。

(3)将耐压测试仪的高低压端分别夹于试品的带电部件与壳体(必要时覆盖金属箔，并用 G 字型夹固定)之间，根据试品的 U_c值设置试验电压，具体参见表 5.30。

表 5.30　介电强度试验电压

SPD 持续工作电压/V	交流试验电压/kV
$U_c \leqslant 100$	1.1
$100 < U_c \leqslant 200$	1.7
$200 < U_c \leqslant 450$	2.2
$450 < U_c \leqslant 600$	3.3
$600 < U_c \leqslant 1200$	4.2
$1200 < U_c \leqslant 1500$	5.8

(4)开始时，电压不超过所要求交流电压的一半，然后在 30 s 内增加至全值并保持 1 min。

(5)观察试品是否出现击穿或闪络的现象。

5.14.3.2 判定标准

不应发生闪络和击穿，然而，如果在放电时电压的变化小于 5%，可允许局部放电。

5.14.4 测试要点

(1)试验用电源变压器，应设计成在开路的接线端子间调整到试验电压后，如把接线端子短路，至少应流过 200 mA 的短路电流。这一规定的目的是保证试验电源部分的阻抗大大小于泄漏电阻，因此在 SPD 电气强度降低时，仍能保持一定的试验电压值。

(2)过电流继电器(如有的话)只有当试验电流超过 100 mA 时才动作，测量试验电压的装置应具有±3%的精度。

(3)温度、湿度的上升对绝缘材料的电气强度是不利的。因为水分无论在绝缘体表面或内部，均能增加导电性能，使其击穿电压降低。而热击穿主要取决于绝缘材料温度的高低，一般而言，固体绝缘材料的温度每升高 100 ℃，其电气强度约下降 75%。因此，该试验应接着绝缘电阻试验之后，经过高温高湿处理后测量试品的介电强度。

(4)通常,低压配电系统的 SPD 工作频率为 50 Hz 或 60 Hz,因此,耐压测试仪的试验电源应采用 45～65 Hz 的工频电压。频率对电气强度的影响是与温度密切相关的,绝缘体在交变电压作用下,由于交变极化要产生介质损耗,使绝缘体发热,如每一周波的介质损耗一定,那么如果频率增高,则介质损耗增加,温度也随之上升,因此频率越高,则击穿电压越低,故对耐压试验的电源频率必须作出规定。

(5)试验电源的电压应是正弦波。固体绝缘材料的击穿与电压波形有关,如果电压波形的峰值是冲击性的,虽然在极短时间电压峰值就已过去,但有时会造成绝缘体部分击穿,会造成绝缘材料的介质损耗增大,电气强度大大降低。为使电压值的变化均匀,以避免由于电压波形的峰值冲击而降低击穿电压,所以要求试验电压为正弦波形。

(6)该项试验的试品测试连接方法与绝缘电阻试验相同,在所有可能的壳体部位与带电部件之间,都应进行介电强度的试验。

5.14.5 标准差异

(1)GB/T 18802.11—2020 标准中对介电强度项目进行了修改:

① 将表 5.30 中 U_c 范围的表述进行了修改,用区间来表示更加清晰;

② GB/T 16927.1—1997 标准,已被 GB/T 16927.1—2011 所替代;

③ 取消辅助电路的试验部分。

(2)《电气附件 家用及类似场所用过电流保护断路器 第 1 部分:用于交流的断路器》(GB/T 10963.1—2020)标准中,介电强度施加的电压首先不大于规定值的一半,然后在 5 s 内把电压升至全值,电压上升的时间更快。判定标准也有所不同:不应发生闪络或击穿,对于无电压降的辉光放电可忽略不计。

5.14.6 安全注意事项

(1)测试人员需佩戴绝缘手套,脚下垫绝缘皮垫,以防电击。试品应放置在绝缘垫上试验。

(2)当仪器处于启动状态或测试高压未释之前,绝不能触及被测物、测试线或高压输出端,防止发生人员触电事故。

(3)试验过程中,当出现试品局部放电,且电压的变化大于 5%时,应立刻停止试验。

5.15 撞击试验

5.15.1 试验目的

SPD 在正常安装和使用过程中,可能遭受到外部带来的机械撞击。SPD 在结构设计时,应考虑能够承受相应的机械应力,而不导致 SPD 机械损坏、带电部件被标准试指触及、爬电距离和电气间隙减少等现象发生。

5.15.2 试验设备及参数要求

图 5.84 为撞击试验装置示意图,图 5.85 为摆锤撞击元件尺寸图,图 5.86 为安装支架尺

寸图。表 5.31 为撞击试验设备及相关标准/规范的参数要求。

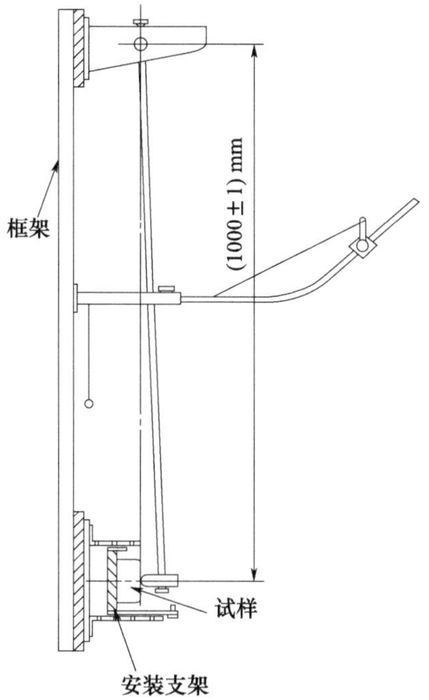

图 5.84　撞击试验装置示意图

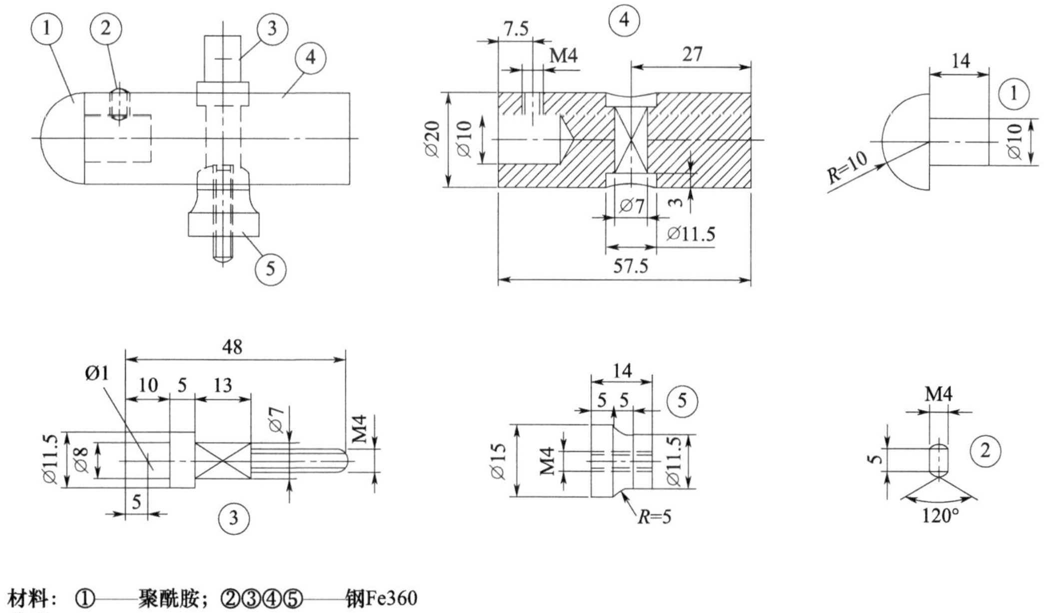

图 5.85　摆锤撞击元件尺寸图

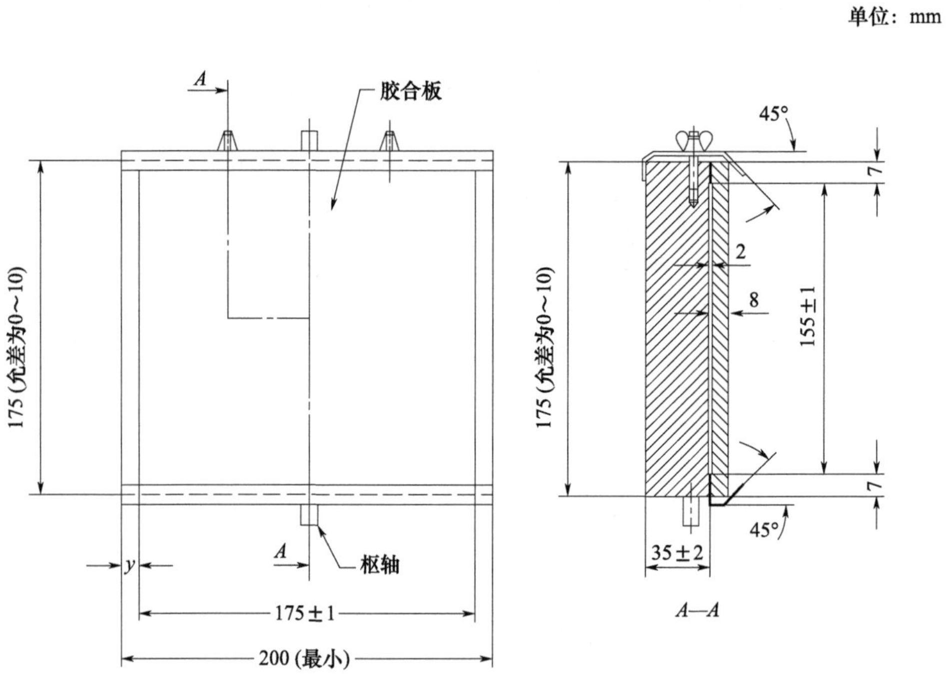

图 5.86　安装支架尺寸图

表 5.31　撞击试验设备及相关标准/规范的参数要求

序号	试验设备名称	适用的标准/规范	参数要求
1	撞击试验装置	《低压电涌保护器(SPD) 第 11 部分：低压电源系统的电涌保护器 性能要求和试验方法》(GB/T 18802.11—2020)，《家用和类似用途插头插座 第 1 部分：通用要求》(GB/T 2099.1—2008)	撞击元件：半径为 10 mm 的半圆形球面，洛氏硬度为 HR100 的聚酰胺，质量为(150±1)g；钢管转轴：外径 9 mm，壁厚 0.5 mm，长度(1000±1)mm；支架：质量(10±1)kg；层压板：尺寸 175 mm×175 mm×8 mm

5.15.3　试验方法和判定标准

5.15.3.1　试验方法

(1)将试品安装在层压板上，使得撞击点位于通过枢轴轴线的垂直平面上，用规定值三分之二的扭矩把底座和盖子的固定螺钉拧紧。

(2)根据表 5.32 的下落距离要求，调节转轴下落高度，具体撞击示意见图 5.87 和表 5.33。对于 A 部件，撞击 5 次(图 5.87a 和图 5.87b)：1 次在中心，试品水平移动后，在中心和边缘间薄弱的点各 1 次，然后把试品绕它的垂直于层压板的轴线转过 90°之后，在类似的点各 1 次。

(3)对于 B，C 和 D 部件，施加 4 次撞击：在层压板转过 60°之后，在试品的一侧面撞击 1 次(撞击点为图 5.87c 的 *U* 表面)，保持层压板的位置不变，试品绕它的垂直于层压板的轴线转过 90°之后，在试品的另一侧面撞击 1 次(撞击点为图 5.87d 的 V 表面)。把层压板往相反方向转过 60°之后，对试品的其他两侧面各撞击 1 次(撞击点分别为图 5.87c 的 T 表面和图 5.87d 的 Z 表面)。

表 5.32　用于撞击要求的下落距离

下落高度 /mm	受撞击的外壳部件	
	普通 SPD	其他 SPD
100	A 和 B	A 和 B
150	C	C
200	D	D

注：A 表示前面部件，包括凹进部分；
B 表示正常安装后，从安装表面突出小于 15 mm(从墙算起的距离)的部件，除了上面的 A 部分；
C 表示正常安装后，从安装表面突出大于或等于 15 mm 而小于 25 mm(从墙算起的距离)的部件，除了上面的 A 部分；
D 表示正常安装后，从安装表面突出大于或等于 25 mm(从墙算起的距离)的部件，除了上面的 A 部分；
除了部件 A 之外，施加在试品的所有部分的撞击的下落高度由试品离安装表面最突出部分确定。

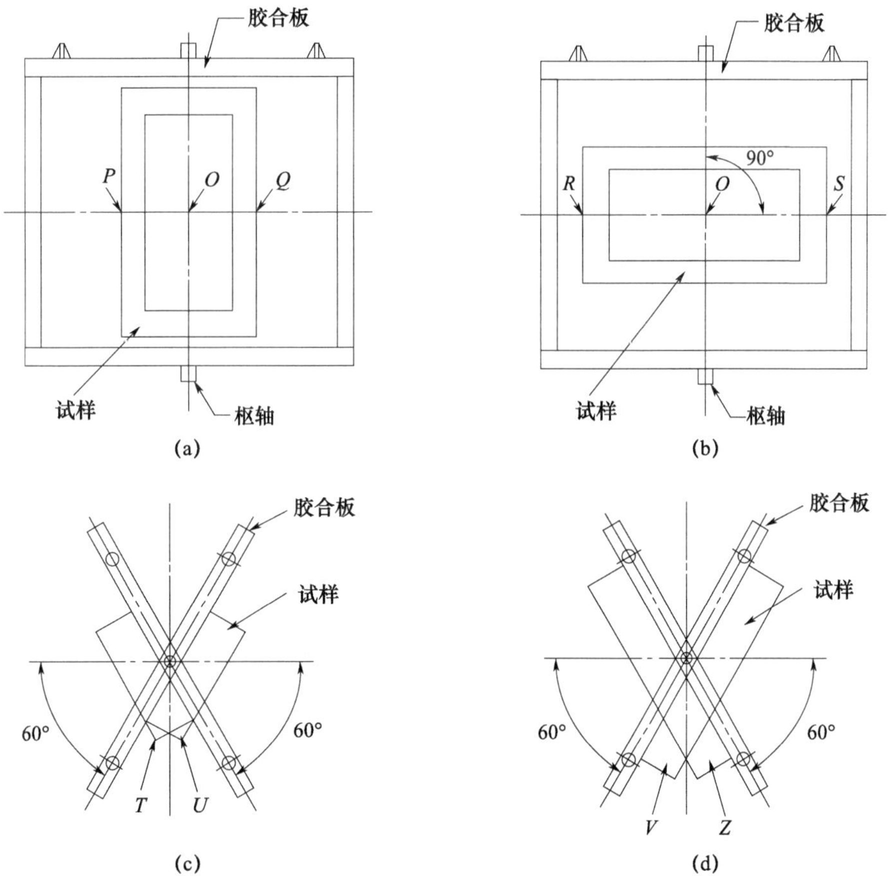

图 5.87　撞击示意图

表 5.33 撞击示意步骤

示意图	撞击次数	施加的点	被试部件
图 5.87a	3	在中心一次， O 和 P 之间一次[a]， O 和 Q 之间一次[a]	A
图 5.87b	2	O 和 R 之间一次[a]， O 和 S 之间一次[a]	A
图 5.87c	2	在 T 表面一次[a]， 在 U 表面一次[a]	B,C 和 D
图 5.87d	2	在 V 表面一次[a]， 在 Z 表面一次[a]	B,C 和 D

注：a 表示把撞击施加到最不利的点；施加的撞击应均匀地分布在试品上，敲落孔不施加撞击。

5.15.3.2 判定标准

(1)试验后，试品应无本部分含义内的损坏，尤其是带电部件，不应被标准试指触及。

(2)对于外表的损坏，以及不导致爬电距离或电气间隙减少的小的压痕，和不会对防触电保护或防止水的有害进入产生不利影响的小碎片，均可忽略不计。

(3)在不采用附加的放大手段的条件下，正常或校正视力所不可见的裂缝、玻璃纤维增强模塑件及类似材料表面的裂缝，可忽略不计。

5.15.4 测试要点

(1)安装支架应设计为：试品能这样放置，使撞击点位于通过枢轴轴线的垂直平面上。试品能够在水平方向移动，并且能绕着一根与层压板表面垂直的轴线转动。层压板能绕着一根垂直轴线转动。

(2)嵌入式 SPD 安装在一个铁树木或类似机械特性的材料制成的基座的凹槽内，再整个固定在层压板上(SPD 不在其相应的安装盒中试验)。如果使用木板，则木板纤维的方向应垂直于撞击的方向。螺钉固定的嵌入式 SPD，应用螺钉固定在嵌入基座的凸缘上。卡爪固定的嵌入式 SPD，应用卡爪固定在基座上。

(3)GB 2099.1—2008 标准中，对于表 5.32 的解释更加清晰[28]。其中，普通 SPD 针对的是 IPX0 的 SPD，其他 SPD 针对的是高于 IPX0 的 SPD(外壳等级有防水要求的 SPD)。且高于 IPX0 的 SPD，A 和 B 部分的下落高度为 150 mm，C 部分的下落高度为 200 mm，D 部分的下落高度为 250 mm。

(4)对于可插拔式的模块嵌入式 SPD，应更加关注基座的机械强度，因为基座的外观损坏直接导致了爬电距离和电气间隙的减小，以及防触电保护及外壳防护等级的破坏。应和 SPD 外表面分开进行试验。

(5)由于转轴的长度是固定的，而撞击部位有时会存在不同，因此层压板上的导轨应能够上下灵活移动，保证撞击元件能撞击到每一个部位。

(6)下落高度是摆锤释放时测试点位置与撞击瞬间测试点位置之间的垂直距离。测试点是标志在撞击元件表面上的一点，该点是通过钢管摆的轴线和撞击元件的轴线的交点，并垂直于该两轴线构成的平面的垂线与撞击元件表面的交点。

5.15.5　安全注意事项

在摆锤释放过程中，试验人员应做好相应的防护措施，防止试品损坏飞溅出的零部件对人员造成伤害。

5.16　在低压系统故障引起的 TOV 试验

5.16.1　试验目的

当低压配电系统因开关操作或故障（例如突然卸载或单相故障等），或发生铁磁共振效应、谐波时，会在 SPD 上产生一个持续时间较长的工频过电压，这一电压称为暂时过电压。该试验的目的就是为了考量 SPD 在低压系统故障而引起的暂时过电压下，是否能够承受或者以不产生危害的方式失效[29,30]。

5.16.2　试验设备及参数要求

图 5.88 为常见的 TOV 试验设备。表 5.34 为低压 TOV 试验所需的设备及相关标准/规范的参数要求。

图 5.88　常见的 TOV 试验设备

表 5.34　低压 TOV 试验所需的设备及相关标准/规范的参数要求

序号	试验设备名称	适用的标准/规范	参数要求
1	低压 TOV 试验设备	《低压电涌保护器(SPD) 第 11 部分：低压电源系统的电涌保护器 性能要求和试验方法》(GB/T 18802.11—2020)	U_T电源：最大 U_T 电压 $\sqrt{3}U_{REF}$，U_T持续时间 t_T，允差为 0～5%；120～126 min，短路电流流过时电压跌落不超过 U_T的 5%，10 A(失零)；U_{REF}电源：最大 U_{REF}电压 440 V，U_{REF}持续时间 15 min，允差为 0～5%；预期短路电流为 SPD 声明的额定短路电流(通常为 300 A)

续表

序号	试验设备名称	适用的标准/规范	参数要求
2	阻性电流测试仪	《低压电涌保护器(SPD) 第11部分:低压电源系统的电涌保护器 性能要求和试验方法》(GB/T 18802.11—2020)	电流:量程为0～20 mA,分辨力不超过0.1 mA; 电压:AC 0～1000 V,误差为±3%
3	标准试指	《外壳防护等级(IP代码)》(GB/T 4208—2017)	铰接试指:直径12 mm,长80 mm; 球形试具:直径12.5 mm
4	电气指示器	《外壳防护等级(IP代码)》(GB/T 4208—2017)	电压:AC 40～50 V
5	推拉力计	《外壳防护等级(IP代码)》(GB/T 4208—2017)	推力:量程50 N,分度值0.25 N
6	冲击电流发生器	《低压电涌保护器(SPD) 第11部分:低压电源系统的电涌保护器 性能要求和试验方法》(GB/T 18802.11—2020)	见第3.1节

5.16.3 试验方法和判定标准

5.16.3.1 试验方法

(1)按制造商的说明书中的正常使用条件安装SPD,将试验箱的五面(除安装面)均铺上薄纸(薄、软和有一定强度的纸,一般用于包裹易碎的物品,其克重在12～25 g/m²)。图5.89为常见的试验箱,试验箱通常为每边长200～300 mm的正方体,根据SPD实际尺寸保证薄纸距离试品各个方向(100±20)mm[31]。

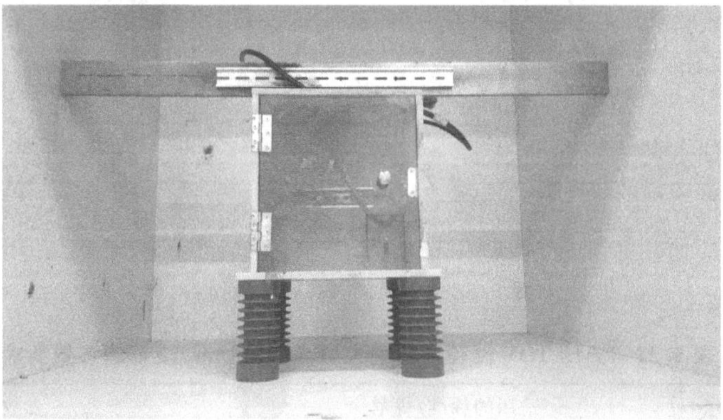

图5.89 常见的TOV试验箱

(2)调整电源电压为U_T(允差−5%～0),持续时间为t_T(允差0～5%),紧接着在施加U_T后,施加U_{REF}(允差−5%～0)并持续具有同样电流能力的电压15 min(允差0～5%)。图5.90和图5.91为试验电路的一个示例和该试验相应的时序图。首先,在产品两端施加一个5 s的暂时过电压U_T,模拟低压配电系统的故障,紧接着在断开暂时过电压100 ms内,施加一个15 min的试验参考电压U_{REF},模拟电网正常工作状态。

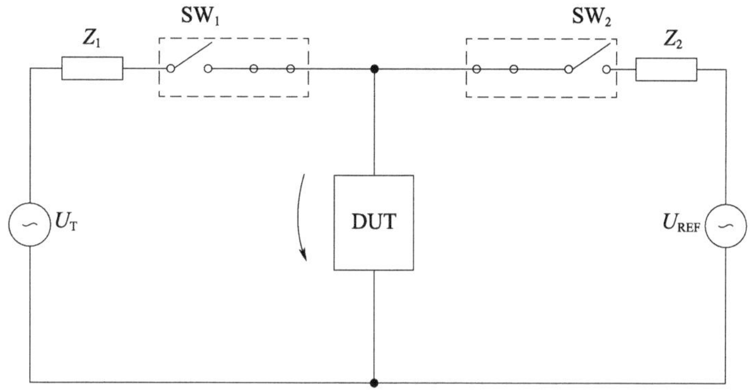

图 5.90　在低压系统故障引起的 TOV 下进行试验的电路示例图

（U_T—暂时过电压；U_{REF}—参考试验电压；Z_1—调节 U_T 电源的预期短路电流的阻抗；Z_2—调节 U_{REF} 电源的预期短路电流的阻抗；SW_1—将暂时过电压施加到 SPD 的开关；SW_2—将参考试验过电压施加到 SPD 的开关；DUT—被试装置（SPD＋脱离器，如适用时））

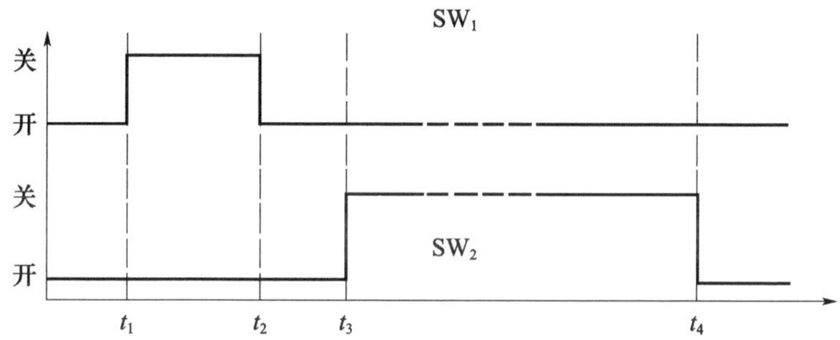

图 5.91　在低压系统故障引起的 TOV 下进行试验相应的时序图

（$t_1=0$；$t_2=t_T$（允差 0～5%）；$t_2\leqslant t_3<(t_2+100)$ms（允差 0～5%）；$t_4=(t_T+15$（允差 0～5%））min）

（3）用户装置内的低压系统故障试验的 t_T 为 5 s，配电系统的低压系统故障和失零试验 t_T 为 120 min。图 5.92a 和图 5.92b 为带产品后低压 TOV 故障的波形图（书后彩图 5.92）。

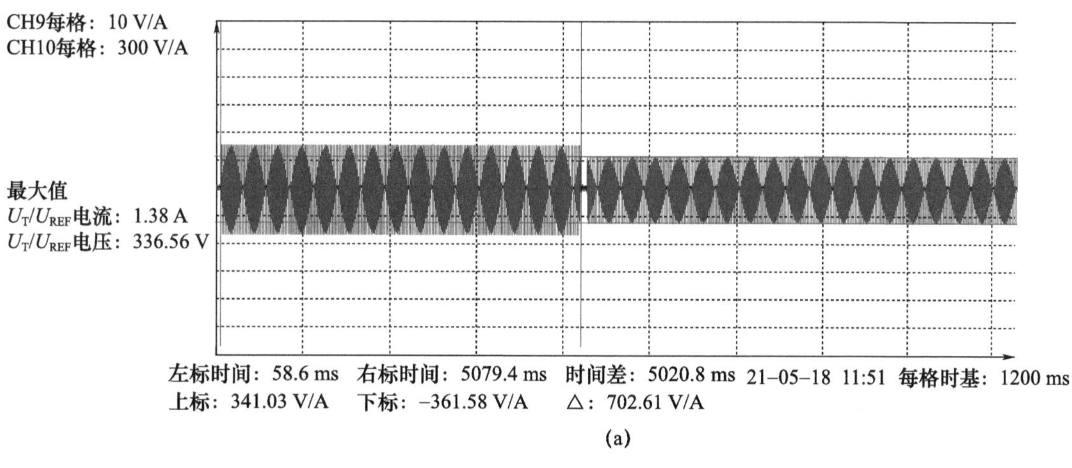

(a)

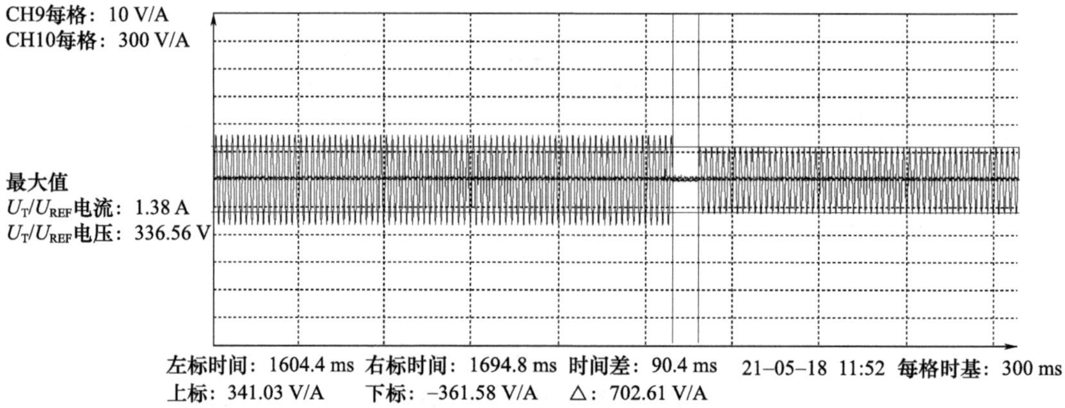

(b)

图 5.92 带产品后低压 TOV 故障的波形图

(a)U_T持续时间；(b)U_T与U_{REF}的间隔时间

图 5.92a 中，蓝色曲线为 U_T 电压，粉色曲线为 U_T 电压下产品两端的电流。U_T 持续时间为 5020.8 ms，U_T电压为 336.6 V。在 U_T电压下，产品没有击穿导通，因此流过的电流很小，几乎为 0。

图 5.92b 中，U_T与 U_{REF}的间隔时间为 90.4 ms，满足标准中规定的不超过 100 ms。之后的电压为 U_{REF}电压，持续时间 15 min。

(4)失零试验的 U_T电源输出的预期短路电流为 10 A，而除了失零试验，U_T电源应能输出足够大的电流，以确保在试验过程中 SPD 端子上的电压跌落不会超过 U_T的 5%。失零试验的 U_{REF}电源输出的预期短路电流应等于 SPD 声明的额定短路电流。图 5.93 为带产品后低压失零 TOV 的波形图(书后彩图 5.93)。

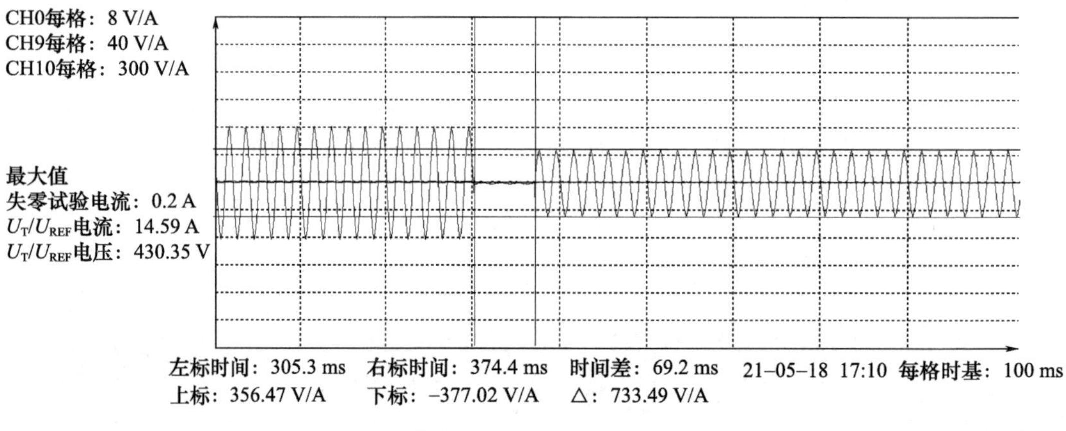

图 5.93 带产品后低压失零 TOV 的波形图

图 5.93 中，U_T电压为 430.4 V。在 U_T电压下持续 120 min，产品同样没有击穿导通，因此失零试验电流几乎没有。

(5)对于低压系统故障，采用耐受模式判定标准，即在试验后检查 SPD 的热稳定性、限制电压、是否有可见的损坏、是否有击穿闪络、薄纸是否燃烧、是否有对人员或设备产生的爆炸或其他危险、内外部脱离器是否动作等。

(6)对于低压系统失零故障，采用故障模式或耐受模式判定标准。

5.16.3.2　判定标准

(1)故障模式

① 试验过程中，应没有发生可见的损坏。试验后，检查发现的细小的凹痕或裂缝，如不影响防直接接触，则可以忽略，除非无法保持 SPD 的防护等级(IP 代码)。试验后，试品上不应有燃烧的痕迹。

② 脱离应通过一个或多个内部和/或外部脱离器来实现，应检查它们是否给出正确的状态指示。

③ 对防护等级大于或等于 IP20 的 SPD，应使用标准试指施加一个 5 N 的力，不应触及带电部件，除了 SPD 按正常使用安装后在试验前已可触及的带电部件外。

④ 如果试验过程中发生脱离(内部或外部)，对应保护元件的有效脱离应有清晰的指示。如果发生内部脱离，试品按正常使用连接到额定频率的最大持续工作电压 U_c 保持 1 min，试验电源的短路电流容量应大于或等于 200 mA，流过相关保护元件的电流不应超过 1 mA。流过与相关保护元件并联的元件或其他电路(如指示电路)的电流可忽略，只要它们不造成电流流过相关保护元件。此外，如果有的话，流过 PE 端子的电流，包括并联电路和其他电路(如指示电路)，不应超过 1 mA。正常使用中如果有超过一种的接线方式，应检查每一种可能的接线方式。

⑤ 如果电源流出短路电流，应在 5 s 内通过一个或多个内部和/或外部脱离器切断。

⑥ 薄纸不应燃烧。

⑦ 不应有对人员或设备产生的爆炸或其他危险。

(2)耐受模式

① 应达到热稳定，在施加 U_c 电压的最后 15 min，如果电流 I_c 的阻性分量峰值或功耗呈现出下降的趋势或没有升高，则认为 SPD 是热稳定的。如果试验本身是加电 U_c 进行的，则不间断地继续保持加电 15 min，或在 30 s 内重新加电。

② 电压和电流波形图及目测检查应没有击穿或闪络的迹象。

③ 试验过程中，应没有发生可见的损坏。试验后，检查发现的细小的凹痕或裂缝，如不影响防直接接触，则可以忽略，除非无法保持 SPD 的防护等级(IP 代码)。试验后，试品上不应有燃烧的痕迹。

④ 试验后，所测量的限制电压应小于或等于 U_p。

⑤ SPD 在 U_{REF} 电源下，电流的阻性分量不应超过 1 mA，或者电流增加不应超过在相关试验初始时测量结果的 20%。如有任何可重置或装配的脱离器，应手动分断，在其两端施加 2 倍 U_c 或 1000 V 的交流电压(取两者间较高值)来检查绝缘强度，不应发生闪络和绝缘击穿，包括内部的(击穿)或外部的(电痕化)，或其他破坏性放电的迹象。对于仅连接至 N-PE 的 SPD 模式，应测量流过 PE 端子的电流，在 U_c 下电流的阻性分量不应超过 1 mA，或者电流增加不应超过在相关试验初始时测量结果的 20%。正常使用中，如果有超过一种的接线方式，应检查每一种可能的接线方式。

⑥ 试验时，制造商规定的外部和内部脱离器不应动作。试验后，该脱离器应处在正常工作状态，即脱离器未发生损坏，可继续操作。操作性可通过手动进行检查(在可能的地方)，或

在制造商和实验室协议下通过简单的电气试验来检查。

⑦ 对防护等级大于或等于 IP20 的 SPD，应使用标准试指施加一个 5 N 的力，不应触及带电部件，除了 SPD 按正常使用安装后在试验前已可触及的带电部件外。

⑧ 薄纸不应燃烧。

⑨ 不应有对人员或设备产生的爆炸或其他危险。

5.16.4 测试要点

(1)电力系统暂时过电压 U_{TOV} 的定义为：在电网给定区域，持续时间相对较长的工频过电压。TOV 是由 LV 系统或 HV 系统内部故障产生的过电压。SPD 暂时过电压 U_T 的定义为：施加在 SPD 上并持续一个规定时间的试验电压，以模拟在 TOV 条件下的应力。U_T 的值应该高于由于低电压系统出现故障在被保护装置上预期出现的暂时过电压，而持续时间超过 5 s 的 $U_{TOV(LV)}$ 应被认为是最大持续工作电压 U_c。因此，对于 U_c 大于或等于 U_T 的 SPD，不必进行本试验[32]。

(2)暂时过电压通常由事故引起，比如低压配电系统的故障，电容器动作和电动机停机、起动，这些过电压是短时的。由三相供电系统故障引起的暂时过电压持续时间从 0.05 s 到最大 5 s。单相电动机起动，若中线连接不好，将会引起很大的过电压。典型情况是它将达到 5 s。因此，标准规定低压系统故障的 TOV 持续时间为 5 s。

(3)对于设计有 N 端子的 SPD，根据制造商的说明书，可在失零系统中应用的，要求另外在不连接 N 端子下进行针对 L-PE 保护模式的试验。

(4)配电系统低压侧发生一相碰地故障在实际工作中是难免的，它将在另外两个非故障相产生过电压。一端连接在相线上的 SPD 的短路失效会引起同样的过电压。在 TN-S(TN-C-S)接地系统中，当发生一相碰地故障时，它的地线是通过导线与中性线连通的，另外两个非故障相的对地电压相对于相电压 U_0 的增高不多。但在 TT 系统中，由于电气装置的保护接地与电源处的系统接地，在电气上不相关联，另外两个非故障相对地电位将升高，其值一般不超过相电压的 50%(但 TT 系统中的 L-N 间的电压基本上还是 U_0，因为 TT 系统中的一相碰地主要是使得 N 线电位上升)。考虑到上述因素，GB/T 18802.11—2020 标准要求，SPD 应能经受表 5.35 规定的暂时过电压试验 5 s。

表 5.35 考虑低压侧故障的 TOV 试验电压 U_T(5 s)

	TN 系统	TT 系统	IT 系统
L-N 间的 SPD	$1.32U_{REF}$	$1.32U_{REF}$	$1.32U_{REF}$
L-PE 间的 SPD	$1.32U_{REF}$	$\sqrt{3}U_{REF}$	—

5.16.5 标准差异

(1)GB 18802.1—2011 标准中，规定了低压系统故障的 U_T 为 $1.32U_{CS}$ 或 $1.55U_{CS}$，其中，$U_{CS}=1.1U_0$。而 GB/T 18802.11—2020 标准中，用 U_{REF} 参考试验电压(表 5.34)取代了 U_{CS}，规定低压系统故障的 U_T 为 $1.32\ U_{REF}$ 或 $\sqrt{3}U_{REF}$，具体见表 5.35。这里的参考值依据 IEC 60364-4-44 中常见的几种故障下所出现的暂时过电压[33]。例如，当 TN 和 TT 系统中性导体中断时的工频应力电压高达 $\sqrt{3}U_0$；当配出中性导体的 IT 系统发生接地故障时的工频应力电压高达$\sqrt{3}U_0$；当线导体与中性导体之间发生短路时，其他线导体与中性导体之间的电压在5 s内高达1.45U_0。

(2)GB/T 18802.11—2020标准中，增加了中性线断线(失零)故障下SPD的试验方法及要求。考虑到中性线断线情况下故障电流较小，故障无法快速切断，导致故障持续时间较长，故障电压高达$\sqrt{3}U_0$，因此标准规定U_T的持续时间为120 min，预期短路电流10 A，U_T电压除TT系统连接至L-PE时为1.32U_{REF}外，其他情况下U_T电压为$\sqrt{3}U_{REF}$。

5.16.6 安全注意事项

(1)TOV试验设备通常会装有排气风扇，及时将试验过程中产生的废气排放。但在试验过程中禁止开启风扇，防止将试验过程中产生的火苗熄灭或吹落至薄纸上，影响试验结果的判定。试验结束后应及时开启排气风扇。

(2)失零试验的持续时间较长，操作人员不得擅自在试验过程中离开试验区域，防止因出现不可控的爆炸或火灾危险而不能立即采取处理措施。

(3)SPD应用于不同的配电系统制式或保护模式下，暂时过电压值均有所不同，这就需要变换变压器变比来调整U_T值(如有调压器可忽略)，手动调整变压器抽头时应先关闭前端电源总闸，再进行接线操作。

5.17 在高(中)压系统故障引起的TOV试验

5.17.1 试验目的

在HV/LV变压器高压侧发生故障时(例如变压器内部失效或一个间隙放电)，就会有电流I_m流过变压器的接地电阻R。由于接地电阻与低压网络的连接，一个高的暂时过电压会出现在低压网络，持续时间等于高压网络故障清除的时间(10 ms至数小时)。该试验的目的就是为考量SPD在高压系统故障而引起的最严重的暂时过电压下，是否能够承受或者以不产生危害的方式失效[34]。

5.17.2 试验设备及参数要求

表5.36为高压TOV试验所需的设备及相关标准/规范的参数要求。

表5.36 高压TOV试验所需的设备及相关标准/规范的参数要求

序号	试验设备名称	适用的标准/规范	参数要求
1	高压TOV试验设备	《低压电涌保护器(SPD) 第11部分：低压电源系统的电涌保护器 性能要求和试验方法》(GB/T 18802.11—2020)	U_T电源：U_T电压1200 V，允差为－5%～0；U_T持续时间200 ms，允差为0～5%；预期短路电流300 A，允差为0～10%； U_{REF}电源：最大U_{REF}电压440 V，U_{REF}持续时间15 min，预期短路电流为制造商声明的最大过电流保护的额定电流的5倍，如没有声明则为300 A

续表

序号	试验设备名称	适用的标准/规范	参数要求
2	阻性电流测试仪	《低压电涌保护器(SPD) 第11部分:低压电源系统的电涌保护器 性能要求和试验方法》(GB/T 18802.11—2020)	电流:量程为0～20 mA,分辨力不超过0.1 mA; 电压:AC 0～1000 V,误差为±3%
3	标准试指	《外壳防护等级(IP代码)》(GB/T 4208—2017)	铰接试指:直径12 mm,长80 mm; 球形试具:直径12.5 mm
4	电气指示器	《外壳防护等级(IP代码)》(GB/T 4208—2017)	电压:AC 40～50 V
5	推拉力计	《外壳防护等级(IP代码)》(GB/T 4208—2017)	推力:量程50 N,分度值0.25 N
6	冲击电流发生器	《低压电涌保护器(SPD) 第11部分:低压电源系统的电涌保护器 性能要求和试验方法》(GB/T 18802.11—2020)	见第3.1节

5.17.3 试验方法和判定标准

5.17.3.1 试验方法

(1)按制造商的说明书中的正常使用条件安装SPD。,将试验箱的五面(除安装面)均铺上薄纸(薄、软和有一定强度的纸,一般用于包裹易碎的物品,其克重在12～25 g/m^2)。试验箱通常为每边长200～300 mm的正方体,根据SPD实际尺寸,保证薄纸距离试品各个方向(100±20)mm。

(2)在L_1相的90°电角度处,对试验试品施加U_T(允差−5%～0),在TOV施加时间t_T(允差0～5%)后,自动切断TOV。图5.94和图5.95为试验电路的一个示例和该试验相应的时序图。首先,在产品的N-PE施加一个200 ms的暂时过电压U_T,模拟高压配电系统的短路故障,施加200 ms后自动切断暂时过电压,继续施加一个15 min的试验参考电压U_{REF},模拟电网正常工作状态。

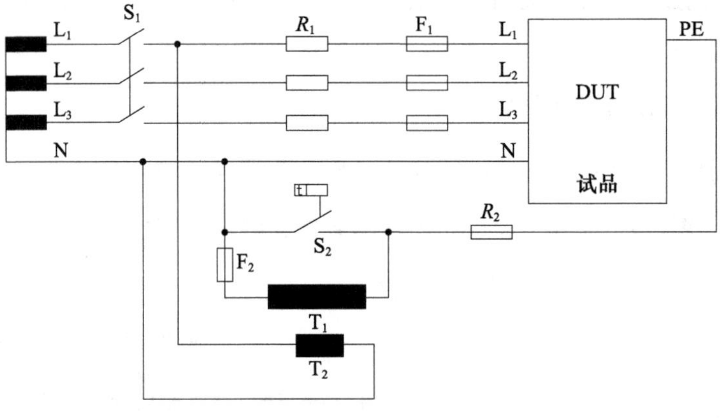

图5.94　在高(中)压系统故障引起的TOV下试验用于TT系统的SPD时采用的电路示例图

(S_1—主开关;S_2—定时开关,在主开关闭合200 ms后闭合;F_1—按制造商的说明书推荐的最大过电流保护;F_2—TOV变压器保护熔断器(需要耐受300 A,持续时间200 ms);T_1—二次绕组电压为U_{REF}的电源变压器;T_2—TOV变压器,一次绕组电压为U_{REF},二次绕组电压为1200 V;R_1—调节U_{REF}电源的预期短路电流的限流电阻;R_2—调节TOV电路的预期短路电流至300 A的限流电阻(约4 Ω);DUT—被试装置)

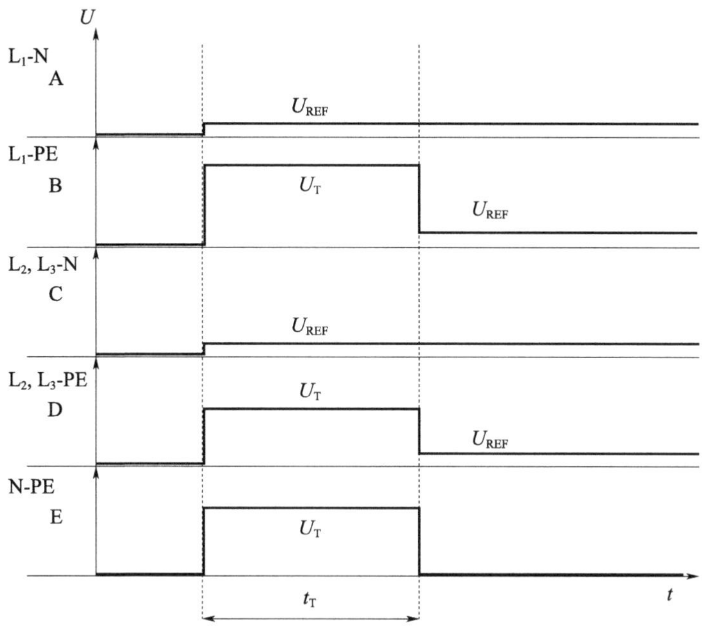

图 5.95　在高(中)压系统故障引起的 TOV 下用于 TT 系统的 SPD 端子上预期电压的相应时序图

(3)高压系统故障试验的 t_T 为 200 ms。图 5.96a 为高(中)压 TOV 开路状态下的波形图(书后彩图 5.96)。其中，A,B,C 相电压在 255 V 左右，N-PE 相的电压(黄色曲线)为 1194 V，在 A 相的 90°处叠加，持续时间 210 ms。

图 5.96b 为高(中)压 TOV 带 3+1 产品时的波形图。从波形图中可以看出，暂态故障电压 1200 V 施加到 N-PE 的开关型模块时，瞬间开启导通，因此高压电压只有 216 V，短路电流只有 260 A。试验过程中，未产生火焰等危险现象，L_1 相模块脱扣。产品符合故障耐受模式的判定标准。

(4)对于高(中)压系统故障，采用耐受模式判定标准时，应在试验后检查 SPD 的热稳定性、限制电压、是否有可见的损坏、是否有击穿闪络、薄纸是否燃烧、是否有对人员或设备产生的爆炸或其他危险、内部脱离器是否动作、如有短路电流是否在 5 s 内被内/外部脱离器切断等。

5.17.3.2　判定标准

(1)故障模式

① 试验过程中，应没有发生可见的损坏。试验后，检查发现的细小的凹痕或裂缝，如不影响防直接接触，则可以忽略，除非无法保持 SPD 的防护等级(IP 代码)。试验后，试品上不应有燃烧的痕迹。

② 脱离应通过一个或多个内部和/或外部脱离器来实现，应检查它们是否给出正确的状态指示。

③ 对防护等级大于或等于 IP20 的 SPD，应使用标准试指施加一个 5 N 的力，不应触及带电部件，除了 SPD 按正常使用安装后在试验前已可触及的带电部件外。

④ 如果试验过程中发生脱离(内部或外部)，对应保护元件的有效脱离应有清晰的指示。

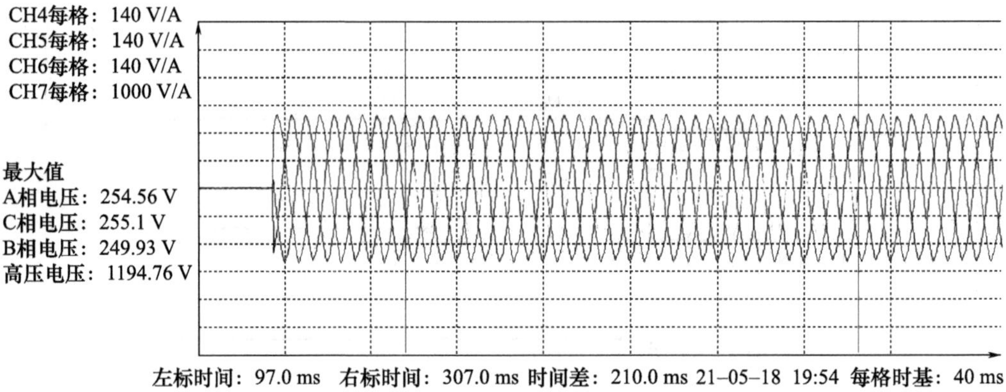

(a)

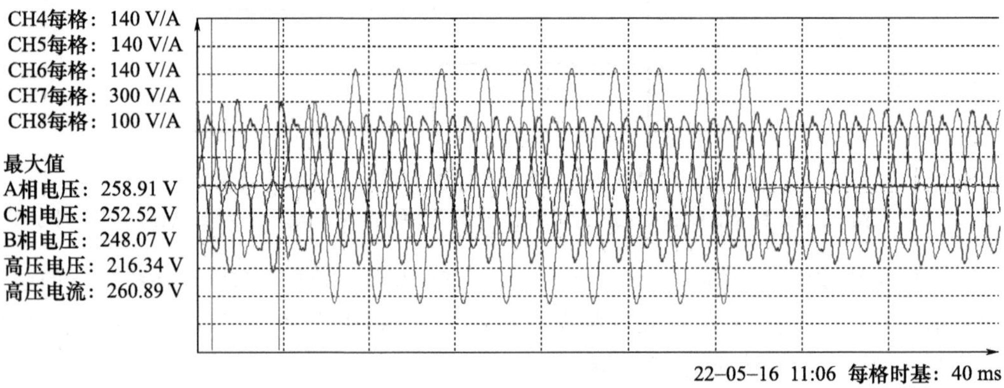

(b)

图 5.96 高(中)压 TOV 的波形图

(a)开路状态下;(b)带 3+1 产品时

如果发生内部脱离,试品按正常使用连接到额定频率的最大持续工作电压 U_c保持 1 min,试验电源的短路电流容量应大于或等于 200 mA,流过相关保护元件的电流不应超过 1 mA。流过与相关保护元件并联的元件或其他电路(如指示器电路)的电流可忽略,只要它们不造成电流流过相关保护元件。此外,如果有的话,流过 PE 端子的电流,包括并联电路和其他电路(如指示电路),不应超过 1 mA。正常使用中,如果有超过一种的接线方式,应检查每一种可能的接线方式。

⑤ 如果电源流出短路电流,应在 5 s 内通过一个或多个内部和/或外部脱离器被切断。

⑥ 薄纸不应燃烧。

⑦ 不应有对人员或设备产生的爆炸或其他危险。

(2)耐受模式

① 应达到热稳定,在施加 U_c电压的最后 15 min,如果电流 I_c的阻性分量峰值或功耗呈现出下降的趋势或没有升高,则认为 SPD 是热稳定的。如果试验本身是加电 U_c进行的,则不间断地继续保持加电 15 min,或在 30 s 内重新加电。

② 电压和电流波形图及目测检查应没有击穿或闪络的迹象。

③ 试验过程中,应没有发生可见的损坏。试验后,检查发现的细小的凹痕或裂缝,如不影

响防直接接触，则可以忽略，除非无法保持 SPD 的防护等级（IP 代码）。试验后，试品上不应有燃烧的痕迹。

④ 试验后，所测量的限制电压应小于或等于 U_p。

⑤ SPD 在 U_{REF}电源下，电流的阻性分量不应超过 1 mA，或者电流增加不应超过在相关试验初始时测量结果的 20%。如有任何可重置或装配的脱离器，应手动分断，在其两端施加 2 倍 U_c或 1000 V 的交流电压（取两者间较高值）来检查绝缘强度，不应发生闪络和绝缘击穿，包括内部的（击穿）或外部的（电痕化），或其他破坏性放电的迹象。对于仅连接至 N-PE 的 SPD 模式，应测量流过 PE 端子的电流，在 U_c下电流的阻性分量不应超过 1 mA，或者电流增加不应超过在相关试验初始时测量结果的 20%。正常使用中，如果有超过一种的接线方式，应检查每一种可能的接线方式。

⑥ 试验时，制造商规定的内部脱离器不应动作。试验后，该脱离器应处在正常工作状态，即脱离器未发生损坏，可继续操作。操作性可通过手动进行检查（在可能的地方），或在制造商和实验室协议下通过简单的电气试验来检查。

⑦ 对防护等级大于或等于 IP20 的 SPD，应使用标准试指施加一个 5 N 的力，不应触及带电部件，除了 SPD 按正常使用安装后在试验前已可触及的带电部件外。

⑧ 如果电源流出短路电流，应在 5 s 内通过一个或多个内部和/或外部脱离器被切断。

⑨ 薄纸不应燃烧。

⑩ 不应有对人员或设备产生的爆炸或其他危险。

5.17.4　测试要点

(1)高（中）压 TOV 试验是考虑在 HV 系统发生故障产生的 TOV 时，提供 SPD 失效模式的信息。这个试验只适用于 TT 系统，并且不适用于那些连接在相与中性点或者相与相之间的 SPD。因此，高压 TOV 通常只做 3P＋N 产品。

(2)针对 TT 系统有两种接线方式。接线方式 1 为 4P 或 3＋N 的 SPD 安装在剩余电流保护器 RCD 的负荷侧，接线方式 2 为 3＋1 的 SPD 安装在剩余电流保护器 RCD 的电源侧。当采用接线方式 1 时，通常 A 相叠加的电压最高，也最容易发生起火燃烧现象。N-PE 相电压次之，B 相和 C 相的电压最小。当采用接线方式 2 时，N-PE 间通常采用开关型元件，在暂态电压下瞬间导通，叠加在 A，B，C 三相上的故障电压就只有开关型元件的残压，不会很大。主要考量 N-PE 间 SPD 的耐受暂时过电压的能力，同时如果 N-PE 设计了过流过温脱离结构，脱离器的快速脱离也可将试验的故障电流切断，隔离了应力电压。

(3)配电系统高压侧发生一相碰地故障所产生的过电压，如图 5.97 所示，在 10 kV 不接地系统中，当高压侧发生碰地故障时，出现在低压侧中性线上的暂时过电压一般不超过 80 V。在 10 kV 经小电阻接地系统中，又分为两种情况：第一种，如图 5.98 所示，10 kV 变电站的保护接地，与低压侧中性点系统接地是分开的，在这种情况下，当 10/0.4 kV 变电站高压侧发生碰地故障时，对低压侧没什么影响。第二种，如图 5.99 所示，10 kV 变电站的保护接地与低压侧中性点系统接地是合一的，且低压侧的接地是 TT 系统和 IT 系统，在这种情况下，当高压侧发生碰地故障时，低压侧中性线上会有 1200 V、200 ms 的故障电压，因此，N-PE 间的 SPD 应能承受有效值为 1200 V，L-PE 间的 SPD 应能承受有效值为（1200＋U_{REF}）V、持续时间 200 ms

的 TOV 试验。

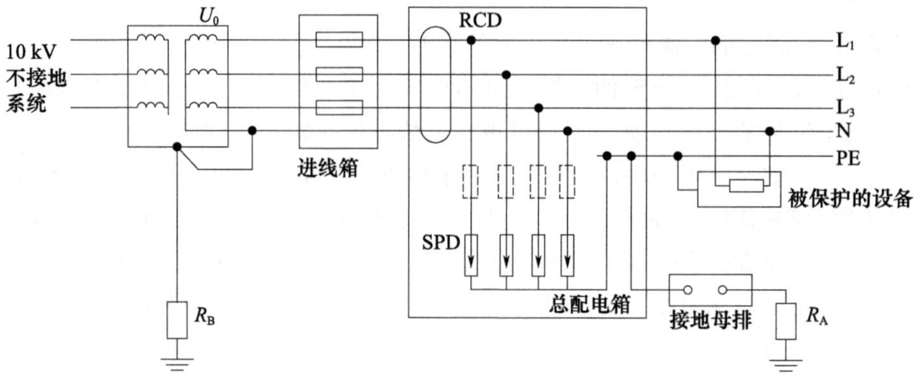

图 5.97　10 kV 不接地电网，TT 系统中 SPD 的连接

（4P 方式或 3+N 方式，SPD 的上游电源侧有 RCD）

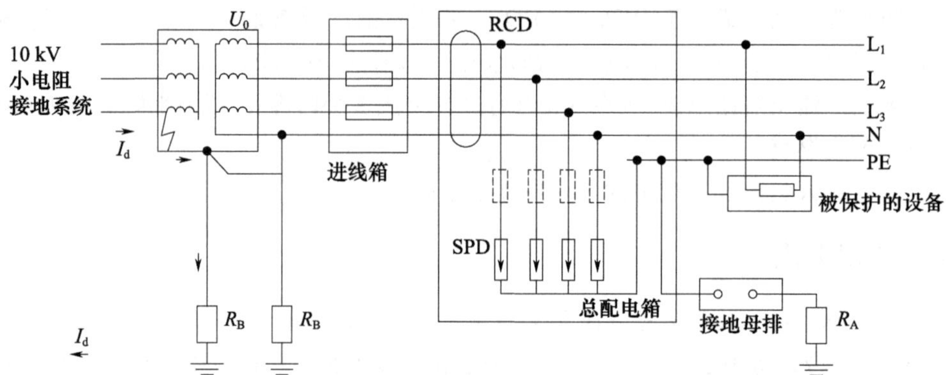

图 5.98　10 kV 经小电阻接地电网，TT 系统中 SPD 的连接

（变电站低压侧中性点单独设保护接地；4P 方式或 3+N 方式，SPD 的上游电源侧有 RCD）

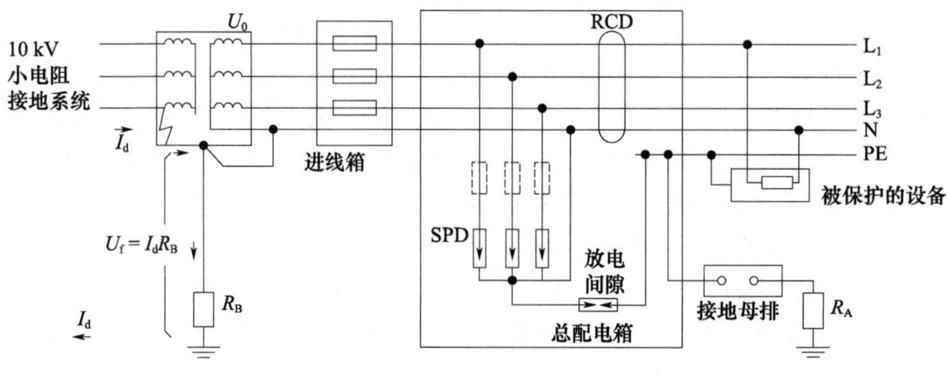

图 5.99　10 kV 经小电阻接地电网，TT 系统中 SPD 的连接

（变电站只设一个保护接地，3+1 方式）

5.17.5　安全注意事项

(1)高压 TOV 试验时,常出现起火燃烧的现象,如果薄纸已经燃烧或者出现了对人员或设备有爆炸或其他危险的情况,应立即中断试验。打开排气风扇,并用灭火毯等灭火装置将试品柜中的火扑灭。

(2)试品接线完毕,在试验开始前应检查试品门是否关严,防止试验过程因冲击力作用将试品门弹开,危及测试人员的安全。

5.18　短路电流特性试验

5.18.1　试验目的

检查 SPD 内部连接的性能,使得 SPD 在故障状况下,内部的连接具有承受短路电流的能力。如果制造厂规定了有外部的脱离器和过电流保护器,应与 SPD 一同进行试验[35],确保在短路电流流过时,不应有燃烧、熔化物质的炭化或迸出、外壳开裂,以免造成火灾、爆炸或闪络等。

5.18.2　试验设备及参数要求

表 5.37 为短路电流特性试验所需的设备及相关标准/规范的参数要求。

表 5.37　短路电流特性试验所需的设备及相关标准/规范的参数要求

序号	试验设备名称	适用的标准/规范	参数要求
1	短路电流试验设备	《低压电涌保护器(SPD) 第 11 部分:低压电源系统的电涌保护器 性能要求和试验方法》(GB/T 18802.11—2020)	U_{REF}电源:最大U_{REF}电压 440 V,U_{REF}持续时间 4.5~5.5 s,预期短路电流为制造商声明的,并应满足产品最大过电流保护电流值的 5 倍,如没有声明则为 300 A,在 45°±5°和 90°±5°处应能接通短路,功率因数应满足表 5.38 的要求
2	阻性电流测试仪	《低压电涌保护器(SPD) 第 11 部分:低压电源系统的电涌保护器 性能要求和试验方法》(GB/T 18802.11—2020)	电流:量程为 0～20 mA,分辨力不超过 0.1 mA; 电压:AC 0～1000 V,误差为±3%
3	标准试指	《外壳防护等级(IP 代码)》(GB/T 4208—2017)	铰接试指:直径 12 mm,长 80 mm; 球形试具:直径 12.5 mm
4	电气指示器	《外壳防护等级(IP 代码)》(GB/T 4208—2017)	电压:AC 40～50 V
5	推拉力计	《外壳防护等级(IP 代码)》(GB/T 4208—2017)	推力:量程 50 N,分度值 0.25 N

表 5.38 预期短路电流和功率因数

I_p/kA	cosφ
$I_p \leqslant 1.5$	0.95
$1.5 < I_p \leqslant 3.0$	0.9
$3.0 < I_p \leqslant 4.5$	0.8
$4.5 < I_p \leqslant 6.0$	0.7
$6.0 < I_p \leqslant 10.0$	0.5
$10.0 < I_p \leqslant 20.0$	0.3
$20.0 < I_p \leqslant 50.0$	0.25
$50.0 < I_p$	0.2

注：恢复电压见 IEC 60947-1[36]；I_p 允差为 0～5%，cosφ 允差为－0.05～0。

5.18.3 试验方法和判定标准

5.18.3.1 试品准备

(1)SPD 内部的电压限制元件和电压开关元件(MOV(压敏电阻)、GDT(气体放电管)、间隙等)应采用适当的铜块(模拟替代物)来代替，以确保内部连接，连接的截面和周围的材料(如树脂)以及包装不变。当具有并联连接的非线性元件 SPD 时，应对每个电流路径中的非线性元件进行替换。

(2)在正常运行条件下，具有大于或等于 6 kV 冲击耐压水平和大于或等于 2500 V/50 Hz 介电强度 1 min 的具有集成脱离功能且包含电压开关型元件的电流路径，在测试时不需要任何的准备，该电流路径仅和上述方法准备的其他电流路径相连接。

5.18.3.2 试验方法

(1)按制造商的说明书中的正常使用条件安装 SPD。连接规定的最大截面积的导线，连接试品的电缆最大长度为 0.5 m。

(2)将 SPD 置入金属屏栅中，SPD 所有侧面离金属屏栅的距离符合制造商规定的离任意一接地导体表面的最小距离，如图 5.100 所示。金属屏栅通过一个 6A gL/gG 熔断器连接到 SPD 的一个被测试端子上。每次短路试验后，屏栅的连接应更换到 SPD 相反极性的另一个端子上。

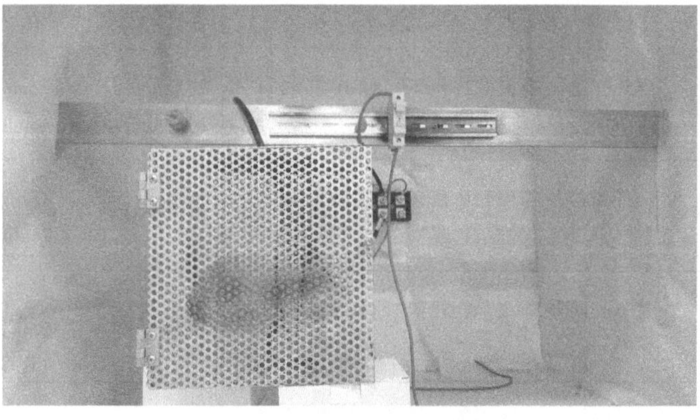

图 5.100 金属屏栅连接图

(3)首先进行声明的额定短路电流试验。试品连接至电压为 U_{REF} 的工频电源，其功率因数按表 5.38 的规定。调整短路电流为制造商声明的预期短路电流。在电压过零后的 45°±5°电角度和 90°±5°电角度处接通短路，进行二次试验，图 5.101(书后彩图 5.101)为试验过程中的波形图。短路电流设为 300 A，产品在 1763.1 ms 后断开。

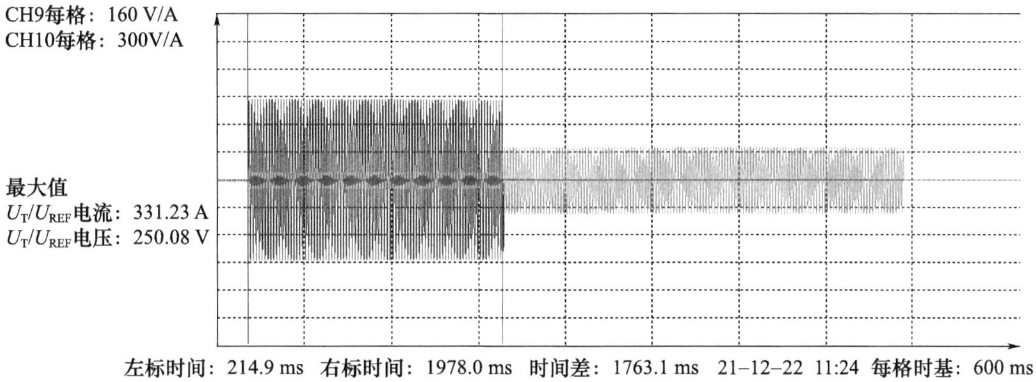

图 5.101　短路电流试验波形图

(4)接着进行低短路电流试验。试品连接至电压为 U_{REF} 的工频电源。调整短路电流为产品的最大过电流保护电流值(如果制造商声明)的 5 倍，其功率因数按表 5.38 的规定。通电时间为(5±0.5)s。如果制造商没有要求有外部的过电流保护，则采用 300 A 的预期短路电流。在电压过零后的 45°±5°电角度处接通短路，进行一次试验。

5.18.3.3　判定标准

(1)声明的额定短路电流试验

① 试验过程中，应没有发生可见的损坏。试验后，检查发现的细小的凹痕或裂缝，如不影响防直接接触，则可以忽略，除非 SPD 的防护等级(IP 代码)被破坏。试验后，试品上不应有燃烧的痕迹。

② 脱离应通过一个或多个内部和/或外部脱离器来实现，应检查它们是否给出正确的状态指示。

③ 对防护等级大于或等于 IP20 的 SPD，应使用标准试指施加一个 5 N 的力，不应触及带电部件，除了 SPD 按正常使用安装后在试验前已可触及的带电部件外。

④ 如果试验过程中发生脱离(内部或外部)，对应保护元件的有效脱离应有清晰的指示。如果发生内部脱离，试品按正常使用连接到额定频率的最大持续工作电压 U_c 保持 1 min，试验电源的短路电流容量应大于或等于 200 mA，流过相关保护元件的电流不应超过 1 mA。流过与相关保护元件并联的元件或其他电路(如指示电路)的电流可忽略，只要它们不造成电流流过相关保护元件。此外，如果有的话，流过 PE 端子的电流，包括并联电路和其他电路(如指示电路)，不应超过 1 mA。正常使用中，如果有超过一种的接线方式，应检查每一种可能的接线方式。

⑤ 如果电源流出短路电流，应在 5 s 内通过一个或多个内部和/或外部脱离器切断。

⑥ 不应有对人员或设备产生的爆炸或其他危险。

⑦ 不应有对金属屏栅的闪络，试验过程中连接屏栅的 6A gL/gG 熔断器也不应动作。

(2)低短路电流试验

① 试验过程中,应没有发生可见的损坏。试验后,检查发现的细小的凹痕或裂缝,如不影响防直接接触,则可以忽略,除非 SPD 的防护等级(IP 代码)被破坏。试验后,试品上不应有燃烧的痕迹。

② 对防护等级大于或等于 IP20 的 SPD,应使用标准试指施加一个 5 N 的力,不应触及带电部件,除了 SPD 按正常使用安装后在试验前已可触及的带电部件外。

③ 不应有对人员或设备产生的爆炸或其他危险。

④ 不应有对金属屏栅的闪络,试验过程中连接屏栅的 6A gL/gG 熔断器也不应动作。

(3)试验中脱离器动作时应符合的条件

① 脱离应通过一个或多个内部和/或外部脱离器来实现,应检查它们是否给出正确的状态指示。

② 如果试验过程中发生脱离(内部或外部),对应保护元件的有效脱离应有清晰的指示。如果发生内部脱离,试品按正常使用连接到额定频率的最大持续工作电压 U_c 保持 1 min,试验电源的短路电流容量应大于或等于 200 mA,流过相关保护元件的电流不应超过 1 mA。流过与相关保护元件并联的元件或其他电路(如指示电路)的电流可忽略,只要它们不造成电流流过相关保护元件。此外,如果有的话,流过 PE 端子的电流,包括并联电路和其他电路(如指示电路),不应超过 1 mA。正常使用中。如果有超过一种的接线方式,应检查每一种可能的接线方式。

③ 如果电源流出短路电流,应在 5 s 内通过一个或多个内部和/或外部脱离器切断。

5.18.4 测试要点

(1)5 s 被认为是具有代表性的最大的故障切除时间,因此试验短路电流持续时间为 5 s。

(2)通常,制造商在设计开关型产品时都没有考虑内部脱离器,但在该项试验的判定标准中,明确规定了如果脱离器脱扣应给出正确的状态指示。因此,如果制造商未推荐外部脱离器,应保证 SPD 具有内部脱离装置[37],且能够及时脱扣并给出正确的状态指示,同时内部连接件能承受预期的短路电流,而不致引起过度发热起火以及 SPD 的外壳不会对外部发生击穿闪络。

(3)进行声明的额定短路电流试验时,如果可更换的或可重新设定的内部或外部的脱离器动作,每次应更换或重新设定相应的脱离器。如果脱离器不能更换或重新设定,则在 45°电角度处短路试验后试验停止。

(4)短路电流试验是为了检验 SPD 的外部或内部脱离器是否能够及时分断短路电流,如果制造商没有设计外部或内部脱离器,那就需要依靠 SPD 内部连接件来分断短路电流。有些实验室认为在低短路电流试验时,可以允许 SPD 不脱扣,这种判断是错误的,如果在正常没有替代物的情况下,MOV 两端流过 5 s 的 300 A 短路电流,必然引起起火燃烧事故。因此,不管是否有脱离器,在低短路电流试验时,SPD 必须脱扣,达到保护元件的目的。这也是某些制造商在设计脱扣弹片时,会在弹片上开一个小孔,以求快速熔断金属弹片达到分断短路电流的原因。

5.18.5　标准差异

UL 1449 标准的短路电流试验方法与 GB/T 18802.11—2020 标准相差较大。首先，UL 标准不需要特殊制备的产品，维持产品的最原始状态进行试验。其次，试验电压可在 U_T 及 U_T 以上制造厂指定的电压下试验。最后，施加的短路电流时间为 7 h。UL 标准的试验方法更接近真实情况。国家标准的试验方法，假设脱离器能够在 5 s 内脱离，但如果 MOV 的起火燃烧时间小于脱离器脱扣的时间，那么该产品的过电流保护能力还是不合格的。因此，国家标准规定的在用铜块替代的前提下，短路电流试验时间 5 s 欠合理。

5.18.6　安全注意事项

(1)短路电流试验时，常出现起火燃烧的现象，如果 SPD 已经燃烧或者出现了对人员或设备有爆炸或其他危险的情况，应立即中断试验。打开排气风扇，并用灭火毯等灭火装置将试品柜中的火扑灭。

(2)试品接线完毕，在试验开始前应检查试品门是否关严，防止试验过程因冲击力作用将试品门弹开，危及测试人员的安全。

5.19　模拟 SPD 失效模式的附加试验

5.19.1　试验目的

SPD 在正常运行过程中，会出现短路或者开路故障而失效。短路电流试验是为了考核 SPD 的内部连接件的性能，直接将保护元件用铜块代替，施加预期的短路电流。该试验模拟 SPD 在正常系统运行时，叠加一个故障过电压，使得 SPD 失效，检验这时 SPD 能否承受预期短路电流，而不会造成火灾、爆炸或闪络等事故。

5.19.2　试验设备及参数要求

模拟 SPD 失效模式试验可以利用短路电流试验设备，在该设备基础上增加模拟 SPD 失效试验所要求的电源及相应的控制程序。表 5.39 为模拟 SPD 失效模式的附加试验所需的设备及相关标准/规范的参数要求。

表 5.39　模拟 SPD 失效模式的附加试验所需的设备及相关标准/规范的参数要求

序号	试验设备名称	适用的标准/规范	参数要求
1	SPD 失效试验设备	《低压电涌保护器(SPD) 第 11 部分：低压电源系统的电涌保护器 性能要求和试验方法》(GB/T 18802.11—2020)	U_{REF}电源：最大 U_{REF}电压 440 V，U_{REF}持续时间 5 min，允差为 0～5%；预期短路电流最大值为 1000 A，允差为 0～5%；电源的功率因数满足表 5.38 的规定； 预处理电源：当 U_c不超过 440 V 时，预处理电压为 1200 V，允差为 0～5%；当 U_c超过 440 V 时，预处理电压为 3 倍的 U_c电压，预处理电流为 1～20 A(RMS)，持续时间为 5 s，允差为0～5%

续表

序号	试验设备名称	适用的标准/规范	参数要求
2	阻性电流测试仪	《低压电涌保护器(SPD) 第11部分:低压电源系统的电涌保护器 性能要求和试验方法》(GB/T 18802.11—2020)	电流:量程为0～20 mA,分辨力不超过0.1 mA; 电压:AC 0～1000 V,误差为±3%
3	标准试指	《外壳防护等级(IP代码)》(GB/T 4208—2017)	铰接试指:直径12 mm,长80 mm; 球形试具:直径12.5 mm
4	电气指示器	《外壳防护等级(IP代码)》(GB/T 4208—2017)	电压:AC 40～50 V
5	推拉力计	《外壳防护等级(IP代码)》(GB/T 4208—2017)	推力:量程50 N,分度值0.25 N

5.19.3 试验方法和判定标准

5.19.3.1 试验方法

(1)按制造商的说明书中的正常使用条件安装SPD。连接规定的最大截面积的导线,连接试品的电缆最大长度为0.5 m。如果制造商有推荐外部脱离器,应和试品一起进行本试验。

(2)将SPD置入金属屏栅中,SPD所有侧面离金属屏栅的距离符合制造商规定的离任意一接地导体表面的最小距离。金属屏栅通过一个6A gL/gG熔断器连接到SPD的一个被测试端子上。每次短路试验后,屏栅的连接应更换到SPD相反极性的另一个端子上。

(3)根据SPD的U_c值,选择相应的预处理电压,施加时间5 s(允差0～5%),电源的预期短路电流为制造商提供的电流值,应在1～20 A(RMS)。

(4)预处理电压之后,应在试品上施加U_{REF}电压(允差−5%～0),施加时间为5 min,或在电流被内部或外部脱离器切断之后至少0.5 s。从施加预处理电压到U_{REF}的转换应没有间断。图5.102和图5.103为一个合适的试验电路和时序图。

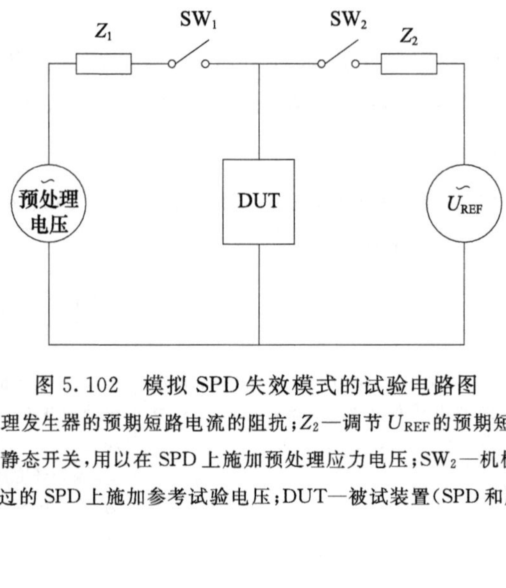

图5.102 模拟SPD失效模式的试验电路图

(Z_1—调节预处理发生器的预期短路电流的阻抗;Z_2—调节U_{REF}的预期短路电流的阻抗;SW_1—机械开关或静态开关,用以在SPD上施加预处理应力电压;SW_2—机械开关或静态开关,用以在预处理过的SPD上施加参考试验电压;DUT—被试装置(SPD和脱离器,如有))

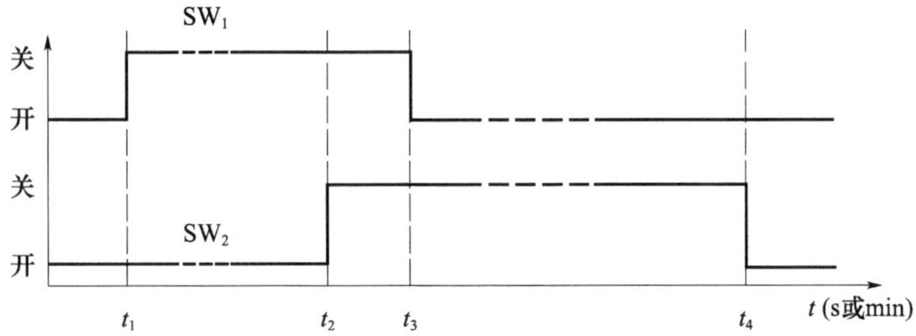

图 5.103 模拟 SPD 失效模式的时序图

($t_1=0$;$t_3 \geqslant t_2 \geqslant 5$ s-0%;$t_2 \leqslant t_3 \leqslant 5$ s$+5\%$;$t_4=5$ min(允差 0～5%)或在电流切断后≥0.5 s)

(5)将三个新的经过预处理的 SPD 分成一组,每组试品分别在短路电流(U_{REF}电流)为 100 A、500 A 和 1000 A 的 U_{REF}下进行试验,除非这些值超过了 SPD 声明的额定短路电流值。预处理试验结束和施加 U_{REF}之间的时间间隔应尽可能短,也就是 t_2 和 t_3 之间不应超过 100 ms。

图 5.104～图 5.107 为某一不合格产品的试验波形图,失效电流为 20 A(书后彩图 5.104～彩图 5.107)。图 5.104 中,失效电流为 20.14 A,U_{REF}电流为 97.08 A,预处理电压(黄色曲线)为 728.98 V,由于 SPD 启动,因此加到 SPD 两端的实际电压仅为 728 V,但因为 SPD 未完全开启,因此失效电流未达到设定的 20 A。700 ms 后试品短路,SPD 两端电压接近为 0,这时候的失效电流上升至 20 A。图 5.105 中显示,预处理电压的持续时间为 4998 ms。图 5.106 中,预处理电压与 U_{REF}电压的重叠时间为 20.7 ms,U_{REF}电流与失效电流同时存在的区域即为重叠区域。20.7 ms 后失效电流接近为 0。图 5.107 中显示,SPD 在 U_{REF}下的电流流过 882.4 ms 后,SPD 内部脱离器断开,U_{REF}电流消失。试验过程中,由于产品没有在 5 s 内及时脱扣,导致后续施加 U_{REF}过程中出现了较大的 U_{REF}电流,发生了起火燃烧的现象。产品判定不合格。

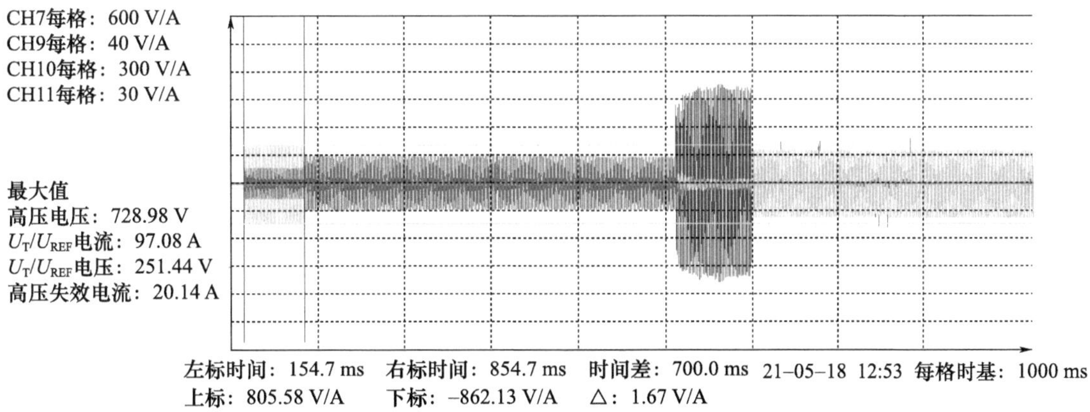

图 5.104 700 ms 试品短路

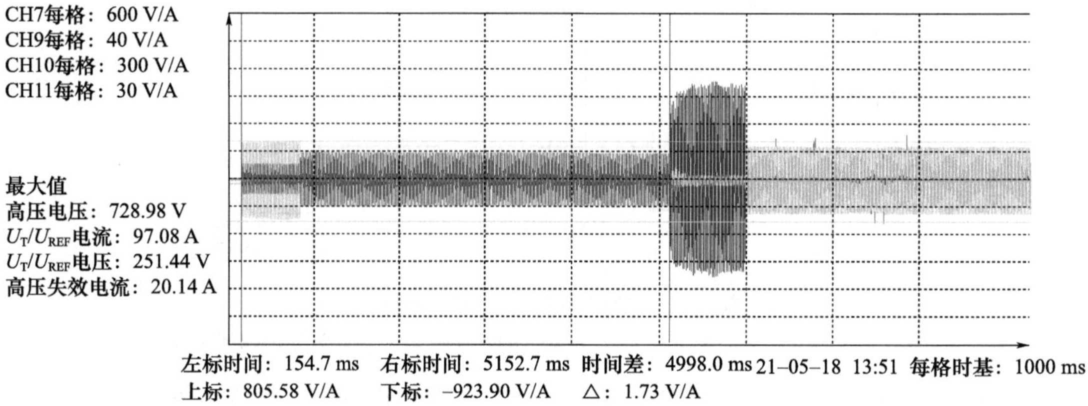

图 5.105　4998 ms 预处理电压持续时间

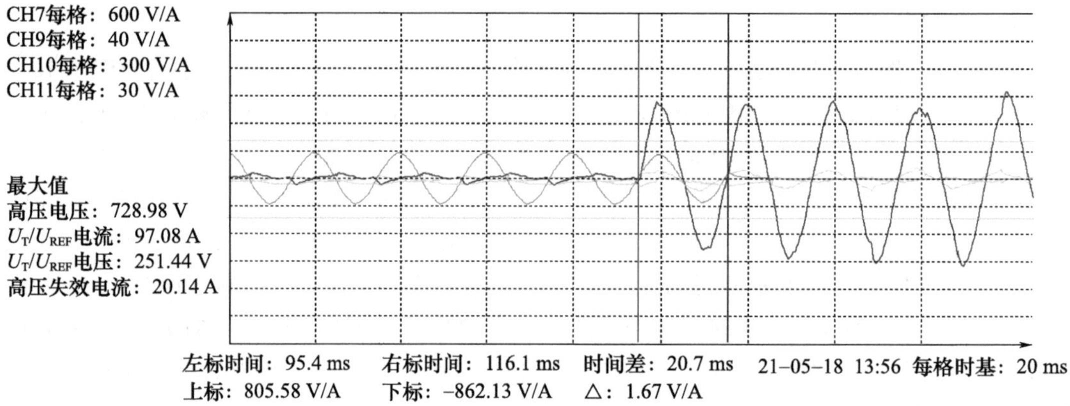

图 5.106　20.7 ms 重叠时间

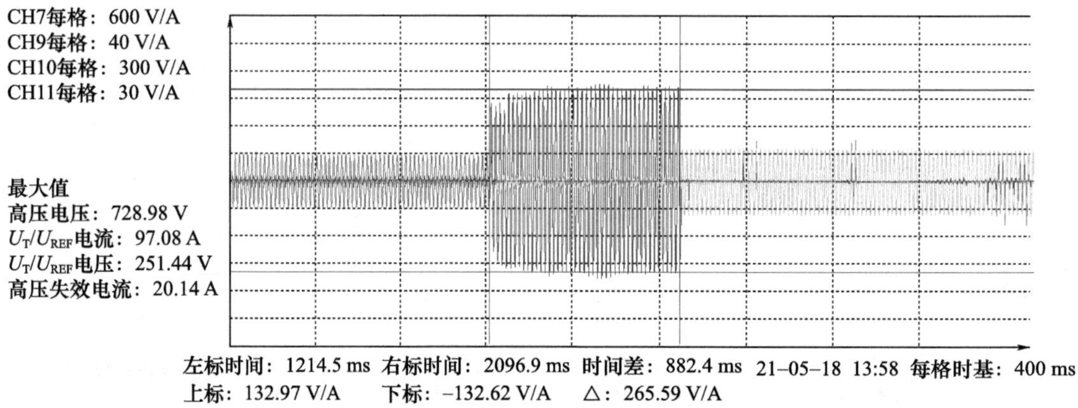

图 5.107　882.4 ms SPD 开路

图 5.108(书后彩图 5.108)为某一合格产品的试验波形图，失效电流为 1 A。由于失效电流较小，产品未完全开启，预处理电压在 5 s 后，产品未流出明显的 U_{REF} 电流，且在试验过程中未出现任何外观损坏等现象，因此判定产品该项试验合格。

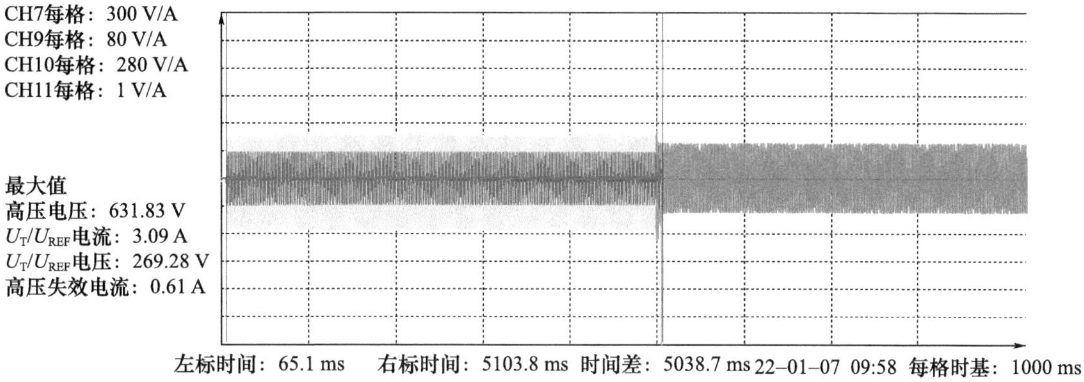

图 5.108　合格产品试验波形图

(6)如果在第一组试品(100 A 试验设置下)试验的所有测量值均满足以下条件,则不需要进行下一步的试验。

① 在施加预处理电压的 5 s 内显示脱离。

② 在预处理电压之后施加 U_{REF}过程中,流过试品的电流不超过 1 mA。

③ 在预处理电压之后施加 U_{REF}过程中,流过试品的电流增加不超过试验前在 U_{REF}下确定的初始值的 20%。

5.19.3.2　判定标准

(1)试验过程中,应没有发生可见的损坏。试验后,检查发现的细小的凹痕或裂缝,如不影响防直接接触,则可以忽略,除非 SPD 的防护等级(IP 代码)被破坏。试验后,试品上不应有燃烧的痕迹。

(2)对防护等级大于或等于 IP20 的 SPD,应使用标准试指施加一个 5 N 的力,不应触及带电部件,除了 SPD 按正常使用安装后在试验前已可触及的带电部件外。

(3)不应有对人员或设备产生的爆炸或其他危险。

(4)不应有对金属屏栅的闪络,试验过程中连接屏栅的 6A gL/gG 熔断器也不应动作。

(5)脱离应通过一个或多个内部和/或外部脱离器来实现,应检查它们是否给出正确的状态指示。

(6)如果试验过程中发生脱离(内部或外部),对应保护元件的有效脱离应有清晰的指示。如果发生内部脱离,试品按正常使用连接到额定频率的最大持续工作电压 U_c保持 1 min,试验电源的短路电流容量应大于或等于 200 mA,流过相关保护元件的电流不应超过 1 mA。流过与相关保护元件并联的元件或其他电路(如指示电路)的电流可忽略,只要它们不造成电流流过相关保护元件。此外,如果有的话,流过 PE 端子的电流,包括并联电路和其他电路(如指示电路),不应超过 1 mA。正常使用中,如果有超过一种的接线方式,应检查每一种可能的接线方式.

若短路型 SPD 或在施加 U_{REF}过程中,电流中断或没有显著电流流过 SPD,没有发生脱离,则不需要遵循第(5)和第(6)条的判定。

5.19.4 测试要点

(1)没有显著电流流过是指在预处理电压之后施加U_{REF}过程中,流过试品的电流不超过1 mA,或电流增加不超过试验前在U_{REF}下确定的初始值的20%。

(2)在预处理期间,任何对电子指示电路的损坏不认为是失效,任何电子指示电路可以断开。

(3)当预处理短路电流声称值较大,例如20 A时,对于压敏型产品在预处理阶段,即在5 s内就会发生短路失效。若是合格的产品,则在5 s内通过外置/内置脱离器及时分断,且未产生任何起火或爆炸等危险的情况发生。

(4)当预处理短路电流声称值较小,例如1~2 A时,在预处理阶段产品可能没有完全开启,加之短路电流较小,即使劣质的压敏型产品也不会发生起火等现象。因此,建议制造商提高预处理短路电流声称值,采用更严酷的试验等级进行试验,保证产品质量。

(5)制造商在SPD短路试验中声称的预期短路电流值应经过充分的考量,若声称值偏大,例如300 A以上,对于短路电流特性试验,通过的概率会高一些。内部连接件会因为电流过大,而更容易在5 s内断开。但对于模拟SPD失效试验,如果SPD在预处理阶段没有完全脱扣,在后续的参考电压作用下,过高的预期短路电流将增加SPD起火燃烧的概率。因此,预期短路电流值应该是一个折中的值,才能保证这两项试验都能通过。

(6)开关型产品在做该项试验时,一般不会发生类似MOV阀片的起火燃烧现象,产品会随着交流电压的周期性变化而频繁短路、开路。如图5.109所示(书后彩图5.109),失效电流呈不规则的交流信号。当预处理电压在过零的位置时,开关型产品处于临界短路与开路状态之间。预处理电压消失后,产品处于未开启状态,两端只有U_{REF}电压。如果在施加U_{REF}过程中出现了明显的电流,应判定产品脱离器是否给出正确的指示。

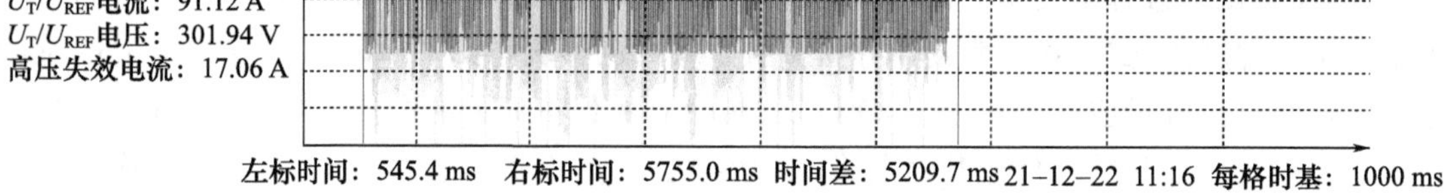

图5.109 开关型产品失效模式试验波形图

5.19.5 安全注意事项

(1)试验时,常出现起火燃烧的现象,如果SPD已经燃烧或者出现了对人员或设备有爆炸或其他危险的情况,应立即中断试验。打开排气风扇,并用灭火毯等灭火装置将试品柜中的火扑灭。

(2)试品接线完毕,在试验开始前应检查试品门是否关严,防止试验过程因冲击力作用将试品门弹开,危及测试人员的安全。

参考文献

[1] 中国电器工业协会,全国避雷器标准化技术委员会. 低压电涌保护器(SPD) 第 11 部分:低压电源系统的电涌保护器 性能要求和试验方法:GB/T 18802.11—2020[S]. 北京:中国标准出版社,2020.

[2] 全国家用电器标准化委员会. 家用和类似用途电器的安全 第 1 部分:通用要求:GB 4706.1—2005[S]. 北京:中国标准出版社,2005.

[3] 中国电器工业协会,全国低压电器标准化技术委员会. 电气附件 家用及类似场所用过电流保护断路器 第 1 部分:用于交流的断路器:GB/T 10963.1—2020 [S]. 北京:中国标准出版社,2020.

[4] 中国电气安全标准化技术委员会. 外壳防护等级(IP 代码):GB/T 4208—2017[S]. 北京:中国标准出版社,2017.

[5] 尹天文,王碧云,蒋容兴. 电涌保护器脱离器的设计与研究[J]. 低压电器,2006(8):3-7.

[6] 于梦琦,李雪峰,侯慧姝. 石墨电极多级气体放电管切断续流能力的测试[J]. 电瓷避雷器,2016(4):97-100.

[7] 郭婷,周文俊,黄海鲲. 多间隙灭弧结构熄灭工频电弧的仿真与试验[J]. 中国电机工程学报,2016,36(10):2853-2861.

[8] 徐伟,盛沨,行鸿彦. 电涌保护器中漏电流阻性分量的监测及提取方法[J]. 电子测量与仪器学报,2018,32(9):133-141.

[9] 贾志强,张利华,田艳茹. 氧化类电压限制型电涌保护器动作负载试验研究[J]. 铁道建筑技术,2019(12):47-51.

[10] 信息产业部电信研究院. 通信局(站)低压配电系统用电涌保护器测试方法:YD/T 1235.2—2002[S]. 北京:中国计划出版社,2002.

[11] 中国电器工业协会,全国避雷器标准化技术委员会. 低压电涌保护器(SPD)第 1 部分:低压配电系统的电涌保护器 性能要求和试验方法:GB 18802.1—2011[S]. 北京:中国标准出版社,2011.

[12] 刘冰桦,周歧斌. 电涌保护器热稳定性试验的研究与分析[J]. 现代建筑电气,2015(2):1-4.

[13] 沈云新. 浪涌保护器热稳定试验研究[J]. 现代建筑电气,2011(9):41-46.

[14] 胡东,钱文海,杜志航. 以电流分档的热稳定试验方法的不足及试验分析[J]. 南京信息工程大学学报(自然科学版),2014,6(1):47-51.

[15] 中国电器工业协会,全国低压电器标准化技术委员会. 低压系统内设备的绝缘配合 第 1 部分:原理、要求和试验:GB/T 16935.1—2008[S]. 北京:中国标准出版社,2008.

[16] 中国电器工业协会,全国电工电子产品着火危险试验标准化技术委员会. 电工电子产品着火危险试验 第 21 部分:非正常热 球压试验:GB/T 5169.21—2017[S]. 北京:中国标准出版社,2017.

[17] 中国电器工业协会,全国电工电子产品着火危险试验标准化技术委员会. 电工电子产品着火危险试验 第 10 部分:灼热丝/热丝基本试验方法 灼热丝装置和通用试验方法:GB/T 5169.10—2017[S]. 北京:中国标准出版社,2017.

[18] 中国电器工业协会,全国电工电子产品着火危险试验标准化技术委员会. 电工电子产品着火危险试验 第 11 部分:灼热丝/热丝基本试验方法 成品的灼热丝可燃性试验方法(GWEPT):GB/T 5169.11—2017[S]. 北京:中国标准出版社,2017.

[19] 中国电器工业协会,全国电气绝缘材料与绝缘系统评定标准化技术委员会. 固体绝缘材料耐电痕化指数和相比电痕化指数的测定方法:GB/T 4207—2022[S]. 北京:中国标准出版社,2022.

[20] 卢振亚,杨凤金,江涛. ZnO 压敏元件雷电流冲击试验残压波形分析[J]. 电子元件与材料,2004,23(4):29-35.

[21] 高鑫,刘全桢,毕晓蕾,等. 电涌保护器残压测量中的影响因素分析[J]. 高压电器,2012,48(12):18-21.

[22] 高鑫,傅正财,刘全桢. 高压探头连线方式对电涌保护器残压测量的影响[J]. 低压电器,2010,18(2):8-13.

[23] 陆俭国,何瑞华,陈德桂,等. 中国电气工程大典 第 11 卷 配电工程[M]. 北京:中国电力出版社,2009:343-344.

[24] 向念文,王建国,薛健,等. SPD 残压测量回路中差模干扰问题[J]. 电磁避雷器,2008(5):42-46.

[25] 西安全路通号器材研究有限公司. 铁路通信、信号、电力电子系统防雷设备:TB/T 2311—2017[S]. 北京:中国铁道出版社,2017.

[26] 高靖翔,历晓东,张涛,等. GB 和 UL 标准的电涌保护器对比分析[J]. 建筑电气,2021,35(9):7-10.

[27] 中国电器工业协会,全国高电压试验技术和绝缘配合标准化技术委员会. 高电压试验技术 第 1 部分:一般定义及试验要求:GB/T 16927.1—2011[S]. 北京:中国标准出版社,2011.

[28] 中国电器工业协会,全国电器附件标准化技术委员会. 家用和类似用途插头插座 第 1 部分:通用要求:GB/T 2099.1—2021[S]. 北京:中国标准出版社,2021.

[29] 万之全,赵刚,陈坚,等. SPD 暂态过电压测试系统设计[J]. 华东电力,2007,35(3):52-54.

[30] 王宇,杨仲江,李欣,等. 暂时过电压对低压电源类 SPD 设计的影响[J]. 低压电器,2010(15):6-9.

[31] 任晓明,蔡振新,傅正财. 低压电涌保护器暂态过电压测试方法研究[J]. 高压电器,2007,43(4):248-252.

[32] 何亨文,戴传友,孟奇,等. IEC 61643-1 中开关型 SPD 暂时过电压试验的探讨[J]. 高电压技术,2006,32(2):15-17.

[33] IEC. Low-voltage electrical installations—Part 4-44: Protection for safety—Protection against voltage disturbances and electromagnetic disturbances: IEC 60364-4-44:2018[S]. Geneva: International Electrotechnical Commission, 2018.

[34] 应达. MOV 和 TMOV 在暂时过电压作用下的测试研究[D]. 南京:南京信息工程大学,2013.

[35] 陈谦. SPD 型式试验对外部脱离器的要求[J]. 建筑电气,2014(6):23-29.

[36] IEC. Low-voltage switchgear and controlgear—Part 1: General rules: IEC 60947-1:2020[S]. Geneva: International Electrotechnical Commission, 2020.

[37] 张利华,赵军,任稳住. SPD 脱离装置的分析与实验研究[J]. 电磁避雷器,2015(4):78-86.

附录　电源原始记录总表

标识和标志检验检测原始记录表(一)

<table>
<tr><td>业务编号</td><td colspan="2"></td><td>样品编号</td><td></td><td>样品型号</td><td></td></tr>
<tr><td>检测依据</td><td colspan="6">《低压电涌保护器(SPD)第11部分:低压电源系统的电涌保护器 性能要求和试验方法》(GB/T 18802.11—2020)</td></tr>
<tr><td rowspan="2">环境</td><td colspan="2">测试地点:________</td><td>样品名称、数量</td><td colspan="3"></td></tr>
<tr><td colspan="2">室温:____℃;相对湿度:____%</td><td>状态描述、接收日期</td><td colspan="3"></td></tr>
<tr><td>序号</td><td>检测项目</td><td colspan="5">检测数据/结果</td></tr>
<tr><td rowspan="21">1</td><td rowspan="21">标识</td><td>制造商名或商标和型号</td><td colspan="4">商标:________;型号:________;
是否标在 SPD 上:是 □ / 否 □</td></tr>
<tr><td>最大持续工作电压 U_c</td><td colspan="4">L-PE:____ V;N-PE:____ V;L-N:____ V</td></tr>
<tr><td>电流类型(交流或直流)</td><td colspan="4"></td></tr>
<tr><td>试验类别和放电参数</td><td colspan="4">Ⅰ类试验 □　I_{imp}=____ kA
Ⅱ类试验 □　I_{max}=____ kA
Ⅲ类试验 □　U_{oc}=____ kV</td></tr>
<tr><td>电压保护水平 U_p</td><td colspan="4">L-PE:____ kV;N-PE:____ kV;L-N:____ kV</td></tr>
<tr><td>外壳防护等级(当 IP>20)</td><td colspan="4">IP=20</td></tr>
<tr><td>接线端的标志</td><td colspan="4">有 □ / 无 □</td></tr>
<tr><td>二端口和输入输出分开的
一端口 SPD 的额定负载电流 I_L</td><td colspan="4">____ A</td></tr>
<tr><td>上述这些标识是否给出</td><td colspan="4"></td></tr>
<tr><td colspan="5">型式试验时制造商应提供的信息</td></tr>
<tr><td>是否有开关元器件</td><td colspan="4">是 □ / 否 □</td></tr>
<tr><td>预处理试验中预期的续流</td><td colspan="4">≤500 A □/>500 A □</td></tr>
<tr><td>若状态指示器未使用认证过
的元器件,应给出试验标准</td><td colspan="4">有 □ / 无 □</td></tr>
<tr><td>分开隔离电路的隔离性
和介电强度</td><td colspan="4"></td></tr>
<tr><td>进行预处理试验的预期短路电流</td><td colspan="4">____ A</td></tr>
<tr><td colspan="5">产品参数表上应出现的信息</td></tr>
<tr><td>电源系统类型和连接方式及 U_T</td><td colspan="4"></td></tr>
<tr><td>多极 SPD 的总放电电流 I_{total}</td><td colspan="4"></td></tr>
<tr><td>二端口 SPD 的电压降</td><td colspan="4"></td></tr>
<tr><td>二端口 SPD 的负载侧
电涌耐受能力</td><td colspan="4"></td></tr>
<tr><td>可更换部件的信息
(指示器、熔断器等)</td><td colspan="4"></td></tr>
<tr><td colspan="2">检测员</td><td></td><td>检测日期</td><td colspan="3">年　月　日　时　分至
年　月　日　时　分</td></tr>
<tr><td colspan="2">审核员</td><td></td><td>审核日期</td><td colspan="3">年　月　日</td></tr>
</table>

标识和标志检验检测原始记录表(二)

<table>
<tr><td>序号</td><td>检测项目</td><td colspan="3">检测数据/结果</td></tr>
<tr><td rowspan="4">1</td><td rowspan="4">标识</td><td>电压上升率 du/dt</td><td colspan="2"></td></tr>
<tr><td>过载特性的触发电流系数 k</td><td colspan="2"></td></tr>
<tr><td>保护模式(对于多于一个保护模式的 SPD)</td><td colspan="2"></td></tr>
<tr><td colspan="3">项目判定：　合格 □ / 不合格 □</td></tr>
<tr><td rowspan="2">2</td><td rowspan="2">标志</td><td>耐久性试验，标志是否清晰可见</td><td colspan="2">是 □ / 否 □</td></tr>
<tr><td colspan="3">项目判定：　合格 □ / 不合格 □</td></tr>
<tr><td colspan="2">检测员</td><td></td><td>检测日期</td><td>年　月　日　时　分至
年　月　日　时　分</td></tr>
<tr><td colspan="2">审核员</td><td></td><td>审核日期</td><td>年　月　日</td></tr>
<tr><td colspan="2">备注</td><td colspan="3"></td></tr>
</table>

附录 电源原始记录总表

安装、接线端子和连接检验检测原始记录表(一)

<table>
<tr><td>业务编号</td><td colspan="2"></td><td>样品编号</td><td></td><td>样品型号</td><td></td></tr>
<tr><td>仪器设备参数</td><td colspan="6"></td></tr>
<tr><td>检测依据</td><td colspan="6">《低压电涌保护器(SPD)第 11 部分:低压电源系统的电涌保护器 性能要求和试验方法》(GB/T 18802.11—2020)</td></tr>
<tr><td rowspan="2">环境</td><td colspan="2" rowspan="2">测试地点:____________
室温:____℃;相对湿度:____%</td><td colspan="2">样品名称、数量</td><td colspan="2"></td></tr>
<tr><td colspan="2">状态描述、接收日期</td><td colspan="2"></td></tr>
<tr><td>接线端子类型</td><td colspan="6">□螺钉型;□无螺钉型;□绝缘穿刺;□尾纤连接(飞线)</td></tr>
<tr><td>可夹紧导线截面积</td><td colspan="6">最小:________ mm^2;最大:________ mm^2</td></tr>
<tr><td>标称螺纹直径</td><td colspan="6">____ mm</td></tr>
<tr><td>序号</td><td>检测项目</td><td colspan="4">检测数据/结果</td><td>项目判定</td></tr>
<tr><td>1</td><td>安装</td><td colspan="2">安装方式</td><td colspan="2"></td><td>合格 □
不合格 □</td></tr>
<tr><td rowspan="11">2</td><td rowspan="11">接线端子和连接</td><td colspan="4">螺钉、载流部件和连接的可靠性试验</td><td rowspan="3">合格 □
不合格 □
不适用 □</td></tr>
<tr><td colspan="2">拧紧和拧松螺钉 10 次 / 5 次</td><td colspan="2" rowspan="2">连接是否松动:是□/否□
是否有损坏:是□/否□</td></tr>
<tr><td colspan="2">施加的扭矩:____ N·m</td></tr>
<tr><td colspan="2">按Ⅰ类试验的 SPD 和按Ⅱ类试验的标称放电电流≥5 kA 一端口的 SPD 能否夹紧截面为 4 mm^2 导体。</td><td colspan="2">能□/不能□</td><td>合格 □
不合格 □</td></tr>
<tr><td colspan="4">螺钉接线端子</td><td rowspan="4">合格 □
不合格 □
不适用 □</td></tr>
<tr><td colspan="2">三分之二扭矩值:____ N·m</td><td colspan="2">导体是否移动:是□/否□</td></tr>
<tr><td colspan="2">施加的拉力:____ N</td><td colspan="2">导体是否过度损坏或导线被切断:是□/否□;
接线端子是否松动:是□/否□;
是否有损坏:是□/否□</td></tr>
<tr><td colspan="2">连接硬性多股绞合铜导体</td><td colspan="2">是否有导体线丝从接线端子中脱出:是□/否□</td></tr>
<tr><td colspan="4">无螺钉接线端子</td><td rowspan="2">合格 □
不合格 □
不适用 □</td></tr>
<tr><td colspan="2">施加的拉力:____ N</td><td colspan="2">导体是否移动:是□/否□;
导体是否损坏:是□/否□</td></tr>
<tr><td colspan="5"></td></tr>
<tr><td colspan="2">检测员</td><td colspan="2"></td><td>检测日期</td><td colspan="2">年 月 日 时 分 至
年 月 日 时 分</td></tr>
<tr><td colspan="2">审核员</td><td colspan="2"></td><td>审核日期</td><td colspan="2">年 月 日</td></tr>
</table>

安装、接线端子和连接检验检测原始记录表(二)

<table>
<tr><th>序号</th><th>检测项目</th><th colspan="2">检测数据/结果</th><th>项目判定</th></tr>
<tr><td rowspan="6">2</td><td rowspan="6">接线端子
和连接</td><td colspan="2">绝缘穿刺连接</td><td rowspan="3">合格 □
不合格 □
不适用 □</td></tr>
<tr><td>单芯导体施加的扭矩：____ N·m
施加的拉力：____ N</td><td>导体是否移动：是□/否□；
导体是否损坏：是□/否□</td></tr>
<tr><td>多芯电缆或电线
施加的拉力：____ N</td><td>电缆或电线是否滑出
接线端子：是□/否□</td></tr>
<tr><td colspan="2">尾纤连接(飞线)</td><td rowspan="3">合格 □
不合格 □
不适用 □</td></tr>
<tr><td rowspan="2">任意角度施加导线上的
拉力 89 N 保持 1 min</td><td rowspan="2">导体是否移动：是□/否□；
导体是否损坏：是□/否□</td></tr>
<tr></tr>
<tr><td colspan="2">检测员</td><td></td><td>检测日期</td><td>年 月 日 时 分 至
年 月 日 时 分</td></tr>
<tr><td colspan="2">审核员</td><td></td><td>审核日期</td><td>年 月 日</td></tr>
<tr><td colspan="2">备注</td><td colspan="3"></td></tr>
</table>

防直接接触、剩余电流(残流)和环境 IP 代码检验检测原始记录表

<table>
<tr><td>业务编号</td><td colspan="3"></td><td>样品编号</td><td></td><td>样品型号</td><td></td></tr>
<tr><td>仪器设备参数</td><td colspan="7"></td></tr>
<tr><td>检测依据</td><td colspan="7">《低压电涌保护器(SPD)第 11 部分:低压电源系统的电涌保护器 性能要求和试验方法》(GB/T 18802.11—2020);
《外壳防护等级(IP 代码)》(GB/T 4208—2017)</td></tr>
<tr><td rowspan="2">环境</td><td colspan="3" rowspan="2">测试地点:____________
室温:____℃;相对湿度:____%</td><td colspan="2">样品名称、数量</td><td colspan="2"></td></tr>
<tr><td colspan="2">状态描述、接收日期</td><td colspan="2"></td></tr>
<tr><td>额定负载电流</td><td colspan="3">I_L:____ A</td><td colspan="2">参考试验电压</td><td colspan="2">U_{REF}:____ V</td></tr>
<tr><td>可夹紧导线截面积</td><td colspan="3">最小:____ mm^2;最大:____ mm^2</td><td colspan="2">剩余电流(残流)</td><td colspan="2">I_{PE}:____ mA</td></tr>
<tr><td>IP 代码</td><td colspan="3">IP ____</td><td colspan="2">最大持续工作电压</td><td colspan="2">U_c:____ V</td></tr>
<tr><td>分类</td><td colspan="7">□可触及的 □不可触及的</td></tr>
<tr><td>安装方式</td><td colspan="7"></td></tr>
<tr><td>序号</td><td>检测项目</td><td colspan="5">检测数据/结果</td><td>项目判定</td></tr>
<tr><td rowspan="3">1</td><td rowspan="3">防直接接触</td><td>绝缘部件</td><td colspan="2">试指是否触及带电部件</td><td colspan="2">是 □ / 否 □</td><td>合格 □
不合格 □
不适用 □</td></tr>
<tr><td rowspan="2">金属部件</td><td colspan="2">电压降/电流</td><td colspan="2">________ V/________ A</td><td rowspan="2">合格 □
不合格 □
不适用 □</td></tr>
<tr><td colspan="2">电阻(不应超过 0.05 Ω)</td><td colspan="2">________ Ω</td></tr>
<tr><td rowspan="2">2</td><td rowspan="2">环境 IP 代码</td><td colspan="3">试指是否触及带电部件</td><td colspan="2">是 □ / 否 □</td><td rowspan="2">合格 □
不合格 □</td></tr>
<tr><td colspan="3">钢球探棒是否进入任何开口</td><td colspan="2">是 □ / 否 □</td></tr>
<tr><td>3</td><td>剩余电流(残流)</td><td colspan="3">保护模式:____________
保护模式:____________</td><td colspan="2">____________ mA
____________ mA</td><td>合格 □
不合格 □</td></tr>
<tr><td colspan="2">检测员</td><td colspan="2"></td><td>检测日期</td><td colspan="3">年 月 日 时 分 至
年 月 日 时 分</td></tr>
<tr><td colspan="2">审核员</td><td colspan="2"></td><td>审核日期</td><td colspan="3">年 月 日</td></tr>
<tr><td colspan="2">备注</td><td colspan="6"></td></tr>
</table>

Ⅰ、Ⅱ类动作负载检验检测原始记录表(一)

业务编号		样品编号		样品型号	
仪器设备参数					
检测依据	《低压电涌保护器(SPD)第11部分:低压电源系统的电涌保护器 性能要求和试验方法》(GB/T 18802.11—2020)				
环境	测试地点:____ 室温:___℃;相对湿度:___%	样品名称、数量		是否有开关元件: 是□/否□	
		状态描述、接收日期			
测试波形存储位置				续流大于500 A□/ 续流小于500 A□	

技术参数		初始限制电压					
技术参数	U_c:____V;U_p:____kV; I_n:____kA;I_{max}:____kA; I_{imp}:____kA;U_{REF}:____V	初始限制电压	____kA	波形图	____kA	波形图	方程式:
			____kV		____kV		限制电压最大值:____kV

波前放电电压										最大值
	____kV	____kV	____kV	____kV	____kV	____kV	____kV	____kV	____kV	____kV	____kV

波前放电电压波形图: 限制电压判定: 大于等于U_p□ / 小于U_p□

Ⅰ、Ⅱ类SPD的动作负载试验 8/20 μs冲击电流

同步相角	通流/kA	是否击穿或闪络	波形图	同步相角	通流/kA	是否击穿或闪络	波形图	同步相角	通流/kA	是否击穿或闪络	波形图	
0°		是□/否□		150°		是□/否□		300°		是□/否□		
30°		是□/否□		180°		是□/否□		330°		是□/否□		
60°		是□/否□		210°		是□/否□		0°		是□/否□		
90°		是□/否□		240°		是□/否□		30°		是□/否□		
120°		是□/否□		270°		是□/否□		60°		是□/否□		
加电1 min是否复燃:是□/否□				加电1 min是否复燃:是□/否□				加电1 min是否复燃:是□/否□				

Ⅰ类SPD的附加动作负载试验 10/350 μs冲击电流

$0.1I_{imp}$ ____kA	热稳定性	是否击穿或闪络	波形图	$0.25I_{imp}$ ____kA	热稳定性	是否击穿或闪络	波形图
	是□/否□	是□/否□			是□/否□	是□/否□	
$0.5\ I_{imp}$ ____kA	热稳定性	是否击穿或闪络	波形图	$0.75I_{imp}$ ____kA	热稳定性	是否击穿或闪络	波形图
	是□/否□	是□/否□			是□/否□	是□/否□	

$1.0I_{imp}$ ____kA	热稳定性	是否击穿或闪络	波形图	$0.1I_{imp}$	$0.25I_{imp}$	$0.5I_{imp}$	$0.75I_{imp}$	$1.0I_{imp}$
	是□/否□	是□/否□		是否复燃 是□/否□	是否复燃 是□/否□	是否复燃 是□/否□	是否复燃 是□/否□	是否复燃 是□/否□

最终限制电压	____kA	波形图	____kA	波形图	限制电压方程式	限制电压最大值	泄漏电流	N-PE电流阻性分量
	____kV		____kV			____kV	____mA	____mA

波前放电电压										最大值
	____kV	____kV	____kV	____kV	____kV	____kV	____kV	____kV	____kV	____kV	kV
波前波形图										

检测员		检测日期	年 月 日 时 分至 年 月 日 时 分
审核员		审核日期	年 月 日

Ⅰ、Ⅱ类动作负载检验检测原始记录表(二)

<table>
<tr><td colspan="4">合格判定</td></tr>
<tr><td colspan="4">A、SPD 是否达到热稳定:是 □ / 否 □</td></tr>
<tr><td colspan="4">B、电压和电流波形图及目测检查是否有击穿或闪络的迹象:是 □ / 否 □</td></tr>
<tr><td colspan="4">C、试验过程中是否有可见的损坏:有 □ / 无 □ ;试验后试品上是否有燃烧的痕迹:有 □ / 无 □</td></tr>
<tr><td colspan="4">D、试验后测量的限制电压是否小于或等于 U_p:是 □ / 否 □</td></tr>
<tr><td colspan="4">E、泄漏电流是否超过 1 mA:是 □ / 否 □</td></tr>
<tr><td colspan="4">F、是否有外部脱离器:是 □ / 否 □,外部脱离器是否动作:是 □ / 否 □,是否处于正常工作状态:是 □ / 否 □</td></tr>
<tr><td colspan="4">G、是否有内部脱离器:是 □ / 否 □,内部脱离器是否动作:是 □ / 否 □,是否处于正常工作状态:是 □ / 否 □</td></tr>
<tr><td colspan="4">M、是否有对人员或设备产生的爆炸或其他危险:是 □ / 否 □</td></tr>
<tr><td colspan="4">项目判定:　合格 □ / 不合格 □</td></tr>
<tr><td>检测员</td><td></td><td>检测日期</td><td>年　月　日　时　分至
年　月　日　时　分</td></tr>
<tr><td>审核员</td><td></td><td>审核日期</td><td>年　月　日</td></tr>
<tr><td>备注</td><td colspan="3"></td></tr>
</table>

Ⅲ类动作负载检验检测原始记录表

业务编号		样品编号		样品型号	
仪器设备参数					
检测依据	《低压电涌保护器(SPD)第 11 部分:低压电源系统的电涌保护器 性能要求和试验方法》(GB/T 18802.11—2020)				
环境	测试地点:________ 室温:___℃ ;相对湿度:___%	样品名称、数量		是否有开关元件:是 □/ 否□	
		状态描述、接收日期			
波形存储位置					
技术参数	U_c:____ V;U_p:____ kV ;U_{oc}:____ kV;U_{REF}:____ V;续流大于 500 A □ / 续流小于 500 A □				

初始限制电压	1.0U_{oc}	波形图	1.0 U_{oc}	波形图	−1.0U_{oc}	波形图	−1.0U_{oc}	波形图	限制电压最大值
	____ kV		____ kV		____ kV		____ kV		____ kV

限制电压判定:　大于等于 U_p□　/　小于 U_p□

Ⅲ类 SPD 的动作负载试验

同步相角	通流/kA	是否击穿或闪络	波形图	同步相角	通流/kA	是否击穿或闪络	波形图	同步相角	通流/kA	是否击穿或闪络	波形图
90°		是□/否□		270°		是□/否□		90°		是□/否□	
90°		是□/否□		270°		是□/否□		90°		是□/否□	
90°		是□/否□		270°		是□/否□		90°		是□/否□	
90°		是□/否□		270°		是□/否□		90°		是□/否□	
90°		是□/否□		270°		是□/否□		90°		是□/否□	

最终限制电压	1.0U_{oc}	波形图	1.0U_{oc}	波形图	−1.0U_{oc}	波形图	−1.0U_{oc}	波形图	限制电压最大值	____ kV
	____ kV		____ kV		____ kV		____ kV			

泄漏电流	____ mA	N-PE 电流阻性分量	____ mA

合格判定

A、SPD 是否达到热稳定:是 □ / 否 □

B、电压和电流波形图及目测检查是否有击穿或闪络的迹象:是 □ / 否 □

C、试验过程中是否有可见的损坏:有 □ / 无 □ ;试验后试品上是否有燃烧的痕迹:有 □ / 无 □

D、试验后测量的限制电压是否小于或等于 U_p:是 □ / 否 □

E、泄漏电流是否超过 1 mA:是 □ / 否 □

F、是否有外部脱离器:是 □ / 否 □,外部脱离器是否动作:是 □ / 否 □,是否处于正常工作状态:是 □ / 否 □

G、是否有内部脱离器:是 □ / 否 □,内部脱离器是否动作:是 □ / 否 □,是否处于正常工作状态:是 □ / 否 □

M、是否有对人员或设备产生的爆炸或其他危险:是 □ / 否 □

项目判定:　合格 □　/　不合格 □

检测员		检测日期	年　月　日　时　分 至 年　月　日　时　分
审核员		审核日期	年　月　日
备注			

热稳定检验检测原始记录表

<table>
<tr><td>业务编号</td><td></td><td>样品编号</td><td></td><td>样品型号</td><td></td></tr>
<tr><td>仪器设备参数</td><td colspan="5"></td></tr>
<tr><td>检测依据</td><td colspan="5">《低压电涌保护器(SPD)第 11 部分：低压电源系统的电涌保护器 性能要求和试验方法》(GB/T 18802.11—2020)</td></tr>
<tr><td rowspan="2">环境</td><td rowspan="2" colspan="2">测试地点：________
室温：____℃；相对湿度：____%</td><td>样品名称、数量</td><td colspan="2"></td></tr>
<tr><td>状态描述、接收日期</td><td colspan="2"></td></tr>
<tr><td>最大持续运行电压</td><td>U_c：________ V</td><td>脱离前两端电压</td><td>________ V</td><td>试验时间</td><td>________ min</td></tr>
<tr><td>脱离前试验电流</td><td>________ mA</td><td>最高温度/表面初始温度</td><td>________℃/________℃</td><td>5 min 后表面温度</td><td>________℃</td></tr>
<tr><td>脱离时表面温度</td><td>________℃</td><td>最高温升/5 min 表面温升</td><td>________℃/________℃</td><td>初始剩余电流(残流)</td><td>________ mA</td></tr>
<tr><td>漏流检测</td><td>________ mA</td><td>最终剩余电流值</td><td>________ mA</td><td>IP 等级</td><td>IP ________</td></tr>
</table>

检测数据/结果

试验电流/mA	开始时间/s	开始电压/V	开始温度/℃	试验电流/mA	结束时间/s	结束电压/V	结束温度/℃	持续时间/min	试验结果

合格判定

C、试验过程中是否有可见的损坏：有 □ / 无 □ ；试验后试品上是否有燃烧的痕迹：有 □ / 无 □

H、脱离器是否给出正确的状态指示：是 □ / 否 □

I、对防护等级大于或等于 IP20 的 SPD，使用标准试指施加一个 5 N 的力是否触及带电部件：是 □ / 否 □

J、若发生内部脱离，连接 U_c保持 1 min，流过的电流是否超过 1 mA：是 □ / 否 □

M、是否有对人员或设备产生的爆炸或其他危险：是 □ / 否 □

O、试验结束试品冷却至室温后，连接 U_c电源 2 h，监测剩余电流(残流)增加值是否超过开始测量值的 10%：是 □ / 否 □

项目判定：合格 □ / 不合格 □

<table>
<tr><td>检测员</td><td></td><td>检测日期</td><td>年　　月　　日　　时　　分至
年　　月　　日　　时　　分</td></tr>
<tr><td>审核员</td><td></td><td>审核日期</td><td>年　　月　　日</td></tr>
<tr><td>备注</td><td colspan="3">试验结果栏填写“热稳定”“热脱扣”或“热失控”</td></tr>
</table>

电气间隙和爬电距离检验检测原始记录表

<table>
<tr><td>业务编号</td><td colspan="2"></td><td>样品编号</td><td></td><td>样品型号</td><td></td></tr>
<tr><td>仪器设备参数</td><td colspan="6"></td></tr>
<tr><td>检测依据</td><td colspan="6">《低压电涌保护器(SPD)第 11 部分:低压电源系统的电涌保护器 性能要求和试验方法》(GB/T 18802.11—2020)</td></tr>
<tr><td rowspan="2">环境</td><td colspan="3" rowspan="2">测试地点:________
室温:____℃;相对湿度:____%</td><td colspan="2">样品名称、数量</td><td></td></tr>
<tr><td colspan="2">状态描述、接收日期</td><td></td></tr>
<tr><td>参数</td><td colspan="6">□户内型 / □户外型;污染等级:________;U_c:________ V;U_{max}:________ V</td></tr>
<tr><td>序号</td><td>检测项目</td><td colspan="3">检测数据/结果</td><td>判定值</td><td>项目判定</td></tr>
<tr><td rowspan="7">1</td><td rowspan="7">电气间隙</td><td colspan="2">不同极的带电部件之间</td><td>____ mm</td><td>____ mm</td><td>合格 □
不合格 □</td></tr>
<tr><td rowspan="4">带电部件与</td><td>安装 SPD 时应拆卸的固定盖的螺钉或其他工件之间</td><td>____ mm</td><td>____ mm</td><td>合格 □
不合格 □
不适用 □</td></tr>
<tr><td>安装表面</td><td>____ mm</td><td>____ mm</td><td>合格 □
不合格 □</td></tr>
<tr><td>安装 SPD 的螺钉或其他工件之间</td><td>____ mm</td><td>____ mm</td><td>合格 □
不合格 □</td></tr>
<tr><td>壳体之间</td><td>____ mm</td><td>____ mm</td><td>合格 □
不合格 □</td></tr>
<tr><td rowspan="2">脱离器机构的金属部件与</td><td>壳体之间</td><td>____ mm</td><td>____ mm</td><td>合格 □
不合格 □
不适用 □</td></tr>
<tr><td>安装 SPD 的螺钉或其他工具</td><td>____ mm</td><td>____ mm</td><td>合格 □
不合格 □
不适用 □</td></tr>
<tr><td rowspan="6">2</td><td rowspan="6">爬电距离</td><td colspan="5">目测最短爬电距离部位:</td></tr>
<tr><td colspan="2">不同极的带电部件之间</td><td>____ mm</td><td rowspan="5">____ mm</td><td>合格 □
不合格 □</td></tr>
<tr><td rowspan="4">带电部件与</td><td>安装 SPD 时应拆卸的固定盖的螺钉或其他工件之间</td><td>____ mm</td><td>合格 □
不合格 □
不适用 □</td></tr>
<tr><td>安装表面</td><td>____ mm</td><td>合格 □
不合格 □</td></tr>
<tr><td>安装 SPD 的螺钉或其他工件之间</td><td>____ mm</td><td>合格 □
不合格 □</td></tr>
<tr><td>壳体之间</td><td>____ mm</td><td>合格 □
不合格 □</td></tr>
</table>

续表

<table>
<tr><th>序号</th><th>检测项目</th><th colspan="3">检测数据/结果</th><th>判定值</th><th>项目判定</th></tr>
<tr><td rowspan="3">2</td><td rowspan="3">爬电距离</td><td rowspan="2">脱离器机构的金属部件与</td><td>壳体之间</td><td>____ mm</td><td rowspan="2">____ mm</td><td>合格 □
不合格 □
不适用 □</td></tr>
<tr><td>安装 SPD 的螺钉或其他工具</td><td>____ mm</td><td>合格 □
不合格 □
不适用 □</td></tr>
<tr><td colspan="5">爬电距离的设计值满足材料组：____________；耐电痕化试验结果：____________</td></tr>
<tr><td colspan="7">项目判定：合格 □ / 不合格 □</td></tr>
<tr><td>检测员</td><td colspan="2"></td><td>检测日期</td><td colspan="3">年　月　日　时　分至
年　月　日　时　分</td></tr>
<tr><td>审核员</td><td colspan="2"></td><td>审核日期</td><td colspan="3">年　月　日</td></tr>
<tr><td>备注</td><td colspan="6">当能通过目测判断最短爬电距离部位时，只需测量该部位爬电距离即可</td></tr>
</table>

球压、耐温和耐热试验检验检测原始记录表

<table>
<tr><td>业务编号</td><td></td><td>样品编号</td><td></td><td>样品型号</td><td></td></tr>
<tr><td>仪器设备参数</td><td colspan="5"></td></tr>
<tr><td>检测依据</td><td colspan="5">《低压电涌保护器(SPD)第 11 部分:低压电源系统的电涌保护器 性能要求和试验方法》(GB/T 18802.11—2020)</td></tr>
<tr><td rowspan="2">环境</td><td colspan="2" rowspan="2">测试地点:__________
室温:____℃;相对湿度:____%</td><td colspan="2">样品名称、数量</td><td></td></tr>
<tr><td colspan="2">状态描述、接收日期</td><td></td></tr>
<tr><td>试验部位</td><td colspan="5"></td></tr>
</table>

<table>
<tr><td>序号</td><td>检测项目</td><td colspan="2">检测数据/结果</td><td>项目判定</td></tr>
<tr><td rowspan="2">1</td><td rowspan="2">球压</td><td>试验温度及时间</td><td>________℃/________ h</td><td rowspan="2">合格 □
不合格 □</td></tr>
<tr><td>压痕直径(不超过 2 mm)</td><td>________ mm</td></tr>
<tr><td rowspan="3">2</td><td rowspan="3">耐温试验</td><td>试验温度及时间</td><td>________℃/________ h</td><td rowspan="3">合格 □
不合格 □</td></tr>
<tr><td colspan="2">试验过程中是否有可见的损坏:有 □ / 无 □
试验后试品上是否有燃烧的痕迹:有 □ / 无 □</td></tr>
<tr><td colspan="2">是否有内部脱离器:是 □/否 □,内部脱离器是否动作:
是 □/否 □,是否处于正常工作状态:是 □ / 否 □</td></tr>
<tr><td rowspan="4">3</td><td rowspan="4">耐热试验</td><td>试验温度及时间</td><td>________℃/________ h</td><td rowspan="4">合格 □
不合格 □</td></tr>
<tr><td colspan="2">试验过程中是否有可见的损坏:有 □ / 无 □
试验后试品上是否有燃烧的痕迹:有 □ / 无 □</td></tr>
<tr><td colspan="2">对防护等级大于或等于 IP20 的 SPD,使用标准试指施加一个
5 N 的力是否触及带电部件:是 □ / 否 □</td></tr>
<tr><td colspan="2">内部组装的任何密封化合物(包括灌封的)是否移动到对
SPD 的功能造成影响:是 □ / 否 □
SPD 的脱离器是否断开:是 □ / 否 □</td></tr>
</table>

试验后样品照片:

<table>
<tr><td>检测员</td><td></td><td>检测日期</td><td>年 月 日 时 分至
年 月 日 时 分</td></tr>
<tr><td>审核员</td><td></td><td>审核日期</td><td>年 月 日</td></tr>
<tr><td>备注</td><td colspan="3"></td></tr>
</table>

耐非正常热和火检验检测原始记录表

<table>
<tr><td>业务编号</td><td></td><td>样品编号</td><td></td><td>样品型号</td><td></td></tr>
<tr><td>仪器设备参数</td><td colspan="5"></td></tr>
<tr><td>检测依据</td><td colspan="5">《低压电涌保护器(SPD)第 11 部分:低压电源系统的电涌保护器 性能要求和试验方法》(GB/T 18802.11—2020);
《电工电子产品着火危险试验 第 11 部分:灼热丝/热丝基本试验方法 成品的灼热丝可燃性试验方法(GWEPT)》(GB/T 5169.11—2017)</td></tr>
<tr><td rowspan="2">环境</td><td rowspan="2" colspan="2">测试地点:____________
室温:____℃;相对湿度:____%</td><td>样品名称、数量</td><td colspan="2"></td></tr>
<tr><td>状态描述、接收日期</td><td colspan="2"></td></tr>
<tr><td>试验部位</td><td colspan="5"></td></tr>
</table>

<table>
<tr><td>序号</td><td>检测项目</td><td colspan="4">检测数据/结果</td><td>项目判定</td></tr>
<tr><td rowspan="6">1</td><td rowspan="6">耐非正常热和火</td><td colspan="3">试验温度/电流</td><td>____℃/____ A</td><td rowspan="6">合格 □
不合格 □</td></tr>
<tr><td rowspan="5">是否有可见的火焰和持续火光</td><td rowspan="4">是 □</td><td>火焰和火光起燃时间</td><td>____ s</td></tr>
<tr><td>火焰和火光熄灭时间
(灼热丝接触时间 30 s)</td><td>____ s</td></tr>
<tr><td>是否点燃薄棉纸或烧焦松木板</td><td>是 □ / 否 □</td></tr>
<tr><td>灼热丝移开后 30 s 内火焰和火光是否熄灭</td><td>是 □ / 否 □</td></tr>
<tr><td>否 □</td><td>是否点燃薄棉纸或烧焦松木板</td><td>是 □ / 否 □</td></tr>
</table>

试验后样品照片:

<table>
<tr><td>检测员</td><td></td><td>检测日期</td><td>年　　月　　日　　时　　分至
年　　月　　日　　时　　分</td></tr>
<tr><td>审核员</td><td></td><td>审核日期</td><td>年　　月　　日</td></tr>
<tr><td>备注</td><td colspan="3"></td></tr>
</table>

耐电痕化检验检测原始记录表

<table>
<tr><td>业务编号</td><td colspan="2"></td><td>样品编号</td><td></td><td>样品型号</td><td></td></tr>
<tr><td>仪器设备参数</td><td colspan="6"></td></tr>
<tr><td>检测依据</td><td colspan="6">《低压电涌保护器(SPD) 第 11 部分:低压电源系统的电涌保护器 性能要求和试验方法》(GB/T 18802.11—2020);
《固体绝缘材料耐电痕化指数和相比电痕化指数的测定方法》(GB/T 4207—2022)</td></tr>
<tr><td rowspan="2">环境</td><td colspan="3" rowspan="2">测试地点:________
室温:____℃;相对湿度:____%</td><td colspan="2">样品名称、数量</td><td></td></tr>
<tr><td colspan="2">状态描述、接收日期</td><td></td></tr>
<tr><td>溶液参数</td><td colspan="6">溶质质量:____ g;溶剂质量:____ g;溶液温度:____℃;
去离子水电导率:____ mS/m;溶液电导率:____ mS/m;溶液电阻率:____ Ω·m</td></tr>
<tr><td>材料组</td><td colspan="3"></td><td>试验部位</td><td colspan="2"></td></tr>
<tr><td>序号</td><td>检测项目</td><td colspan="4">检测数据/结果</td><td>项目判定</td></tr>
<tr><td rowspan="10">1</td><td rowspan="10">耐电痕化</td><td colspan="2">试验电压</td><td colspan="2">________ V</td><td rowspan="5">PTI ________ :
通过 □ / 失效 □</td></tr>
<tr><td colspan="2">是否发生过电流装置动作</td><td colspan="2">是 □ / 否 □</td></tr>
<tr><td colspan="2">是否发生持续燃烧</td><td colspan="2">是 □ / 否 □</td></tr>
<tr><td colspan="2">经受 50 滴溶液至少 25 s 后是否发生过电流装置动作</td><td colspan="2">是 □ / 否 □</td></tr>
<tr><td colspan="2">经受 50 滴溶液至少 25 s 后是否发生持续燃烧</td><td colspan="2">是 □ / 否 □</td></tr>
<tr><td colspan="2">试验电压</td><td colspan="2">________ V</td><td rowspan="5">PTI ________ :
通过 □ / 失效 □</td></tr>
<tr><td colspan="2">是否发生过电流装置动作</td><td colspan="2">是 □ / 否 □</td></tr>
<tr><td colspan="2">是否发生持续燃烧</td><td colspan="2">是 □ / 否 □</td></tr>
<tr><td colspan="2">经受 50 滴溶液至少 25 s 后是否发生过电流装置动作</td><td colspan="2">是 □ / 否 □</td></tr>
<tr><td colspan="2">经受 50 滴溶液至少 25 s 后是否发生持续燃烧</td><td colspan="2">是 □ / 否 □</td></tr>
</table>

试验后样品照片:

<table>
<tr><td>检测员</td><td></td><td>检测日期</td><td>年　月　日　时　分至
年　月　日　时　分</td></tr>
<tr><td>审核员</td><td></td><td>审核日期</td><td>年　月　日</td></tr>
<tr><td>备注</td><td colspan="3"></td></tr>
</table>

Ⅰ、Ⅱ类限制电压检验检测原始记录表(一)

<table>
<tr><td>业务编号</td><td colspan="2"></td><td>样品编号</td><td></td><td>样品型号</td><td></td></tr>
<tr><td>仪器设备参数</td><td colspan="6"></td></tr>
<tr><td>检测依据</td><td colspan="6">《低压电涌保护器(SPD) 第 11 部分:低压电源系统的电涌保护器 性能要求和试验方法》(GB/T 18802.11—2020)</td></tr>
<tr><td rowspan="2">环境</td><td rowspan="2" colspan="3">室温:____ ℃;相对湿度:____ %</td><td>样品名称、数量</td><td colspan="2"></td></tr>
<tr><td>状态描述、接收日期</td><td colspan="2"></td></tr>
<tr><td>技术参数</td><td colspan="3">U_p:____ kV;U_c:____ V;
I_n:____ kA;I_{max}:____ kA;I_{imp}:____ kA</td><td colspan="3">是否有开关元件:是 □ / 否 □</td></tr>
<tr><td>波形存储位置</td><td colspan="6"></td></tr>
</table>

<table>
<tr><td rowspan="3">序号</td><td rowspan="3">电流等级</td><td colspan="8">8/20 μs 残压/kV</td></tr>
<tr><td>试验端子</td><td rowspan="2">波形图</td><td>试验端子</td><td rowspan="2">波形图</td><td>试验端子</td><td rowspan="2">波形图</td><td>试验端子</td><td rowspan="2">波形图</td></tr>
<tr><td></td><td></td><td></td><td></td></tr>
<tr><td rowspan="2">1</td><td>$+0.1I_n(I_{imp})$</td><td rowspan="2"></td><td rowspan="2"></td><td rowspan="2"></td><td rowspan="2"></td><td rowspan="2"></td><td rowspan="2"></td><td rowspan="2"></td><td rowspan="2"></td></tr>
<tr><td>电流:____ kA</td></tr>
<tr><td rowspan="2">2</td><td>$-0.1I_n(I_{imp})$</td><td rowspan="2"></td><td rowspan="2"></td><td rowspan="2"></td><td rowspan="2"></td><td rowspan="2"></td><td rowspan="2"></td><td rowspan="2"></td><td rowspan="2"></td></tr>
<tr><td>电流:____ kA</td></tr>
<tr><td rowspan="2">3</td><td>$+0.2I_n(I_{imp})$</td><td rowspan="2"></td><td rowspan="2"></td><td rowspan="2"></td><td rowspan="2"></td><td rowspan="2"></td><td rowspan="2"></td><td rowspan="2"></td><td rowspan="2"></td></tr>
<tr><td>电流:____ kA</td></tr>
<tr><td rowspan="2">4</td><td>$-0.2I_n(I_{imp})$</td><td rowspan="2"></td><td rowspan="2"></td><td rowspan="2"></td><td rowspan="2"></td><td rowspan="2"></td><td rowspan="2"></td><td rowspan="2"></td><td rowspan="2"></td></tr>
<tr><td>电流:____ kA</td></tr>
<tr><td rowspan="2">5</td><td>$+0.5I_n(I_{imp})$</td><td rowspan="2"></td><td rowspan="2"></td><td rowspan="2"></td><td rowspan="2"></td><td rowspan="2"></td><td rowspan="2"></td><td rowspan="2"></td><td rowspan="2"></td></tr>
<tr><td>电流:____ kA</td></tr>
<tr><td rowspan="2">6</td><td>$-0.5I_n(I_{imp})$</td><td rowspan="2"></td><td rowspan="2"></td><td rowspan="2"></td><td rowspan="2"></td><td rowspan="2"></td><td rowspan="2"></td><td rowspan="2"></td><td rowspan="2"></td></tr>
<tr><td>电流:____ kA</td></tr>
<tr><td rowspan="2">7</td><td>$+1.0I_n(I_{imp})$</td><td rowspan="2"></td><td rowspan="2"></td><td rowspan="2"></td><td rowspan="2"></td><td rowspan="2"></td><td rowspan="2"></td><td rowspan="2"></td><td rowspan="2"></td></tr>
<tr><td>电流:____ kA</td></tr>
<tr><td rowspan="2">8</td><td>$-1.0I_n(I_{imp})$</td><td rowspan="2"></td><td rowspan="2"></td><td rowspan="2"></td><td rowspan="2"></td><td rowspan="2"></td><td rowspan="2"></td><td rowspan="2"></td><td rowspan="2"></td></tr>
<tr><td>电流:____ kA</td></tr>
<tr><td rowspan="2">9</td><td>I_{max}</td><td rowspan="2"></td><td rowspan="2"></td><td rowspan="2"></td><td rowspan="2"></td><td rowspan="2"></td><td rowspan="2"></td><td rowspan="2"></td><td rowspan="2"></td></tr>
<tr><td>电流:____ kA</td></tr>
</table>

<table>
<tr><td>检测员</td><td></td><td>检测日期</td><td>年 月 日 时 分 至
年 月 日 时 分</td></tr>
<tr><td>审核员</td><td></td><td>审核日期</td><td>年 月 日</td></tr>
</table>

Ⅰ、Ⅱ类限制电压检验检测原始记录表(二)

序号	电压等级	1.2/50 μs波前放电电压/kV							
		试验端子	波形图	试验端子	波形图	试验端子	波形图	试验端子	波形图
1	+6 kV □ +10 kV □								
2	+6 kV □ +10 kV □								
3	+6 kV □ +10 kV □								
4	+6 kV □ +10 kV □								
5	+6 kV □ +10 kV □								
6	−6 kV □ −10 kV □								
7	−6 kV □ −10 kV □								
8	−6 kV □ −10 kV □								
9	−6 kV □ −10 kV □								
10	−6 kV □ −10 kV □								

试验端子:____	方程式:	限制电压值:____ kV	U_{max}:____ kV	大于等于U_p□ 小于U_p□
试验端子:____	方程式:	限制电压值:____ kV	U_{max}:____ kV	大于等于U_p□ 小于U_p□
试验端子:____	方程式:	限制电压值:____ kV	U_{max}:____ kV	大于等于U_p□ 小于U_p□

最终限制电压值:____ kV

合格判定

B、电压和电流波形图及目测检查是否有击穿或闪络的迹象:有 □ / 无 □

C、试验过程中是否有可见的损坏:有 □ / 无 □ ;试验后试品上是否有燃烧的痕迹:有 □ / 无 □

I、对防护等级大于或等于IP20的SPD,使用标准试指施加一个5 N的力是否触及带电部件:是 □ / 否 □

M、是否有对人员或设备产生的爆炸或其他危险:是 □ / 否 □

项目判定:合格 □ / 不合格 □

检测员		检测日期	年　月　日　时　分 至 年　月　日　时　分
审核员		审核日期	年　月　日
备注			

Ⅲ类限制电压检验检测原始记录表(一)

业务编号		样品编号		样品型号	
仪器设备参数					
检测依据	《低压电涌保护器(SPD)第11部分:低压电源系统的电涌保护器 性能要求和试验方法》(GB/T 18802.11—2020)				
环境	室温:____℃;相对湿度:____%		样品名称、数量		
			状态描述、接收日期		
技术参数	U_p:____ kV;U_{oc}:____ kV;U_c:____ V			是否有开关元件:是□/否□	
波形存储位置					

序号	开路电压/短路电流		8/20 μs & 1.2/50 μs 复合波限制电压/kV							
			试验端子	波形图	试验端子	波形图	试验端子	波形图	试验端子	波形图
1	$0.1U_{oc}$	电流:____ kA								
		电流:____ kA								
2	$-0.1U_{oc}$	电流:____ kA								
		电流:____ kA								
3	$0.2U_{oc}$	电流:____ kA								
		电流:____ kA								
4	$-0.2U_{oc}$	电流:____ kA								
		电流:____ kA								
5	$0.5U_{oc}$	电流:____ kA								
		电流:____ kA								
6	$-0.5U_{oc}$	电流:____ kA								
		电流:____ kA								
7	$1.0U_{oc}$	电流:____ kA								
		电流:____ kA								
8	$-1.0U_{oc}$	电流:____ kA								
		电流:____ kA								

限制电压值	____ kV	____ kV	____ kV	____ kV
U_{max}	____ kV	____ kV	____ kV	____ kV
限制电压判定	大于等于 U_p□/小于 U_p□	大于等于 U_p□/小于 U_p□	大于等于 U_p□/小于 U_p□	大于等于 U_p□/小于 U_p□

检测员		检测日期	年 月 日 时 分至 年 月 日 时 分
审核员		审核日期	年 月 日

Ⅲ类限制电压检验检测原始记录表(二)

<table>
<tr><td colspan="4">□合格判定</td></tr>
<tr><td colspan="4">B、电压和电流波形图及目测检查是否有击穿或闪络的迹象:有 □ / 无 □</td></tr>
<tr><td colspan="4">C、试验过程中是否有可见的损坏:有 □ / 无 □ ;试验后试品上是否有燃烧的痕迹:有 □ / 无 □</td></tr>
<tr><td colspan="4">I、对防护等级大于或等于 IP20 的 SPD,使用标准试指施加一个 5 N 的力是否触及带电部件:是 □ / 否 □</td></tr>
<tr><td colspan="4">M、是否有对人员或设备产生的爆炸或其他危险:是 □ / 否 □</td></tr>
<tr><td colspan="4">项目判定:　合格 □　/　不合格 □</td></tr>
<tr><td>检测员</td><td></td><td>检测日期</td><td>年　月　日　时　分至
年　月　日　时　分</td></tr>
<tr><td>审核员</td><td></td><td>审核日期</td><td>年　月　日</td></tr>
<tr><td>备注</td><td colspan="3"></td></tr>
</table>

附录　电源原始记录总表

绝缘电阻、介电强度检验检测原始记录表

<table>
<tr><td>业务编号</td><td></td><td>样品编号</td><td></td><td>样品型号</td><td></td></tr>
<tr><td>仪器设备参数</td><td colspan="5"></td></tr>
<tr><td>检测依据</td><td colspan="5">《低压电涌保护器(SPD)第 11 部分:低压电源系统的电涌保护器 性能要求和试验方法》(GB/T 18802.11—2020)</td></tr>
<tr><td rowspan="2">环境</td><td colspan="2" rowspan="2">测试地点:______
室温:____℃;相对湿度:____%</td><td colspan="2">样品名称、数量</td><td></td></tr>
<tr><td colspan="2">状态描述、接收日期</td><td></td></tr>
<tr><td>技术参数</td><td colspan="5">U_c:______ V;是否有辅助电路:是 □ / 否 □;安装类型:户内型 □ / 户外型 □</td></tr>
</table>

<table>
<tr><td>序号</td><td>检测项目</td><td colspan="2">检测数据/结果</td><td>项目判定</td></tr>
<tr><td rowspan="6">1</td><td rowspan="6">绝缘电阻</td><td>潮湿试验温度、相对湿度及时间</td><td>____℃/____%/____ h</td><td rowspan="5">合格 □
不合格 □</td></tr>
<tr><td>潮湿试验后至测量绝缘电阻时间</td><td>____ min</td></tr>
<tr><td>带电部件与所有可触及的金属部件和按正常使用安装后可触及的绝缘材料表面覆盖的金属箔</td><td>绝缘电阻值:____ MΩ</td></tr>
<tr><td>带电部件与安装 SPD 的平面</td><td>绝缘电阻值:____ MΩ</td></tr>
<tr><td>带电部件与把 SPD 固定在支架上的螺钉和其他工件</td><td>绝缘电阻值:____ MΩ</td></tr>
<tr><td>在 SPD 主电路的带电部件和辅助电路的带电部件之间</td><td>绝缘电阻值:____ MΩ</td><td>合格 □
不合格 □
不适用 □</td></tr>
<tr><td rowspan="5">2</td><td rowspan="5">介电强度</td><td>交流试验电压</td><td>____ kV</td><td rowspan="4">合格 □
不合格 □</td></tr>
<tr><td>带电部件与所有可触及的金属部件和按正常使用安装后可触及的绝缘材料表面覆盖的金属箔</td><td>是否发生闪络和击穿
是 □ / 否 □</td></tr>
<tr><td>带电部件与安装 SPD 的平面</td><td>是否发生闪络和击穿
是 □ / 否 □</td></tr>
<tr><td>带电部件与把 SPD 固定在支架上的螺钉和其他工件</td><td>是否发生闪络和击穿
是 □ / 否 □</td></tr>
<tr><td>在 SPD 主电路的带电部件和辅助电路的带电部件之间</td><td>是否发生闪络和击穿
是 □ / 否 □</td><td>合格 □
不合格 □
不适用 □</td></tr>
</table>

<table>
<tr><td>检测员</td><td></td><td>检测日期</td><td>年　月　日　时　分 至
年　月　日　时　分</td></tr>
<tr><td>审核员</td><td></td><td>审核日期</td><td>年　月　日</td></tr>
<tr><td>备注</td><td colspan="3"></td></tr>
</table>

机械强度检验检测原始记录表

<table>
<tr><td>业务编号</td><td colspan="2"></td><td>样品编号</td><td colspan="2"></td><td>样品型号</td><td></td></tr>
<tr><td>仪器设备参数</td><td colspan="7"></td></tr>
<tr><td>检测依据</td><td colspan="7">《低压电涌保护器(SPD)第11部分:低压电源系统的电涌保护器 性能要求和试验方法》(GB/T 18802.11—2020)</td></tr>
<tr><td rowspan="2">环境</td><td colspan="3" rowspan="2">测试地点:____________
室温:____℃;相对湿度:____%</td><td colspan="2">样品名称、数量</td><td colspan="2"></td></tr>
<tr><td colspan="2">状态描述、接收日期</td><td colspan="2"></td></tr>
<tr><td>序号</td><td>检测项目</td><td colspan="5">检测数据/结果</td><td>项目判定</td></tr>
<tr><td rowspan="6">1</td><td rowspan="6">机械强度</td><td colspan="3">标称螺纹直径</td><td colspan="2">____ mm</td><td rowspan="6">合格 □
不合格 □</td></tr>
<tr><td colspan="3">扭矩</td><td colspan="2">____ N·m</td></tr>
<tr><td colspan="3">受撞击的外壳部件</td><td colspan="2">A □
B □
C □
D □</td></tr>
<tr><td colspan="3">下落高度</td><td colspan="2">____ mm/____ mm</td></tr>
<tr><td colspan="3">外观是否有损伤</td><td colspan="2">有 □/无 □</td></tr>
<tr><td colspan="3">标准试指是否触及带电部件</td><td colspan="2">是 □/否 □</td></tr>
<tr><td colspan="2">检测员</td><td colspan="2"></td><td>检测日期</td><td colspan="3">年 月 日 时 分至
年 月 日 时 分</td></tr>
<tr><td colspan="2">审核员</td><td colspan="2"></td><td>审核日期</td><td colspan="3">年 月 日</td></tr>
<tr><td colspan="2">备注</td><td colspan="6"></td></tr>
</table>

附录 电源原始记录总表

低压 TOV 检验检测原始记录表(一)

业务编号		样品编号		样品型号	
仪器设备参数					
检测依据	《低压电涌保护器(SPD)第 11 部分:低压电源系统的电涌保护器 性能要求和试验方法》(GB/T 18802.11—2020)				
环境	测试地点:____ 室温:____℃;相对湿度:____%	样品名称、数量			
		状态描述、接收日期			
技术参数	电源系统类型:____;连接方式:____;U_{oc}:____ kV;预期短路电流:____ A; U_c:____ V;I_n:____ kA;I_{imp}:____ kA;I_{max}____ kA;U_T:____ V;U_{REF}:____ V				
波形存储位置					

a)用户装置内的低压系统故障(5 s)

U_T:____ V,U_T 持续时间:____ s;U_{REF}:____ V,U_{REF}持续时间:____ s,间隔时间:____ s

试验现象描述:

Ⅰ、Ⅱ类 SPD

最终限制电压	____ kA	波形图	____ kA	波形图	方程式:			泄漏电流		N-PE 电流阻性分量	
	____ kV		____ kV		限制电压值:____ kV			____ mA		____ mA	
波前放电电压	____ kV	____ kV	____ kV	____ kV	____ kV	____ kV	____ kV	____ kV	____ kV	____ kV	最大值 ____ kV

波前放电电压波形图:

Ⅲ类 SPD

最终限制电压	$1.0U_{oc}$	波形图	$-1.0U_{oc}$	波形图	限制电压	____ kV	热稳定性	是 □ / 否 □
	____ kV		____ kV					

合格判定(耐受模式)

A、SPD 是否达到热稳定:是 □ / 否 □

B、电压和电流波形图及目测检查是否有击穿或闪络的迹象:是 □ / 否 □

C、试验过程中是否有可见的损坏:有 □ / 无 □ ;试验后试品上是否有燃烧的痕迹:有 □ / 无 □

D、试验后测量的限制电压是否小于或等于 U_p:是 □ / 否 □

E、泄漏电流是否超过 1 mA:是 □ / 否 □

F、是否有外部脱离器:是 □ / 否 □,外部脱离器是否动作:是 □ / 否 □,是否处于正常工作状态:是 □ / 否 □

G、是否有内部脱离器:是 □ / 否 □,内部脱离器是否动作:是 □ / 否 □,是否处于正常工作状态:是 □ / 否 □

I、对防护等级大于或等于 IP20 的 SPD,使用标准试指施加一个 5 N 的力是否触及带电部件:是 □ / 否 □

L、薄纸是否燃烧:是 □ / 否 □

M、是否有对人员或设备产生的爆炸或其他危险:是 □ / 否 □

项目判定: 合格 □ / 不合格 □

检测员		检测日期	年 月 日 时 分 至 年 月 日 时 分
审核员		审核日期	年 月 日

低压 TOV 检验检测原始记录表(二)

b)配电系统的低压系统故障和失零(120 min)

U_T：____ V，U_T持续时间：____ s；U_{REF}：____ V，U_{REF}持续时间：____ s，间隔时间：____ s

内部脱离后的泄漏电流：____ mA，短路电流持续时间：____ s

试验现象描述：

Ⅰ、Ⅱ类 SPD(仅适用于耐受模式)

<table>
<tr><td rowspan="2">最终限制电压</td><td>____ kA</td><td>波形图</td><td>____ kA</td><td>波形图</td><td colspan="3">方程式：</td><td colspan="2">泄漏电流</td><td colspan="2">N-PE 电流阻性分量</td></tr>
<tr><td>____ kV</td><td></td><td>____ kV</td><td></td><td colspan="3">限制电压值：____ kV</td><td colspan="2">____ mA</td><td colspan="2">____ mA</td></tr>
<tr><td rowspan="2">波前放电电压</td><td rowspan="2">____ kV</td><td rowspan="2">____ kV</td><td rowspan="2">____ kV</td><td rowspan="2">____ kV</td><td rowspan="2">____ kV</td><td rowspan="2">____ kV</td><td rowspan="2">____ kV</td><td rowspan="2">____ kV</td><td rowspan="2">____ kV</td><td rowspan="2">____ kV</td><td>最大值</td></tr>
<tr><td>____ kV</td></tr>
</table>

波前放电电压波形图：

Ⅲ类 SPD(仅适用于耐受模式)

<table>
<tr><td rowspan="2">最终限制电压</td><td>$1.0U_{oc}$</td><td>波形图</td><td>$-1.0U_{oc}$</td><td>波形图</td><td rowspan="2">限制电压</td><td rowspan="2">____ kV</td><td rowspan="2">热稳定性</td><td rowspan="2">是 □ / 否 □</td></tr>
<tr><td>____ kV</td><td></td><td>____ kV</td><td></td></tr>
</table>

合格判定(故障模式)

C、试验过程中是否有可见的损坏：有 □ / 无 □ ；试验后试品上是否有燃烧的痕迹：有 □ / 无 □

H、脱离器是否给出正确的状态指示：是 □ / 否 □/ 无脱离器 □

I、对防护等级大于或等于 IP20 的 SPD，使用标准试指施加一个 5 N 的力是否触及带电部件：是 □ / 否 □

J、若发生内部脱离，连接 U_c保持 1 min，流过的电流是否超过 1 mA：是 □ / 否 □

K、若电源流出短路电流，是否在 5 s 内通过一个或多个内部和/或外部脱离器切断：是 □ / 否 □/ 未流出 □

L、薄纸是否燃烧：是 □ / 否 □

M、是否有对人员或设备产生的爆炸或其他危险：是 □ / 否 □

合格判定(耐受模式)

A、SPD 是否达到热稳定：是 □ / 否 □

B、电压和电流波形图及目测检查是否有击穿或闪络的迹象：是 □ / 否 □

C、试验过程中是否有可见的损坏：有 □ / 无 □ ；试验后试品上是否有燃烧的痕迹：有 □ / 无 □

D、试验后测量的限制电压是否小于或等于 U_p：是 □ / 否 □

E、泄漏电流是否超过 1 mA：是 □ / 否 □

F、是否有外部脱离器：是 □ / 否 □，外部脱离器是否动作：是 □ / 否 □，是否处于正常工作状态：是 □ / 否 □

G、是否有内部脱离器：是 □ / 否 □，内部脱离器是否动作：是 □ / 否 □，是否处于正常工作状态：是 □ / 否 □

I、对防护等级大于或等于 IP20 的 SPD，使用标准试指施加一个 5 N 的力是否触及带电部件：是 □ / 否 □

L、薄纸是否燃烧：是 □ / 否 □

M、是否有对人员或设备产生的爆炸或其他危险：是 □ / 否 □

项目判定：　合格 □ / 不合格 □

检测员		检测日期	年 月 日 时 分至 年 月 日 时 分
审核员		审核日期	年 月 日
备注			

高(中)压 TOV 检验检测原始记录表(一)

业务编号		样品编号		样品型号	
仪器设备参数					
检测依据	《低压电涌保护器(SPD)第 11 部分:低压电源系统的电涌保护器 性能要求和试验方法》(GB/T 18802.11—2020)				
环境	测试地点:______ 室温:____℃;相对湿度:____%	样品名称、数量			
		状态描述、接收日期			
技术参数	电源系统类型:______;连接方式:______;U_{oc}:______ kV;预期短路电流:______ A; U_c:______ V;I_n:______ kA;I_{imp}:______ kA;I_{max}:______ kA(L-N/N-PE); U_T:______ V;U_{REF}:______ V				
波形存储位置					

高压系统的故障(200 ms)
N-PE 两端电压:____ V,N-PE 短路电流:____ A,U_T持续时间:____ s;U_{REF}:____ V
内部脱离后的泄漏电流:____ mA,短路电流持续时间:____ s
试验现象描述:

Ⅰ、Ⅱ类 SPD(仅适用于耐受模式)

最终限制电压	____ kA	波形图	____ kA	波形图	方程式:			泄漏电流		N-PE 电流阻性分量	
	____ kV		____ kV		限制电压值:____ kV			____ mA		____ mA	
波前放电电压	____ kV	____ kV	____ kV	____ kV	____ kV	____ kV	____ kV	____ kV	____ kV	____ kV	最大值 ____ kV

波前放电电压波形图:

Ⅲ类 SPD(仅适用于耐受模式)

最终限制电压	$1.0U_{oc}$	波形图	$-1.0U_{oc}$	波形图	限制电压	____ kV	热稳定性	是 □ / 否 □
	____ kV		____ kV					

合格判定(故障模式)
C、试验过程中是否有可见的损坏:有 □ / 无 □ ;试验后试品上是否有燃烧的痕迹:有 □ / 无 □
H、脱离器是否给出正确的状态指示:是 □ / 否 □/ 无脱离器 □
I、对防护等级大于或等于 IP20 的 SPD,使用标准试指施加一个 5 N 的力是否触及带电部件:是 □ / 否 □
J、若发生内部脱离,连接 U_c保持 1 min,流过的电流是否超过 1 mA:是 □ / 否 □
K、若电源流出短路电流,是否在 5 s 内通过一个或多个内部和/或外部脱离器切断:是 □ / 否 □ / 未流出 □
L、薄纸是否燃烧:是 □ / 否 □
M、是否有对人员或设备产生的爆炸或其他危险:是 □ / 否 □

检测员		检测日期	年 月 日 时 分至 年 月 日 时 分
审核员		审核日期	年 月 日

高(中)压 TOV 检验检测原始记录表(二)

<table>
<tr><td colspan="4">□合格判定(耐受模式)</td></tr>
<tr><td colspan="4">A、SPD 是否达到热稳定:是 □ / 否 □</td></tr>
<tr><td colspan="4">B、电压和电流波形图及目测检查是否有击穿或闪络的迹象:是 □ / 否 □</td></tr>
<tr><td colspan="4">C、试验过程中是否有可见的损坏:有 □ / 无 □ ;试验后试品上是否有燃烧的痕迹:有 □ / 无 □</td></tr>
<tr><td colspan="4">D、试验后测量的限制电压是否小于或等于 U_p:是 □ / 否 □</td></tr>
<tr><td colspan="4">E、泄漏电流是否超过 1 mA:是 □ / 否 □</td></tr>
<tr><td colspan="4">G、是否有内部脱离器:是 □ / 否 □,内部脱离器是否动作:是 □ / 否 □,是否处于正常工作状态:是 □ / 否 □</td></tr>
<tr><td colspan="4">I、对防护等级大于或等于 IP20 的 SPD,使用标准试指施加一个 5 N 的力是否触及带电部件:是 □ / 否 □</td></tr>
<tr><td colspan="4">K、若电源流出短路电流,是否在 5 s 内通过一个或多个内部和/或外部脱离器切断:是 □ / 否 □ / 未流出 □</td></tr>
<tr><td colspan="4">L、薄纸是否燃烧:是 □ / 否 □</td></tr>
<tr><td colspan="4">M、是否有对人员或设备产生的爆炸或其他危险:是 □ / 否 □</td></tr>
<tr><td colspan="4">项目判定: 合格 □ / 不合格 □</td></tr>
<tr><td>检测员</td><td></td><td>检测日期</td><td>年 月 日 时 分 至
年 月 日 时 分</td></tr>
<tr><td>审核员</td><td></td><td>审核日期</td><td>年 月 日</td></tr>
<tr><td>备注</td><td colspan="3"></td></tr>
</table>

短路电流特性检验检测原始记录表(一)

<table>
<tr><td>业务编号</td><td></td><td>样品编号</td><td></td><td>样品型号</td><td></td></tr>
<tr><td>仪器设备参数</td><td colspan="5"></td></tr>
<tr><td>检测依据</td><td colspan="5">《低压电涌保护器(SPD)第11部分:低压电源系统的电涌保护器 性能要求和试验方法》(GB/T 18802.11—2020)</td></tr>
<tr><td rowspan="2">环境</td><td colspan="2" rowspan="2">测试地点:______
室温:____℃;相对湿度:____%</td><td colspan="2">样品名称、数量</td><td></td></tr>
<tr><td colspan="2">状态描述、接收日期</td><td></td></tr>
<tr><td>技术参数</td><td colspan="5">U_c:____ V;U_{REF}:____ V;声明的预期短路电流:____ A;最大过电流保护额定电流:____ A;
预处理电压:____ V;失效电流:____ A;金属屏栅到SPD的最小距离:____ mm;初始电流:____ mA;
失效电流等级:100 A□、500 A□、1000 A□、____ A□;导线最大截面积:____ mm^2</td></tr>
<tr><td colspan="6">a)声明的额定短路电流试验</td></tr>
<tr><td>45°</td><td colspan="5">短路电流持续时间:____ ms,内部脱离后的泄漏电流:____ mA,U_{REF}:____ V
试验现象描述:</td></tr>
<tr><td>90°</td><td colspan="5">短路电流持续时间:____ ms,内部脱离后的泄漏电流:____ mA,U_{REF}:____ V
试验现象描述:</td></tr>
<tr><td colspan="6">合格判定</td></tr>
<tr><td colspan="6">C、试验过程中是否有可见的损坏:有 □ / 无 □ ;试验后试品上是否有燃烧的痕迹:有 □ / 无 □</td></tr>
<tr><td colspan="6">H、脱离器是否给出正确的状态指示:是 □ / 否 □/ 无脱离器 □</td></tr>
<tr><td colspan="6">I、对防护等级大于或等于IP20的SPD,使用标准试指施加一个5 N的力是否触及带电部件:是 □ / 否 □</td></tr>
<tr><td colspan="6">J、若发生内部脱离,连接U_c保持1 min,流过的电流是否超过1 mA:是 □ / 否 □</td></tr>
<tr><td colspan="6">K、若电源流出短路电流,是否在5 s内通过一个或多个内部和/或外部脱离器切断:是 □ / 否 □ / 未流出□</td></tr>
<tr><td colspan="6">M、是否有对人员或设备产生的爆炸或其他危险:是 □ / 否 □</td></tr>
<tr><td colspan="6">N、是否有对金属屏栅的闪络:是 □ / 否 □;试验过程中连接屏栅的熔断器是否动作:是 □ / 否 □</td></tr>
<tr><td colspan="6">b)低短路电流试验</td></tr>
<tr><td>45°</td><td colspan="5">短路电流持续时间:____ ms,内部脱离后的泄漏电流:____ mA,U_{REF}:____ V
试验现象描述:</td></tr>
<tr><td colspan="6">合格判定</td></tr>
<tr><td colspan="6">C、试验过程中是否有可见的损坏:有 □ / 无 □ ;试验后试品上是否有燃烧的痕迹:有 □ / 无 □</td></tr>
<tr><td colspan="6">I、对防护等级大于或等于IP20的SPD,使用标准试指施加一个5 N的力是否触及带电部件:是 □ / 否 □</td></tr>
<tr><td colspan="6">M、是否有对人员或设备产生的爆炸或其他危险:是 □ / 否 □</td></tr>
<tr><td colspan="6">N、是否有对金属屏栅的闪络:是 □ / 否 □;试验过程中连接屏栅的熔断器是否动作:是 □ / 否 □</td></tr>
<tr><td colspan="6">H、脱离器是否给出正确的状态指示:是 □ / 否 □/ 无脱离器 □</td></tr>
<tr><td colspan="6">J、若发生内部脱离,连接U_c保持1 min,流过的电流是否超过1 mA:是 □ / 否 □</td></tr>
<tr><td colspan="6">K、若电源流出短路电流,是否在5 s内通过一个或多个内部和/或外部脱离器切断:是 □ / 否 □ / 未流出□</td></tr>
<tr><td colspan="6">项目判定:　合格 □　/　不合格 □</td></tr>
<tr><td>检测员</td><td colspan="2"></td><td>检测日期</td><td colspan="2">年　月　日　时　分至
年　月　日　时　分</td></tr>
<tr><td>审核员</td><td colspan="2"></td><td>审核日期</td><td colspan="2">年　月　日</td></tr>
</table>

短路电流特性检验检测原始记录表(二)

c)失效模式

100 A	试验过程中U_{REF}电流:________ mA;初始U_{REF}电流值:________ mA; 20%电流值:________ mA;增加值:________ mA;预处理电压下脱离时间:________ ms; 试验现象描述:

是否在施加预处理电压的 5 s 内显示脱离:是 □ / 否 □

在预处理电压之后施加U_{REF}过程中流过试品的电流是否超过 1 mA:是 □ / 否 □

在预处理电压之后施加U_{REF}过程中流过试品的电流增加是否超过试验前在U_{REF}下确定的初始值的 20%:是 □ / 否 □

500 A	预处理电压下脱离时间:________ ms; 试验现象描述:
声明的额定短路电流 ________ A	预处理电压下脱离时间:________ ms; 试验现象描述:
1000 A	预处理电压下脱离时间:________ ms; 试验现象描述:

外部脱离器信息:

合格判定

C、试验过程中是否有可见的损坏:有 □ / 无 □;试验后试品上是否有燃烧的痕迹:有 □ / 无 □

I、对防护等级大于或等于 IP20 的 SPD,使用标准试指施加一个 5 N 的力是否触及带电部件:是 □ / 否 □

M、是否有对人员或设备产生的爆炸或其他危险:是 □ / 否 □

N、是否有对金属屏栅的闪络:是 □ / 否 □;试验过程中连接屏栅的熔断器是否动作:是 □ / 否 □

H、脱离器是否给出正确的状态指示:是 □ / 否 □/ 无脱离器 □

J、若发生内部脱离,连接U_c保持 1 min,流过的电流是否超过 1 mA:是 □ / 否 □

项目判定: 合格 □ / 不合格 □

检测员		检测日期	年 月 日 时 分 至 年 月 日 时 分
审核员		审核日期	年 月 日
备注			

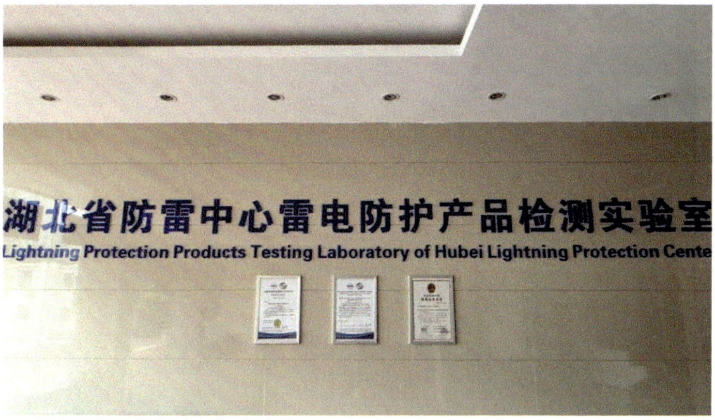

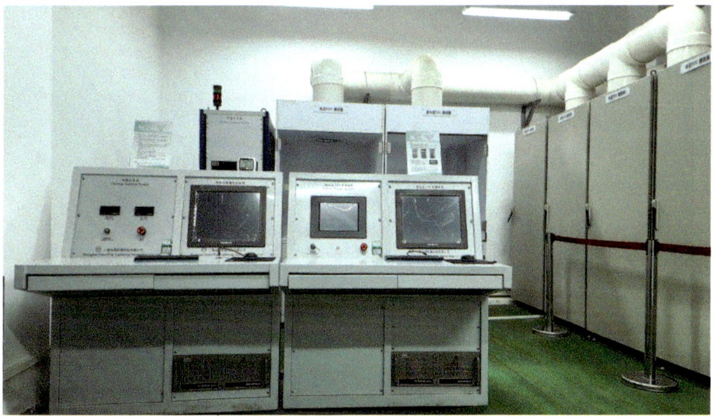

彩图 1.3　湖北省防雷中心雷电防护产品检测实验室

彩图 1.4　雷宁普实验室

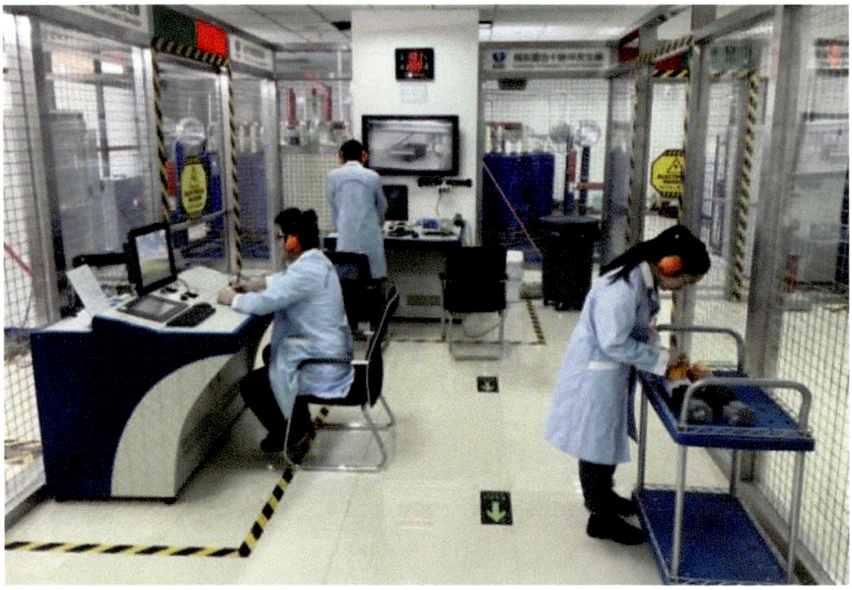

彩图 1.5　雷闪实验室

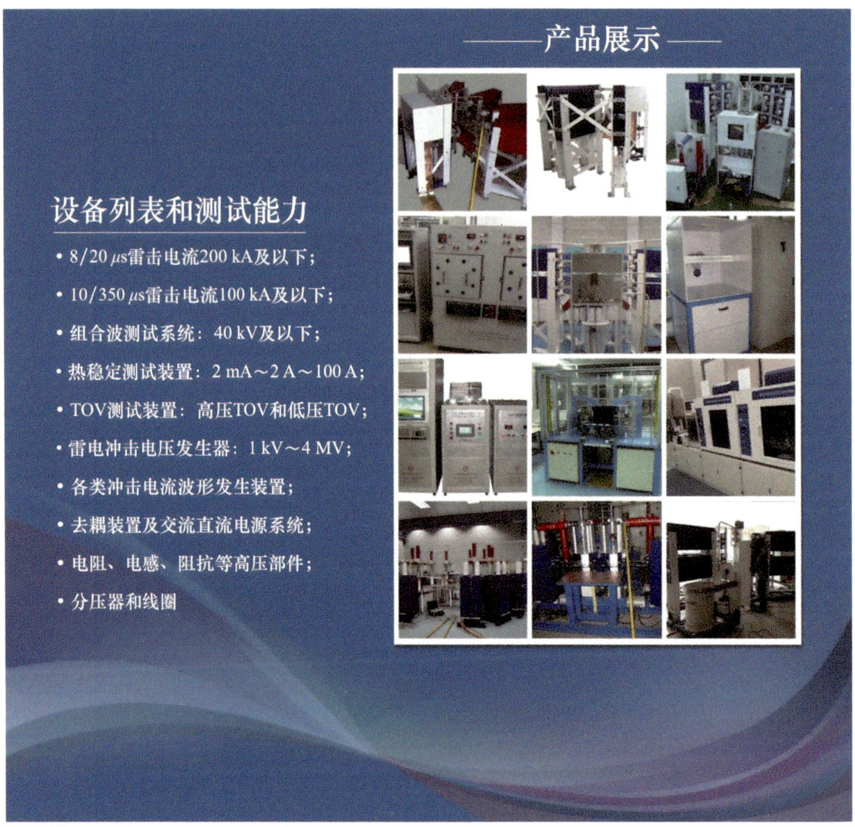

彩图 1.6　上海冠图

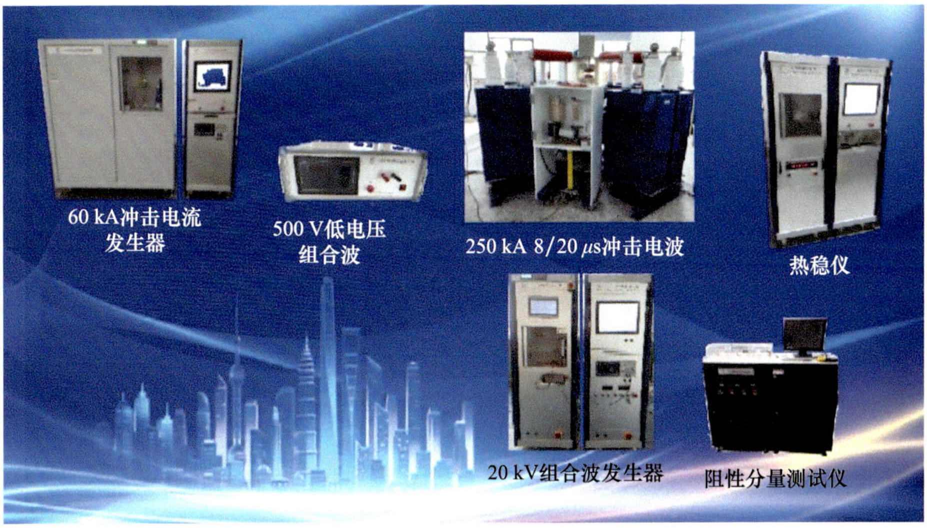

彩图 1.7　上海徕宁

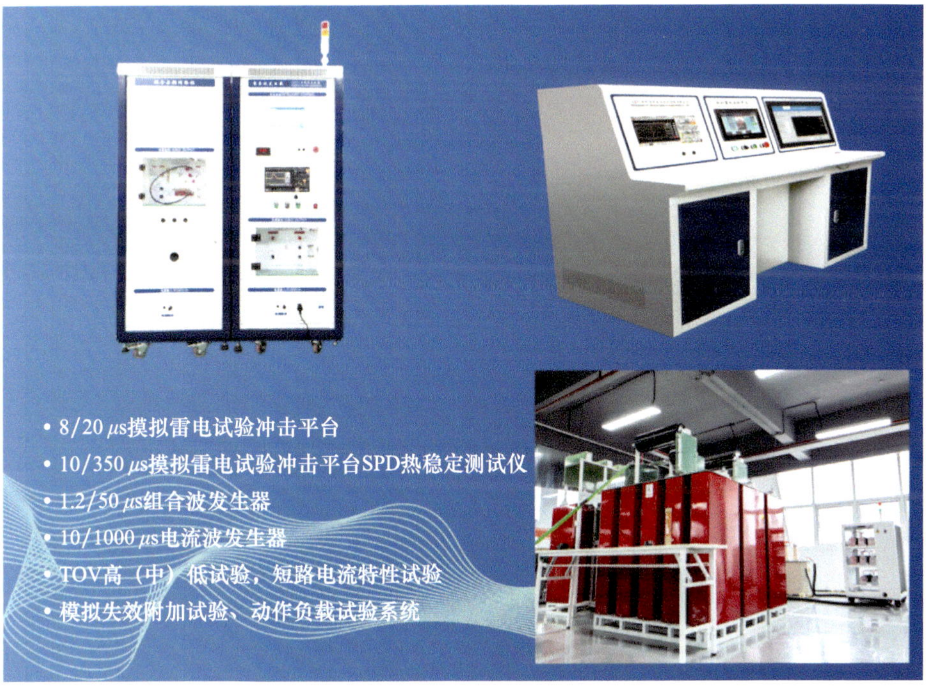

彩图 1.8　深圳欧拓

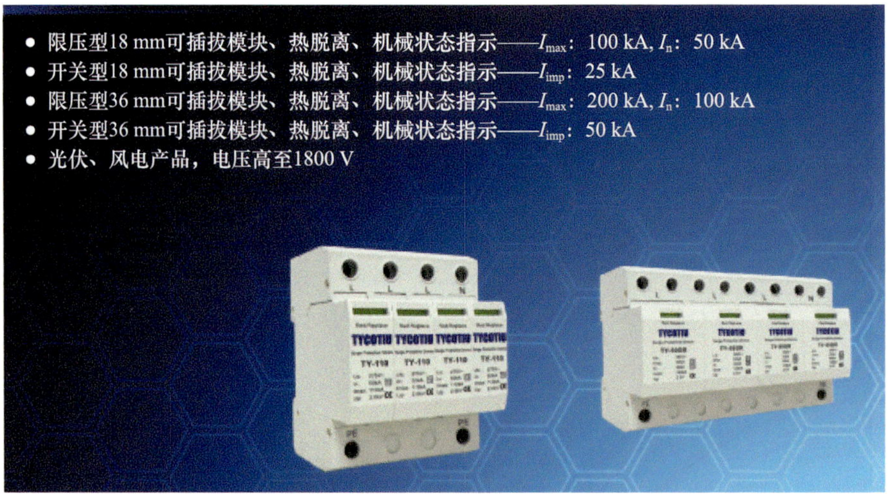

彩图 2.3　TY 系列产品

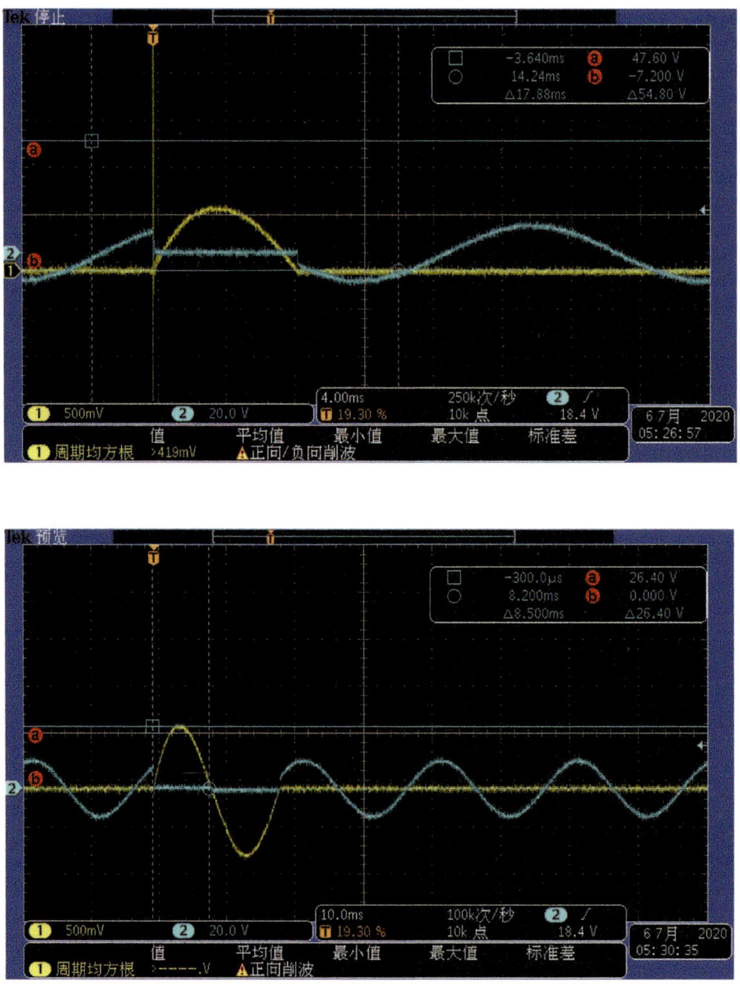

彩图 5.22　续流测试波形图

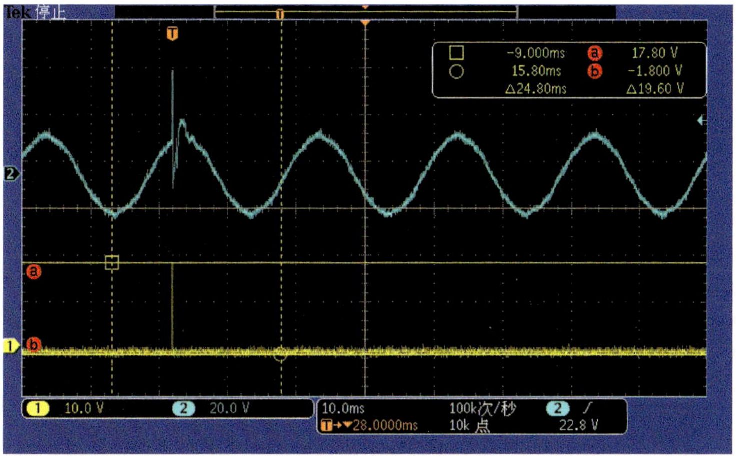

彩图 5.23　动作负载试验波形图

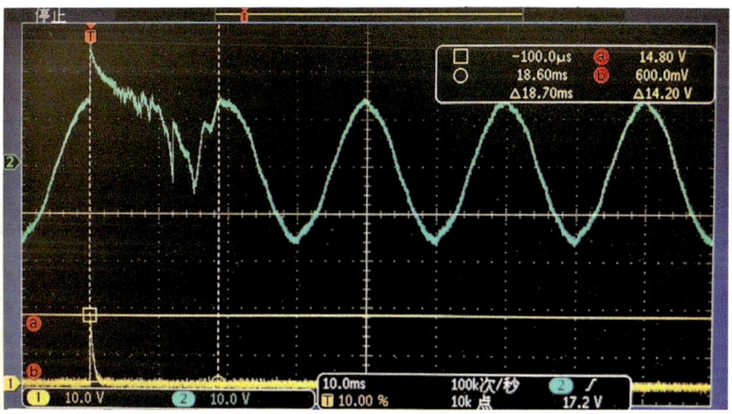

彩图 5.24　Ⅰ类试验的附加动作负载试验波形图

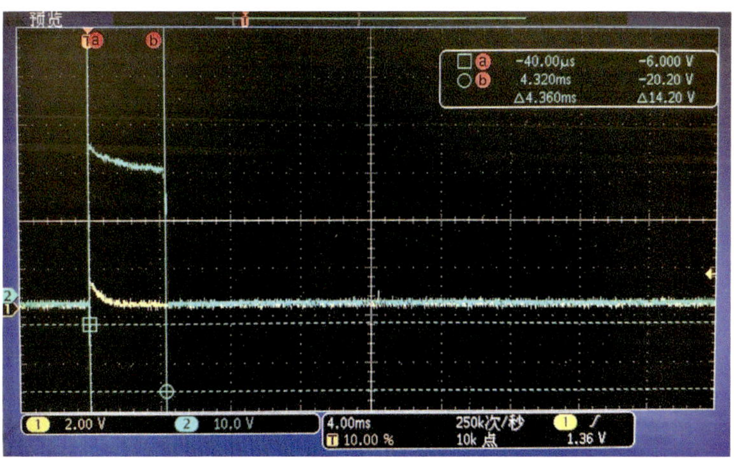

彩图 5.25　静态残压持续时间 4.36 ms

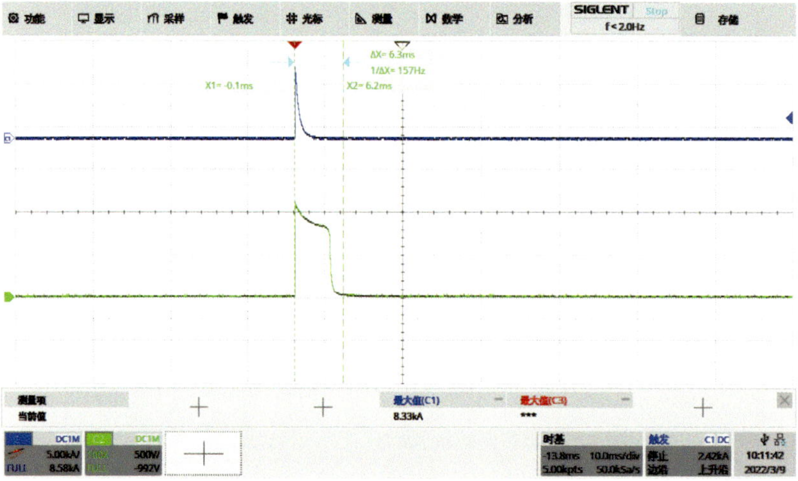

彩图 5.26　静态残压持续时间 6.3 ms

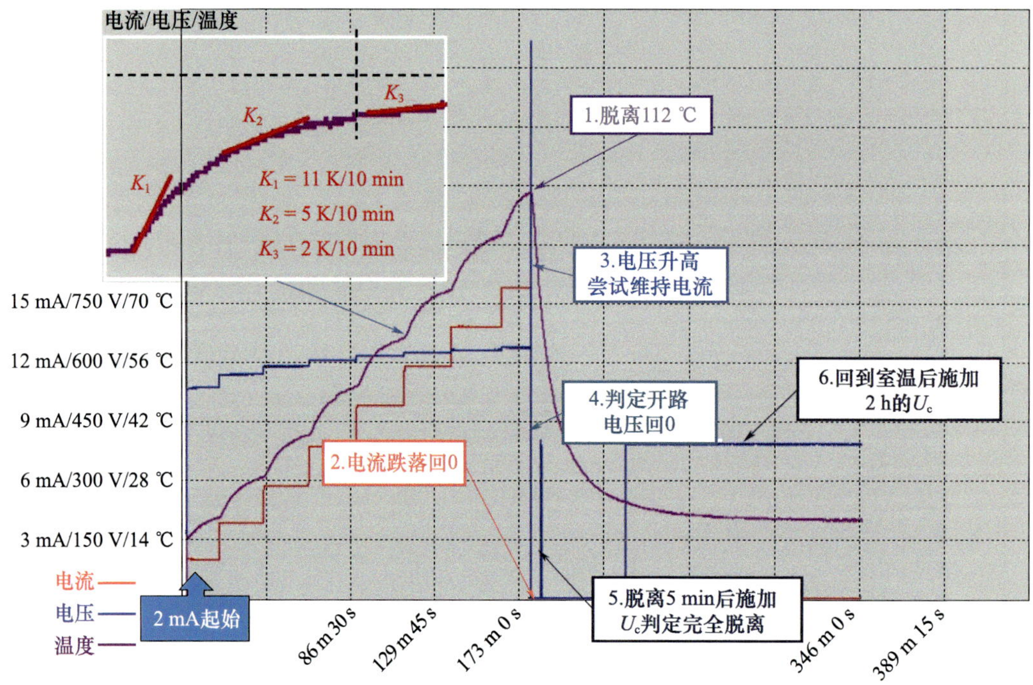

彩图 5.29　合格试验曲线图

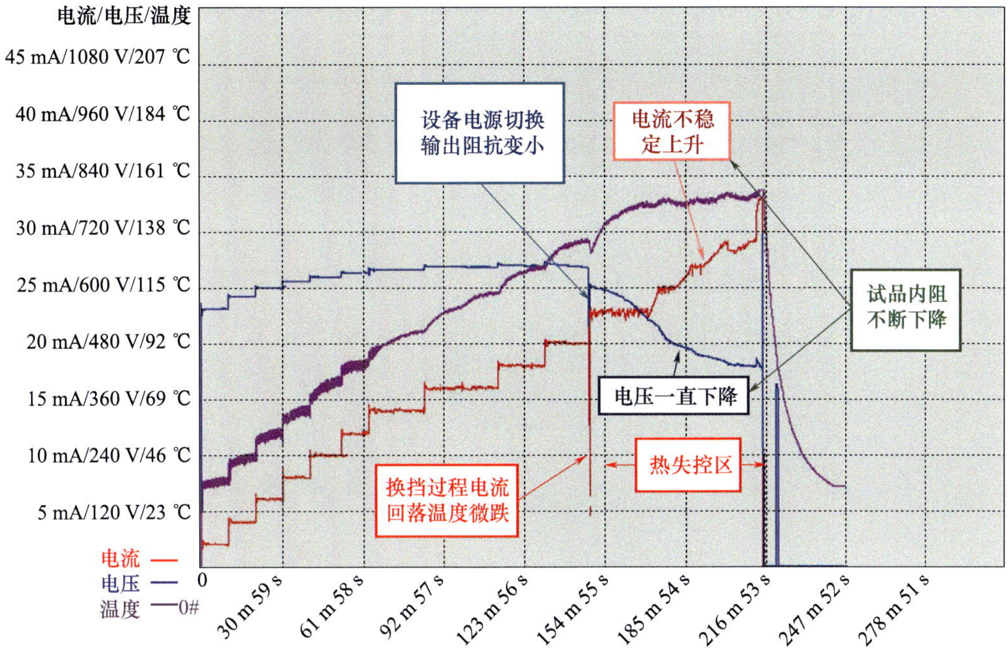

彩图 5.30　热失控试验曲线图

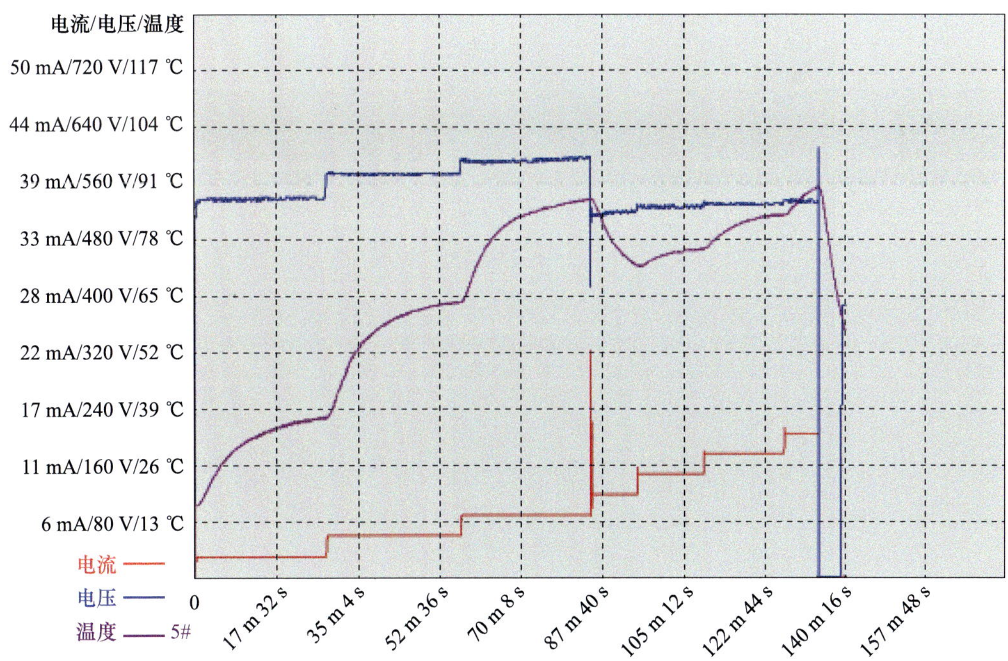

彩图 5.31　电流跳档出现的曲线图

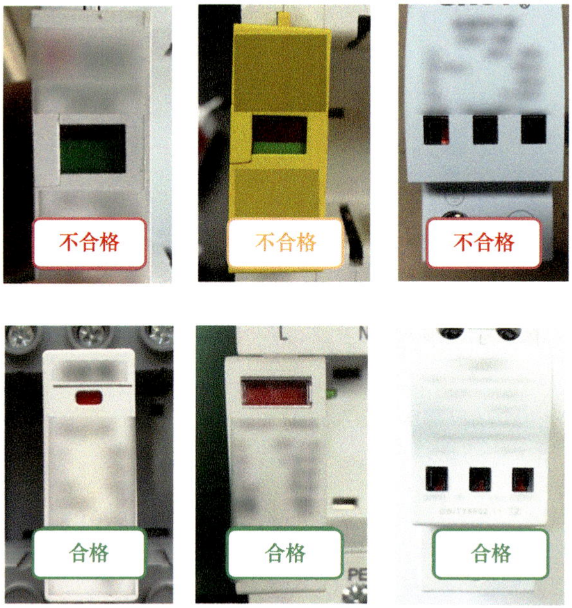

彩图 5.32　脱离器动作指示示例

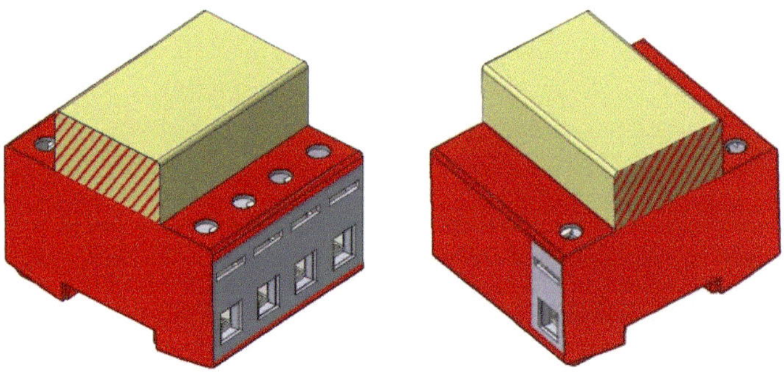

彩图 5.79　壳体的定义部分

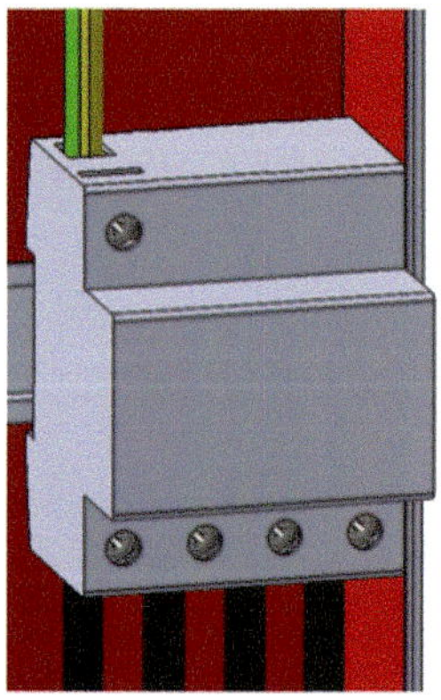

彩图 5.80　安装 SPD 的平面

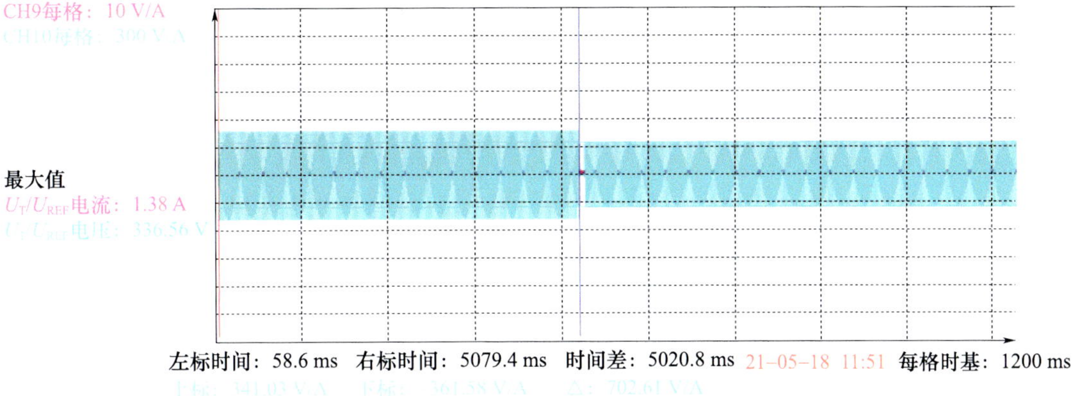

(a)

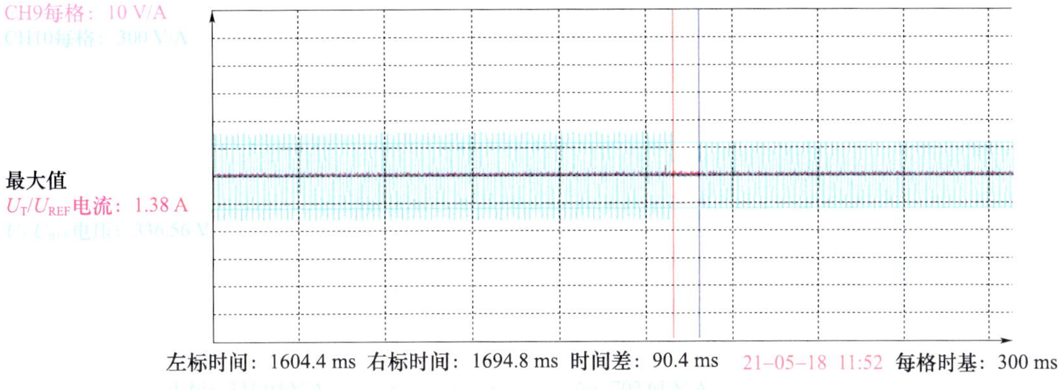

(b)

彩图 5.92　带产品后低压 TOV 故障的波形图

(a)U_T持续时间；(b)U_T与U_{REF}的间隔时间

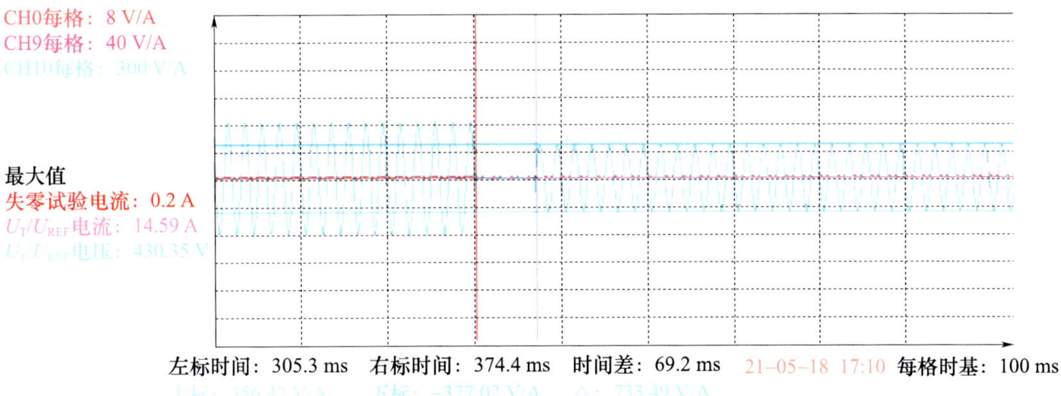

彩图 5.93　带产品后低压失零 TOV 的波形图

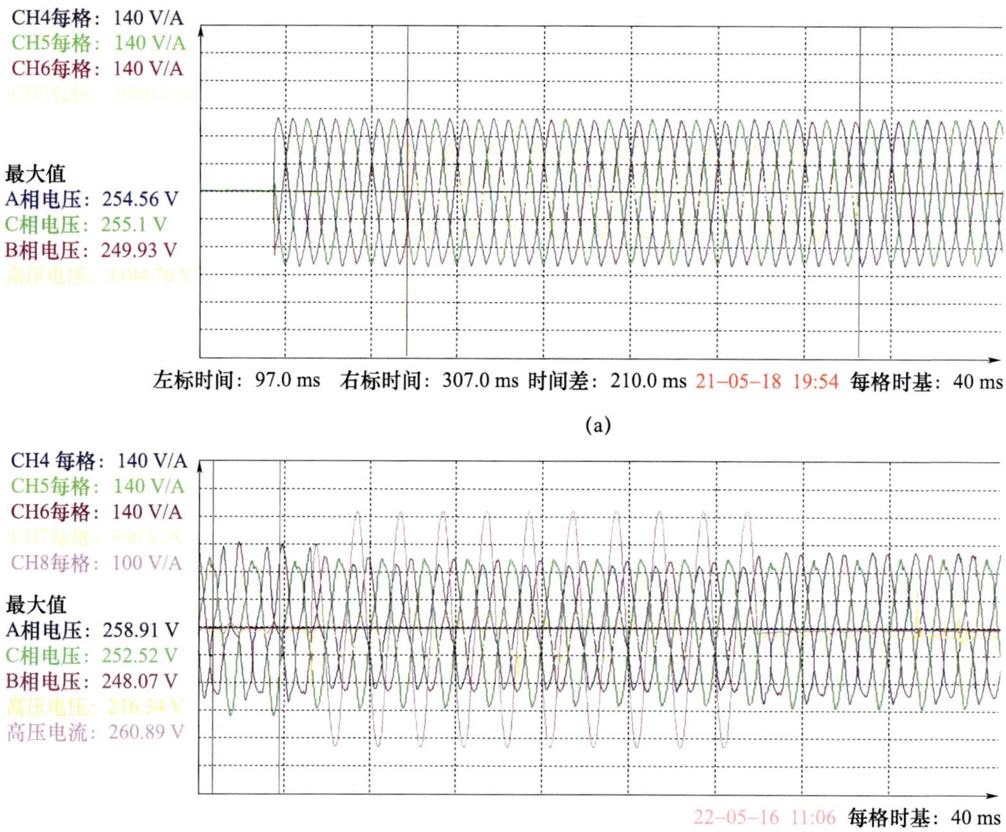

彩图 5.96 高(中)压 TOV 的波形图

(a)开路状态下；(b)带 3+1 产品时

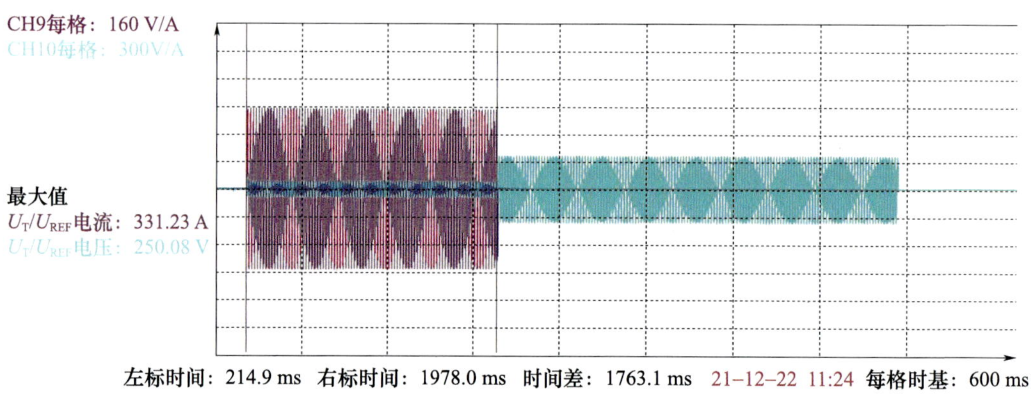

彩图 5.101 短路电流试验波形图

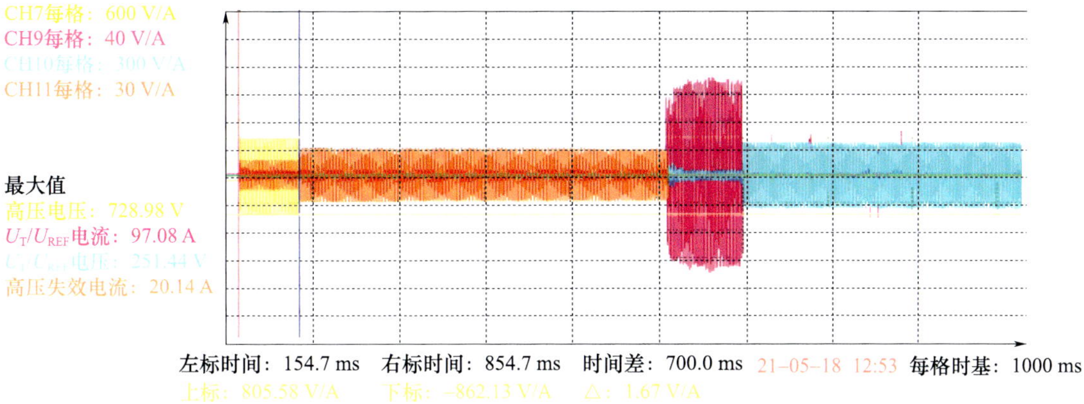

彩图 5.104　700 ms 试品短路

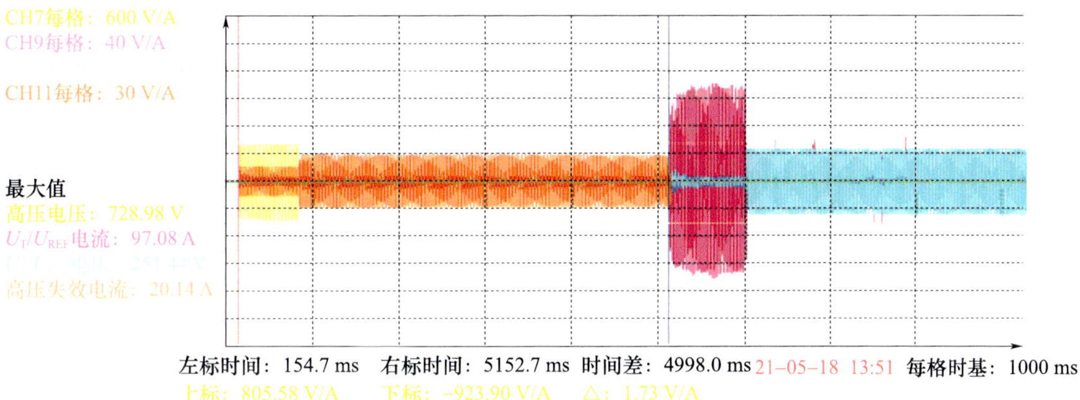

彩图 5.105　4998 ms 预处理电压持续时间

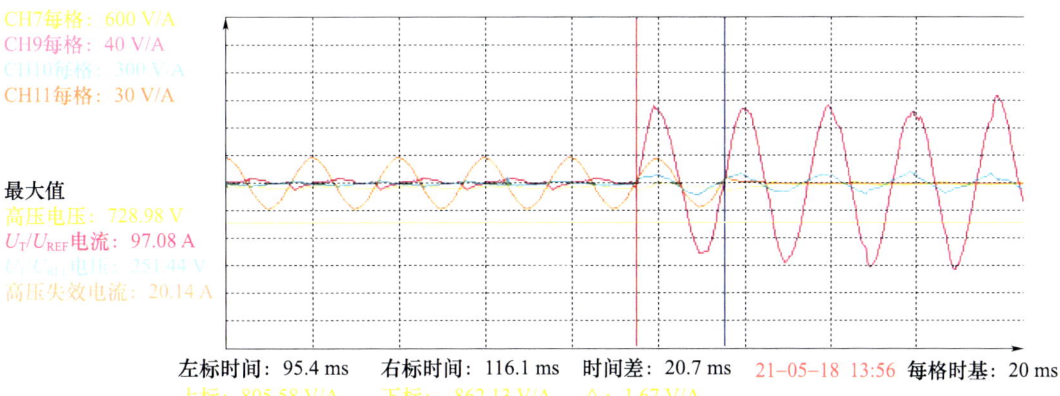

彩图 5.106　20.7 ms 重叠时间

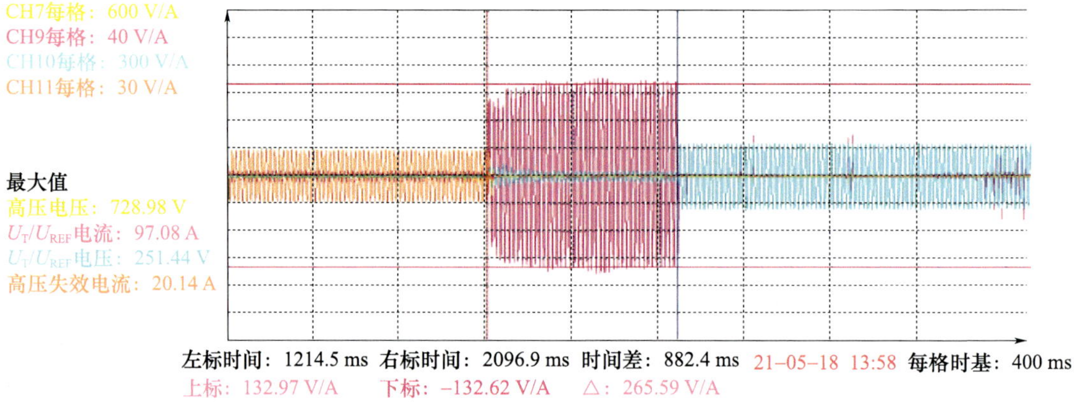

彩图 5.107　882.4 ms SPD 开路

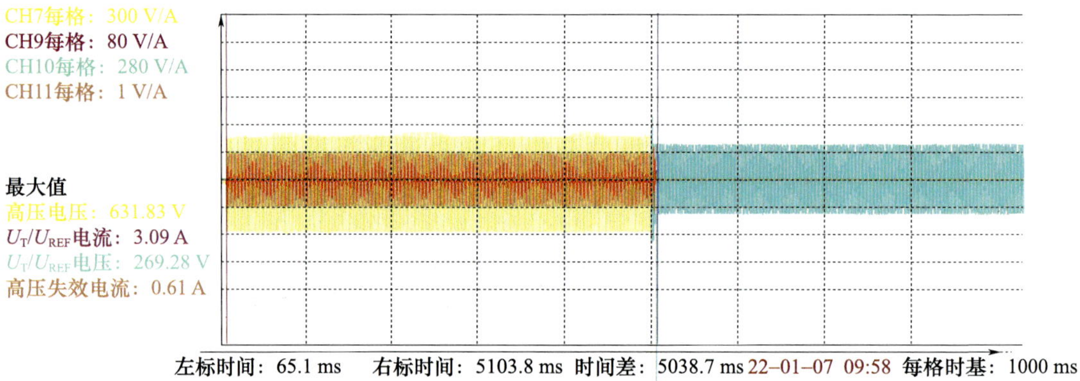

彩图 5.108　合格产品试验波形图

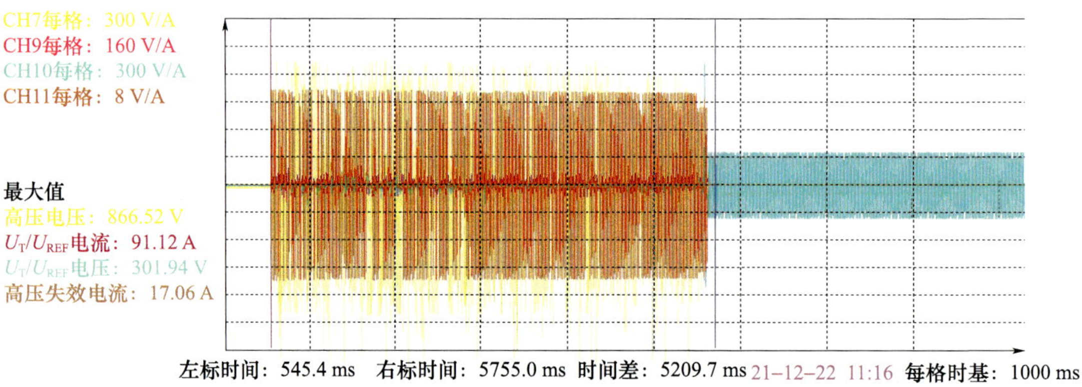

彩图 5.109　开关型产品失效模式试验波形图